natürlich oekom!

Mit diesem Buch halten Sie ein echtes Stück Nachhaltigkeit in den Händen. Durch Ihren Kauf unterstützen Sie eine Produktion mit hohen ökologischen Ansprüchen:

- 100 % Recyclingpapier
- mineralölfreie Druckfarben
- Verzicht auf Plastikfolie
- Kompensation aller CO_2-Emissionen
- kurze Transportwege – in Deutschland gedruckt

Weitere Informationen unter www.natürlich-oekom.de und #natürlichoekom

Bibliografische Information der Deutschen Nationalbibliothek:
Die Deutsche Nationalbibliothek verzeichnet diese Publikation in der Deutschen Nationalbibliografie; detaillierte bibliografische Daten sind im Internet über www.dnb.de abrufbar.

oekom – Gesellschaft für ökologische Kommunikation mbH
Goethestraße 28, 80336 München

Layout und Satz: Markus Miller
Korrektur: Maike Specht
Illustrationen: Manfred Kienpointner
Umschlaggestaltung: Laura Denke, oekom verlag
Druck: Elanders Waiblingen GmbH, Waiblingen

ISBN 978-3-98726-084-1
https://doi.org/10.14512/9783987263231

Manfred Kienpointner

Schmetterlinge in den Sprachen der Erde

Eine linguistische Bestandsaufnahme

Inhaltsverzeichnis

Einleitung

Die allgemeinen Bezeichnungen für Schmetterlinge, Falter und Motten in den Sprachen der Erde bilden ein überaus interessantes Segment des Wortschatzes der Tierbezeichnungen natürlicher Sprachen. Dies zeigt sich zum einen in der Allgegenwart solcher Bezeichnungen in den Sprachen der Erde, in manchen Sprachen aber auch in der internen Gliederung dieses Segments. Unsere Aufmerksamkeit erwecken ferner die eingesetzten lautmalerischen (onomatopoietischen) Ausdrucksmittel (die jeweiligen Sprachlaute = Phoneme), aber auch die Silbenstruktur, die Verfahren der Wortbildung und die inhaltlichen Unterscheidungen und Metaphern, die wir bei den Schmetterlingsausdrücken vorfinden.

Im Folgenden möchte ich nach einem kurzen Überblick über die Einordnung der Schmetterlinge ins System der Insektenarten sowie einigen wichtigen biologischen Eigenschaften dieser Familien, Gattungen und Arten eine lange Liste mit den allgemeinen Ausdrücken für »Schmetterling« und einzelsprachlich relevanten Kommentaren in rund 200 Sprachen präsentieren. Dabei werde ich neben 166 Einzelsprachen auch neun Kontaktsprachen (Pidgin-/Kreolsprachen) und zwölf Kunstsprachen (acht Plansprachen und vier fiktionale Sprachen) sowie neben diesen 187 Lautsprachen auch 13 Gebärdensprachen heranziehen. Gelegentlich führe ich einzelne Beobachtungen auch zu weiteren Schmetterlingsausdrücken in über die 200 hinausgehenden Sprachen an, die jedoch nicht systematisch dargestellt werden.

Mit dieser Darstellung möchte ich auch den Blick auf die Gefährdetheit der Schmetterlinge (Artensterben) und vieler kleiner Sprachen (Sprachensterben) schärfen.

1 Enzyklopädische Einordnung der Schmetterlinge in der Biologie

Die Schmetterlinge (*Lepidoptera*) oder Falter bilden mit ca. 200 000 beschriebenen Arten (Stand 2018; vgl. Reichholf 2018: 270) in etwa 130 Familien und 46 Überfamilien nach den Käfern (*Coleoptera*) die an Arten zweitreichste Insektenordnung. Jährlich werden etwa 700 Arten neu entdeckt. Schmetterlinge sind auf allen Kontinenten außer Antarktika verbreitet. In Mitteleuropa sind sie mit etwa 4000 Arten vertreten; für Gesamteuropa verzeichnet der Katalog von Ole Karsholt über 10 600 Arten. In Deutschland sind es etwa 3700 Arten.

Die wissenschaftliche Bezeichnung *Lepidopteron* heißt »Schuppenflügler« und ist ein Kompositum aus altgriechisch λεπίς *lepís* »Schuppe« und πτερόν *pterón* »Flügel«.

Wie für viele andere Spezies gilt auch für die Schmetterlinge, dass sie durch verschiedene ökologisch bedenkliche Verhaltensweisen des Homo sapiens seit Jahrzehnten einen gefährlich starken Rückgang von bis zu 80 Prozent zu verzeichnen haben, u. a. wegen der dramatischen Einschränkung des für sie passenden Lebensraums. Der Rückgang der Insekten insgesamt ist mit ca. 96 Prozent allerdings noch dramatischer als der der Schmetterlinge (vgl. Reichholf 2018: 182–184).

Diese bedrohliche Entwicklung schließt jedoch nicht aus, dass in den letzten Jahrzehnten einzelne Arten (z. B. die ökologische Gruppe der Brennnesselfalter wie der Kleine Fuchs (*Nymphalis urticae*) aus der Familie der Edelfalter (*Nymphalidae*)) und einzelne Standorte (z. B. der Auwald oder überraschenderweise die Großstadt) eine weniger negative oder sogar positive Bilanz erzielt haben. Diese betrifft sowohl das Vorkommen von Schmetterlingen in absoluten Zahlen als auch die Aufrechterhaltung von Arten bzw. Artenvielfalt (vgl. Reichholf 2018: 186–193). Der dramatische Rückgang bedroht vor allem die auf Wiesen lebenden Falter, denn »im intensiv genutzten, vier- oder fünfmal im Jahr gemähten Hochleistungsgrünland (über)leben keine Tagfalter mehr« (Reichholf 2018: 185).

Gegen den zynischen Einwand, dass wir die Schmetterlinge (und andere Insekten) nicht brauchen, gibt es das naheliegende Gegenargument, dass die Singvögel sehr wohl Schmetterlinge und andere Insekten brauchen. Gegen den ebenso zynischen Folgeeinwand, nämlich dass wir auch die Singvögel nicht wirklich brauchen, wendet Reichholf (2018: 263) zu Recht ein:

> »Wir können den Blick auch weiten. Brauchen wir Künstler, Konzerte, Denkmalschutz oder auch Wissenschaft, wenn es doch nur um die Nützlichkeit geht? In einer rein auf Profit ausgerichteten Welt sind sie Luxus und verzichtbar, wie die Lieder der Vögel und der Glanz auf den Flügeln der Schmetterlinge. Oder die Gedichte, die Schmetterlingsfreunde wie Hermann Hesse verfasst haben. Auch sie, die Literaten, die Lesegenuss und Anregung, Entspannung oder schöpferische Spannung vermitteln, braucht die profitorientierte Wirtschaft nicht. Gegen solche Haltungen müssen wir uns wehren; wir alle.«

Auch von einem reinen Nützlichkeitsdenken ausgehend, ist das Sterben der Schmetterlinge, Bienen und anderer Insekten jedoch äußerst besorgniserregend. Denn Folgendes gilt (Weiss 2020: 7):

> »Für uns Menschen hat das Insektensterben direkte Auswirkungen. Von den 109 wichtigsten Kulturpflanzen, die die Basis unserer Ernährung bilden, sind 87 Arten von tierischen Bestäubern abhängig. Sterben die Insekten, reduziert sich die Bestäubung deutlich. Das passiert bereits. ›Doch jetzt sind wir an einem Punkt, an dem es nicht mehr nur um die Insekten geht, sondern um ganze Ökosysteme. Das ist sehr kritisch, weil wir nicht abschätzen können, was langfristig passiert. Die Entwicklung ist sehr traurig für uns Menschen – und natürlich auch für unsere Ökonomie‹, sagt Habel.« (= Jan Christian Habel, Evolutionsbiologe an der Universität Salzburg, Österreich; u.a. Forschungsschwerpunkt zu Schmetterlingen, Käfern und Skorpionen)

Der Rückgang der Schmetterlinge und anderer Insektenarten ist jedoch reversibel: Vom Menschen gemacht, kann er von uns auch durch ökologisch verantwortliches Handeln aufgehalten werden. Hier ist ein Wechsel zu nachhaltiger, biologischer Landwirtschaft zu nennen sowie konsumentenseitig der Umstieg auf biologische Produkte, ferner, was den eigenen Balkon oder Garten betrifft, die Pflanzung von bei Schmetterlingen, Bienen und anderen Insekten beliebten Arten von Blumen und Kräutern, wie z.B. Lavendel, Quendel, Klee, Bohnenkraut. Auch eher seltenes Mähen schafft gute ökologische Nischen für vielerlei Insekten. Der Verzicht auf Pestizide und Insektizide hingegen ist vor diesem Hintergrund fast schon ein triviales Muss (vgl. Weiss 2020: 9).

Im Folgenden werden die Schmetterlinge zunächst zoologisch eingeordnet und hinsichtlich ihrer anatomisch-physiologischen Eigenschaften beschrieben. Auch ihre erstaunliche Metamorphose im Lauf ihrer Entwicklungsstadien vom Ei über die Larve, Raupe und Puppe bis zum flugfähigen Schmetterling, ihre Nahrung, ihre Fortpflanzung, ihre Flugfähigkeiten, ihre Nahrungsvorlieben, ihre Anpassung an unterschiedlichste Lebensbedingungen und ihre Wanderbewegungen werden kurz angesprochen.

Zunächst folgt jedoch ein Überblick über die Stellung der Ordnung der Schmetterlinge im Tierreich (*Animalia*) (vgl. Durrell 1983: 297 ff.). Die Schmetterlinge gehören zur Klasse der Insekten (*Insecta*), die ihrerseits dem Stamm der Gliederfüßler (*Arthropoda*), dem mit ca. 1,5 Millionen Arten vielfältigsten Stamm in der Tierwelt überhaupt, angehören. Die Insekten wiederum sind die artenreichste Tierklasse überhaupt.

Innerhalb der zahlreichen Ordnungen der Insekten sind die Schmetterlinge die zweitartenreichste Ordnung. Die unten stehende schematische Darstellung gibt einen stark vereinfachten Eindruck von der Stellung der Schmetterlinge in dieser Taxonomie. Bei den Überfamilien, Familien und Gattungen der Schmetterlinge werden überwiegend Beispiele gegeben, aus denen die Arten stammen, auf die unten näher eingegangen wird.

Es folgen nun einige Angaben zur Anatomie der Schmetterlinge, beginnend mit ihren beiden Flügelpaaren. Die Flügel sind bis auf wenige Ausnahmen die eigentlichen Bewegungsapparate der Falter. Die Vorder- und Hinterflügel sind einzeln aufgehängt, werden aber im Flug mitunter durch besondere Mechanismen miteinander gekoppelt. Bei den meisten Tagfaltern fehlt aber eine solche Verbindung. Über die Flügel verlaufen zwischen einer oberen und einer unteren Membran die Flügeladern. Diese werden nach dem Schlüpfen, wenn die Flügel noch schlaff und unbeweglich sind, mit einer Blutflüssigkeit gefüllt. Danach können die Flügel trocknen, und diese Adern verlieren ihre Funktion.

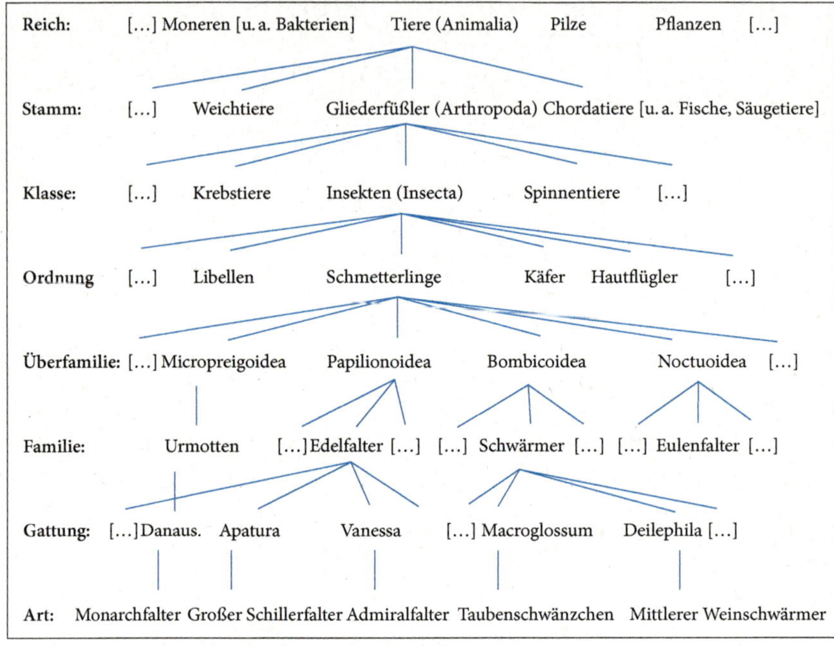

Position der Schmetterlinge im Tierreich

Die Flügel sind auf der Ober- und Unterseite mit Schuppen bedeckt. Zudem ist bei den meisten Schmetterlingen der gesamte Körper beschuppt. Diese Schuppen sind abgeflachte, artspezifische Haare, die dachziegelartig auf den Flügeln liegen und so die Flügeladern verdecken. Bei einigen Faltern sind bei den Weibchen die Flügel zurückgebildet oder gar nicht mehr vorhanden, sodass sie eher einem Käfer gleichen.

Die größte Flügelspannweite hat mit 30 cm die Brasilianische Rieseneule (*Thysania agrippina*), die in den tropischen Wäldern Mittel- und Südamerikas vorkommt. Danach kommt der Königin-Alexandra-Vogelfalter

(*Ornithoptera alexandrae*) mit 28 cm, der in Neuguinea beheimatet ist. Die größte Flügelfläche hat mit 400 cm² der Atlasspinner (*Attacus atlas*), der in tropischen Wäldern Asiens vorkommt:

Brasilianische Rieseneule (*Thysania agrippina*)

Atlasspinner, Atlas Moth (*Attacus Atlas* < Familie der Pfauenspinner/Saturniidae)

Die sogenannten Wanderfalter können große Entfernungen zurücklegen. Dabei werden auch große Hindernisse überflogen und die Reise danach in der richtigen Richtung fortgesetzt. In Europa fliegt der Admiral (*Vanessa atalanta*) jedes Jahr über die Alpen, der Linienschwärmer (*Hyles livornica*) sogar aus seiner Heimat, den Tropen Afrikas, über die Sahara bis nach Mitteleuropa. Rekordverdächtig sind auch die Flugleistungen der Distelfalter (*Vanessa cardui*), die im Frühjahr von der Sahelzone bis Nordeuropa auf einer Flugstrecke über 5000 Kilometer zurücklegen. Dabei nutzen sie jeweils günstige Winde aus, passen sich lokalen Wind- und Klimabedingungen an, fliegen über die westliche Sahara in einem Bogen nach Norden und im Herbst in einem weiter östlich gelegenen Bogen über die Türkei wieder zurück nach Afrika, woraus sich insgesamt die enorme Flugstrecke von 15 000 km ergibt. Dabei brauchen die Distelfalter allerdings mehrere Generationen, um diese Distanz zu schaffen, die mit den zurückgelegten Strecken von Zugvögeln keinen Vergleich zu scheuen braucht (vgl. Reichholf 2018: 81).

Die größte Entfernung in Nordamerika kann mit über 3600 km der Monarchfalter (*Danaus plexippus*) zurücklegen.

Monarchfalter (*Danaus plexippus*)

Schmetterlingsarten zeichnen sich durch sehr unterschiedliches Flugverhalten aus, vom langsamen Flattern bis zum sehr schnellen Schwirrflug. Durrell (1983: 42) bietet anschauliche Skizzen zum unterschiedlichen Flugstil einiger Schmetterlingsarten. Die Schwärmer (*Sphingidae*) schlagen die Flügel ähnlich wie die Kolibri, können bis zu 50 km/h erreichen, in der Luft stehen bleiben und sogar rückwärts fliegen. Sie halten dieses Tempo auch längere Zeit durch. Der Windenschwärmer (*Agrius convolvuli* < *Sphingidae*) kann kurze Zeit bis zu 100 km/h erreichen. Das Taubenschwänzchen (*Macroglossum stellatarum* < *Sphingidae*) kann 70 bis 90 Flügelschläge in der Minute ausführen.

Taubenschwänzchen (*Macroglossum stellatarum*)

Die Flügel haben verschiedene Formen von Tarnung (Mimikry) und Abschreckung entwickelt, u. a. die Imitation von Tieraugen oder die Nachahmung giftiger oder gefährlicher Tiere, um Fressfeinde abzuschrecken.

Die Augen der Schmetterlinge sind typische Insektenaugen, d. h. Facettenaugen, die aus bis zu 6000 Einzelaugen bestehen. Nachtfalter verfügen zusätzlich über Pigmentzellen, mit denen sie die einfallende Lichtintensität regulieren können. Schmetterlinge erkennen keine roten Farben, dafür aber Farbtöne im ultravioletten Bereich (Reichholf 2018: 46). Schmetterlinge können bis zu 200 m weit sehen.

Die Fühler der Schmetterlinge sind fadenförmig, gekeult, gesägt oder »gekämmt« (d. h. mit Fortsätzen auf einer oder beiden Seiten versehen). Typisch für Tagfalter sind keulig verdickte, typisch für Nachtfalter sind gekämmte Fühler (vgl. Durrell 1983: 44). Mit den Fühlern können Schmetterlinge riechen. Auch auf große Distanz können z. B. Männchen die von paarungsbereiten Weibchen abgegebenen Pheromone (Botenstoffe) wahrnehmen. Manche Arten können auch tasten, schmecken oder Temperaturen wahrnehmen.

Im Vergleich zu anderen Insektenarten sind die Mundwerkzeuge der Schmetterlinge verkümmert bzw. umgestaltet. Ein wichtiges Resultat der Umgestaltung der Unterkiefer ist der Saugrüssel, mit dem Schmetterlinge Blütennektar, Pflanzensäfte und andere nährstoffreiche Flüssigkeiten aufsaugen können. Schmetterlinge lieben nämlich auch aus menschlicher Perspektive unappetitliche, aber sehr nährstoffreiche Substanzen, wie Schweiß und Kot.

Reichholf (2018: 50 ff.) berichtet sogar davon, wie Schmetterlingsarten wie Große (*Apatura iris*) und Kleine (*Apatura ilia*) Schillerfalter und Admirale (*Vanessa atalanta*) aus den Giftdrüsen toter Erdkröten halluzinogene Substanzen saugen und in diesem Zustand »high« und besonders zutraulich wurden.

Großer Schillerfalter (*Apatura iris*)

Admiral (*Vanessa atalanta*)

Der Fortpflanzung geht bei vielen Arten ein langes Balzritual voraus, bei dem sich Männchen und Weibchen unter anderem in der Luft mit den Flügeln berühren. Die Fortpflanzung erfolgt mittels der Ablage eines Samenpakets (Spermatophore) in die Legeröhre (Ovipositor) des Weibchens. Dort werden die Eier erst bei der Eiablage mit dem zwischengelagerten Samen befruchtet.

Charakteristisch für die Fortpflanzung der Schmetterlinge ist die Metamorphose, d. h. die vierfache Gestaltwandlung von Eiern, Larven/Raupen (mit mehreren Häutungen im Laufe ihres Wachstums), Puppen (*Chrysalis*) bis zu den Faltern (*Imagines*). Dies unterscheidet sie von anderen Insektenarten.

Im Raupenstadium haben Schmetterlinge wie im Falterstadium vielfältige Schutzmechanismen entwickelt, darunter die Imitation ihrer Umgebung. Dies umfasst unter anderem die Nachahmung von Blattfarbe, Ästchen und Knospen, sogar Vogelkot. Bei einigen Arten schützen sich die Raupen auch wie manche Falter durch die Nachahmung von Tieraugen sowie bei einigen Arten durch Giftigkeit oder durch die Imitation von Raupen, die giftig sind. Ein Beispiel sind die Raupen des Mittleren Weinschwärmers (*Deilephila elpenor*) aus der Familie der Schwärmer (*Sphingidae*), die in Gestalt und Augenform schlangenähnliche Körper imitieren:

Raupe des Mittleren Weinschwärmers

Mittlerer Weinschwärmer (*Deilephila elpenor*)

Im Puppenstadium werden die Raupenorgane abgebaut oder umgeformt und zu Falterorganen umgebildet, ein Vorgang, der bis heute nicht in alle Details geklärt ist. Alle Körperanhänge des Schmetterlings (Fühler, Beinanlagen und Flügelscheiden) sind im Puppenstadium mit dem Körper durch einen Kitt verklebt. Das Puppenstadium dauert meist zwei bis vier Wochen, kann aber bis zu sieben Jahre dauern. Manche Arten überwintern im Puppenstadium.

Man unterscheidet Puppen, die von einer dünnen Hülle, der Puppenhaut, umgeben sind, und solche, die sich mit einem selbst gesponnenen Gespinst (Kokon) umgeben, das mit speziellen Spinndrüsen hergestellt wird. Hinsichtlich der Verankerung der Puppe sind Stürzpuppen, die an Häkchen plus einem Gespinst frei nach unten hängend baumeln, und Gürtelpuppen, die doppelt verankert sind, und durch eine Art Gürtel in der Körpermitte fest mit einem Zweig oder Ähnlichem verbunden sind. Andere Schmetterlingsarten verpuppen sich am Boden.

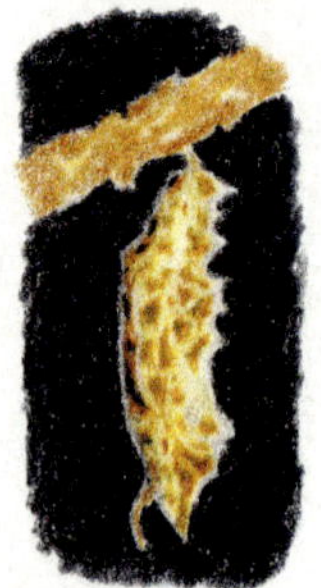

1. Stürzpuppe des Kleinen Fuchses *(Aglais urticae)*
2. Gürtelpuppe des Baumweißlings *(Aporia crataegi)*
3. Kokon des Seidenspinners *(Bombyx mori)*

Das größte Alter erreicht bei den Faltern mit ca. 12 Monaten der Zitronenfalter (*Gonepteryx rhamni*), auch der Trauermantel (*Nymphalis antiopa*) wird 11–12 Monate alt. Das Durchschnittsalter bei den Tagfaltern beträgt zwei bis drei Wochen. Die Echten Sackträger (*Psychidae*; auf der Zeichnung eine Imago aus der Gattung *Ptilocephala*) leben als Falter nur wenige Stunden (Männchen) bzw. Tage (Weibchen).

Zitronenfalter (*Gonepteryx rhamni*)

Trauermantel (*Nymphalis antiopa*)

Echter Sackträger (*Ptilocephala*)

Ungefähr 90 Prozent aller Schmetterlingsarten sind im Falterstadium in der warmen Jahreszeit aktiv, d. h. in nördlichen Breiten, dass ihre Flugzeiten im Zeitraum von April bis September liegen (vgl. Reichholf 2018: 136). Es gibt aber Ausnahmen, wie die deshalb sogenannten Frostspanner, zu denen der oben erwähnte Zitronenfalter gehört, die schon im Spätwinter und noch im Spätherbst aktiv sind. Zitronenfalter können durch Frostschutzmittel in ihrem Körper Temperaturen bis zu minus 20 Grad Celsius überleben (Reichholf 2018: 147). Ferner ist ihnen auch bei erheblicher Kälte durch das Verfügen über Enzyme das Fliegen auch bei Temperaturen geringfügig über dem Gefrierpunkt möglich. Die meisten Schmetterlinge benötigen dafür plus zehn Grad Celsius (Reichholf 2018: 141). Der Vorteil, den die Frostspanner dadurch erreichen, besteht in der weitgehenden jahreszeitbedingten Abwesenheit von Feinden wie Vögeln und Fledermäusen.

Als Blütenbestäuber haben Schmetterlinge eine eminent wichtige ökologische Funktion. Manche Pflanzen sind auf bestimmte Schmetterlingsarten mit besonders langen Saugrüsseln sogar angewiesen.

So kann z. B. nur der Nachtfalter (Familie der Schwärmer/*Sphingidae*) *Xanthopan morganii* mit seinem im entrollten Zustand bis zu 22 cm langen Saugrüssel bis zum Nektar im bis zu 40 cm langen Lippensporn der Orchideenart Stern von Madagaskar (*Angraecum sesquipedale*) vordringen.

Morgans Sphinxmotte (*Xanthopan morganii* aus der Familie der Schwärmer)

Dieser Blütenbesuch konnte erst 1997 fotografisch nachgewiesen werden, die Existenz einer solchen Falterspezies wurde von Darwin bereits 1873 anhand seiner Beobachtung der Orchideenart vorhergesagt (daher ursprünglich die Benennung dieses Nachtfalters als *Xanthopan morganii praedicta*).

2 Schmetterlinge in Mythologie, Religion, Literatur, bildender Kunst, Musik und Alltagskultur

Schmetterlinge wurden in der (west-)germanischen Mythologie als Tarnung von Hexen angesehen, die in Schmetterlingsgestalt Milchprodukte wie Butter, Milch, Rahm stehlen wollen. Auf diesem Hintergrund beruhen wohl einige Namen für Schmetterlinge in den westgermanischen Sprachen. Aber auch in vielen anderen Sprachen sind Schmetterlingsausdrücke auch die Bezeichnung für (böse) Geister und Dämonen.

Wegen ihrer Metamorphose wurden Schmetterlinge in verschiedenen Religionen mit Tod, aber auch mit Auferstehung in Verbindung gebracht. So sind in der griechischen Mythologie Schmetterlinge Symbole für die Seelen der Toten. Auch in verschiedenen asiatischen und mittelamerikanischen Kulturen überbringen Schmetterlinge Todesbotschaften. So erscheinen in alten mittelamerikanischen Kulturen (z.B. der Kultur von Teotihuacan) Schmetterlinge in Reliefs und werden bei den Azteken mit den Seelen toter Krieger sowie mit Feuer und Krieg in Verbindung gebracht. Bei den Azteken gab es auch die Kriegergöttin *Ītzpāpālōtl*, die mit einem Totenkopf und Schmetterlingsflügeln dargestellt wurde.

Interessant ist in diesem Zusammenhang aber auch, dass der Schmetterling z. B. in der bengalischen Hindu-Kultur mit Hochzeit, also indirekt mit der Weitergabe von Leben, symbolisch eng verknüpft ist und *Prajapati* heißt, was der Name des Hindu-Gottes der Schöpfung, der Sexualität und der Fortpflanzung ist.

Vielfach bilden die Schmetterlinge den zentralen Gegenstand von Zeichnungen, Kupferstichen und Gemälden. So erscheinen Schmetterlinge schon vor 3500 Jahren in der altägyptischen Kunst (Reliefs). In der chinesischen Malerei porträtierte der Maler Xu Xi (徐熙; Pinyin: *Xú Xī*; spätes 10. Jh. n. Chr., Song-Dynastie) einen blauen Schmetterling zusammen mit einem Blauregenzweig (Wisteria).

Ende des 17. Jh.s illustrierte die bedeutende Naturforscherin und Künstlerin Maria Sibylla Merian (1647–1717) nach einem Forschungsaufenthalt in Surinam ihr Hauptwerk *Metamorphosis insectorum Surinamensium* mit 60 Pergamentmalereien, die in Form von Kupferstichen in das Buch überführt wurden (vgl. Heard 2017). Dabei stellte sie auch farbenprächtige Schmetterlinge dar.

Der deutsche spätromantische Maler Carl Spitzweg (1808–1885; erst Apotheker, dann als Autodidakt sehr erfolgreicher Darsteller biedermeierlich-bürgerlicher Motive) hielt in seinem ironisch-satirischen Bild *Der Schmetterlingsjäger* einen kurzsichtigen Schmetterlingsjäger mit zu kleinem Kescher und zwei großen blauen Schmetterlingen im Vordergrund fest.

Schmetterlinge wurden auch vielfach zum Thema literarischer Texte, z. B. in Gedichten und Romanen. Vgl. z. B. das folgende Gedicht *Der Schmetterling* von Johann Wolfgang von Goethe (1749–1832), das mit dem Motiv des Schmetterlings als Seele von Toten spielt (kursive Hervorhebung in diesem und allen folgenden Gedichten von mir):

Und in Papillons Gestalt
Flattr' ich, nach den letzten Zügen,
Zu den vielgeliebten Stellen,
Zeugen himmlischer Vergnügen,
Über Wiesen, an die Quellen,
Um den Hügel, durch den Wald.

Ich belausch ein zärtlich Paar;
Von des schönen Mädchens Haupte,
Aus den Kränzen schau ich nieder;
Alles, was der Tod mir raubte,
Seh ich hier im Bilde wieder,
Bin so glücklich, wie ich war.

Sie umarmt ihn lächelnd, stumm,
Und sein Mund genießt der Stunde,
Die ihm gütge Götter senden,
Hüpft vom Busen zu dem Munde,
Von dem Munde zu den Händen,
Und ich hüpf um ihn herum.

Und sie sieht mich, Schmetterling,
Zitternd vor des Freunds Verlangen
Springt sie auf, da flieg ich ferne.
Liebster, komm, ihn einzufangen,
Komm, ich hätt es gar zu gerne,
Gern das kleine bunte Ding.

Der Schmetterling bildet auch ein zentrales Motiv in Goethes rätselhaftem Gedicht *Selige Sehnsucht* (1814), das von der persischen Lyrik und der Sufi-Mystik geprägt ist und die Aufeinanderfolge von Tod und Auferstehung thematisiert:

Sagt es niemand, nur den Weisen,
Weil die Menge gleich verhöhnet,
Das Lebend'ge will ich preisen,
Das nach Flammentod sich sehnet.

In der Liebesnächte Kühlung,
Die dich zeugte, wo du zeugtest,
Überfällt dich fremde Fühlung,
Wenn die stille Kerze leuchtet.

Nicht mehr bleibest du umfangen
In der Finsternis Beschattung,
Und dich reißet neu Verlangen
Auf zu höherer Begattung.

Keine Ferne macht dich schwierig,
Kommst geflogen und gebannt,
Und zuletzt, des Lichts begierig,
Bist du Schmetterling verbrannt.

Und so lang du das nicht hast,
Dieses: Stirb und werde!
Bist du nur ein trüber Gast
Auf der dunklen Erde.

Auch Hermann Hesse (1877–1962) hat sich intensiv mit dem Schmetterlingsmotiv auseinandergesetzt. Er war seit seiner Kindheit von Schmetterlingen fasziniert, hat Schmetterlinge gesammelt und das Motiv mehrfach in Lyrik- und Prosatexten aufgegriffen, u. a. in seinen beiden Gedichten *Der Schmetterling* und *Blauer Schmetterling* (vgl. darüber hinaus auch noch z. B. sein Gedicht *Schmetterlinge im Spätsommer*):

Mir war ein Weh geschehen,
Und da ich durch die Felder ging,
Da sah ich einen Schmetterling,
Der war so weiß und dunkelrot,
Im blauen Winde wehen.

O du! In Kinderzeiten,
Da noch die Welt so morgenklar
Und noch so nah der Himmel war,
Da sah ich dich zum letztenmal
Die schönen Flügel breiten.

Du farbig weiches Wehen,
Das mir vom Paradiese kam,
Wie fremd muß ich und voller Scham
Vor deinem tiefen Gottesglanz
Mit spröden Augen stehen!

Feldeinwärts ward getrieben
Der weiß' und rote *Schmetterling*,
Und da ich träumend weiterging,
War mir vom Paradiese her
Ein stiller Glanz geblieben.

Im *Blauen Schmetterling* greift Hesse die verbreitete Symbolik »Schmetterling – Vergängliches – Tod« auf und verbindet Metrik, Reim und parallele Strukturen zu einem beeindruckenden Gemisch von eleganter Leichtigkeit und Melancholie (kursive Hervorhebung von mir):

Flügelt ein kleiner blauer
Falter vom Wind geweht,
Ein perlmutterner Schauer,
Glitzert, flimmert, vergeht.
So mit Augenblicksblinken,
So im Vorüberwehn
Sah ich das Glück mir winken,
Glitzern, flimmern, vergehn.

Im folgenden kryptisch-experimentellen Gedicht *Somewhere* von Astrid Kienpointner (*1977) tauchen *Azurfalter* zwar eher versteckt auf, tragen aber zur märchenhaften Gesamtstimmung des Textes bei:

Somewhere
Licht und Puls
Und Puls und Licht
Das Sonnenbad
Der Herzblüten
Orangensaft fürs Ohr
Lass Goldbänder
Schweben
Dann wächst dem Schneeberg
Ein Mooskleid

Somewhere
Kräuseln *Azurfalter*
Den Teich
Sanft wellt sich
Die Zeit
Somewhere
Blinzelt eine Seele
Over the rainbow
Lila verklingt
Das Atemrot

Schmetterlinge tauchen auch bevorzugt in Gedichten in anderen Sprachen auf. Vgl. z. B. das folgende englische Gedicht *The Butterfly upon the Sky* der großen amerikanischen Dichterin Emily Dickinson (1830–1886), das poetisch mit der Freiheit, Ungebundenheit sowie der existenziellen Leichtigkeit und Luftigkeit von Schmetterlingen operiert:

The Butterfly upon the Sky,
That doesn't know its Name
And hasn't any tax to pay
And hasn't any Home
Is just as high as you and I,
And higher, I believe,
So soar away and never sigh
And that's the way to grieve –

Der russischstämmige amerikanische Schriftsteller und Literaturwissenschaftler Vladimir Nabokov (1899–1977) war nicht nur zeitlebens ein bedeutender Schmetterlingsforscher, der zahlreiche Spezies entdeckte und benannte, sondern hat ihnen auch das folgende literarische Denkmal, *On Discovering a Butterfly*, gesetzt:

I found it and I named it, being versed
in taxonomic Latin; thus became

godfather to an insect and its first
describer — and I want no other fame.
Wide open on its pin (though fast asleep),
and safe from creeping relatives and rust,
in the secluded stronghold where we keep
type specimens it will transcend its dust.
Dark pictures, thrones, the stones that pilgrims kiss,
poems that take a thousand years to die
but ape the immortality of this
red label on a little butterfly.

Der australische Arzt (Epidemiologe) und Schriftsteller John Murray (*1963) schreibt in der Titelgeschichte seiner Sammlung von Erzählungen *A Few Short Notes on Tropical Butterflies* (2003) über einen plastischen Chirurgen mit Ehe- und Alkoholproblemen, der wie sein Vater und Großvater Schmetterlingssammler ist und sich mit der Schmetterlingssammlung seines Großvaters beschäftigt.

Beim bedeutenden französischen romantischen Lyriker Alphonse de Lamartine (1790–1869) steht wieder das Nicht-ganz-Irdische, Himmlische des Schmetterlings im Zentrum seine Gedichts *Le papillon* (»Der Schmetterling«):

Naître avec le printemps, mourir avec les roses,	Geboren werden mit dem Frühling, sterben mit den Rosen,
Sur l'aile du zéphyr nager dans un ciel pur,	Auf dem Flügel des Zephyr in einem reinen Himmel schwimmen,
Balancé sur le sein des fleurs à peine écloses,	auf der Brust von kaum aufgeblühten Blumen ausbalanciert,
S'enivrer de parfums, de lumière et d'azur,	sich berauschen durch Düfte, Licht und Blau
Secouant, jeune encor, la poudre de ses ailes,	das Pulver von seinen Flügeln, noch jung, abschüttelnd,
S'envoler comme un souffle aux voûtes éternelles,	wie ein Hauch davonfliegen zu den ewigen Gewölben,

Voilà du papillon le destin enchanté !	*das ist das zauberhafte Schicksal des Schmetterlings!*
Il ressemble au désir, qui jamais ne se pose,	Er gleicht der Begierde, die sich nie beruhigt,
Et sans se satisfaire, effleurant toute chose,	und ohne sich zufriedenzugeben, alles flüchtig berührend,
Retourne enfin au ciel chercher la volupté !	schließlich zum Himmel zurückkehrt, um die Lust zu suchen!

Diese Beispiele könnten quer durch die Sprachen der Erde fortgesetzt werden. Eine Sammlung von Gedichten in Hindi zum Thema »Schmetterling« (Hindi: *titalī/titlī*) findet sich z. B. auf folgender Website: https://www.yourquote.in/tags/titali/quotes (zuletzt eingesehen 13.2.2022). Um auch auf eine kleinere indoeuropäische Sprache einzugehen, folgt hier das Gedicht *Perperik* (»Schmetterling«) in Zazaki, einer eigenständigen nordwestiranischen Sprache, die von ca. zwei bis drei Millionen Menschen in Ostanatolien gesprochen wird. 2010 hat der Lyriker Deniz Doğan das Gedicht *Perperik* veröffentlicht (für die Übersetzung danke ich Dr. Yüksel Güzel):

Perperıkê usari	*Frühlingsschmetterling.*
Ame nişt ve dunıka mı	Er kam und setzte sich auf meinen Arm.
Tu kama, kotra ama?	Wer bist du, woher kommst du?
Çond welatu serra perra?	Über wie viele Länder bist du geflogen?
Royê kami to dero,	Wessen Gesicht hast du,
Tu hên egle nêbena.	Du bleibst nicht ruhig.
Perperıkê usari	*Frühlingsschmetterling.*
tu xêr ama	Du bist herzlich willkommen.
Pay na ve çımunê mı ser hên ama	Du bist mir in den Blick gekommen.
Ez nêzon çı torê biyari	Ich weiß nicht, was ich dir bringen kann.
Tu çı wena, çı sımena	Was isst du, was trinkst du?
Dezê kamrê nia jivena	Wegen wessen Schmerz seufzt du?
Meymanê mıno xêr	Mein heiliger Gast.

Eve royê huyo pırtık
Tu ça bervena,
kamrê vêsena?

Perperıkê usari
Mı sero dina biya gırane
Nêoncina weşiya ma
Thomê her çi xerepna
Diyağê ma qedena.

Perperıkê usari
Wayirê na asmeni
Guna her keşi vıle ra girêdina

Onceno ho dıme son u sodır
Hata merdena ho, na dina ra.

Ein so niedliches Gesichtchen.
Warum weinst du,
Für wen seufzt du?

Frühlingsschmetterling.
Diese Welt ist schwer für mich.
Unsere Gesundheit reicht nicht aus.
Unser Lebensraum wurde zerstört.
Unsere Hoffnung wurde beendet.

Frühlingsschmetterling.
Besitzer des Himmels.
Du bist der, der jedermanns Sünde auf sich genommen hat.
Er schleppt sie Tag und Nacht mit sich,
Bis zu seinem Hinscheiden aus der Welt.

Schließlich sollen auch noch Dichtungen aus zwei nichtindoeuropäischen Sprachen zu Wort kommen. Es folgt hier zunächst das bezaubernde Gedicht *Kelebek* (»Schmetterling«) des türkischen Lyrikers Hasan Ali Yücel (1897–1961), das die Beweglichkeit, Zartheit und Flüchtigkeit von Schmetterlingen thematisiert:

Yel estikçe uçuşan
Yapraklara benziyor.
Durmadan, yorulmadan
Daldan dala geziyor.

Kanatları ipektir,
Bozulur dokununca.
Sanki canlı çiçektir
Açar bahar olunca.
Üstündeki renkleri
Seyretmeğe doyamam.

Wenn der Wind weht, fliegt er hin und hin,
Den Blättern gleicht er.
Ohne zu bleiben, ohne müde zu werden,
Spaziert er von Ast zu Ast.

Die Flügel sind Seide,
Sie werden zunichte bei Berührung.
Er ist wie eine lebende Blume,
Er öffnet sich, wenn es Frühling wird.
Die auf ihm befindlichen Farben
Zu betrachten kann ich nicht satt werden.

Yapamaz böylesini	Es gibt keinen Maler,
Benim diyen her ressam.	Der sagen könnte: »Ich habe ihn so gemacht.«
Ben onu çok severim,	Ich liebe ihn sehr,
Koşup tutmak isterim.	Laufend möchte ich ihn berühren.
Fakat kaçar yaramaz,	Aber er flüchtet, der Nichtsnutz,
Uçmadan yaşayamaz.	Ohne Fliegen kann er nicht leben.

In der uto-aztekischen Sprache Tohono O'odham schreibt die bedeutende Linguistin Ofelia Zepeda seit vielen Jahren Lyrik. Darin porträtiert sie unter anderem auch die Tiere der Sonora-Wüste im Südwesten Arizonas, wo sie in der Tohono O'odham Reservation aufgewachsen ist, wie z. B. Skorpione, Fledermäuse, Eidechsen – und den Schmetterling (*Hohogimal*). Hier ist ihr kurzer, extrem verdichteter Text, der auf die Blumenähnlichkeit der Schmetterlinge anspielt, mit einer von Zepeda selbst erstellten englischen Nachdichtung (Zepeda 1997: 30):

Hohogimal	*Butterfly*
S-ke:gaj, s-ke:gaj.	With beauty, with beauty,
Cem s-e-hiosigimcud	the pull to be a flower is forever strong.

In der klassischen Musik spielt das Schmetterlingsmotiv eine zentrale Rolle z. B. in Giacomo Puccinis (1858–1924) Oper *Madama Butterfly* (1904), die vom tragischen Schicksal der jungen Japanerin *Cio-Cio-san* (= japanisch *Chō chō-san*, wörtl.: »Schmetterling-Madame«) und ihrer unglücklichen Liebe zu dem US-amerikanischen Marineoffizier Benjamin Franklin Pinkerton handelt. Der berühmte *Kaiserwalzer* (op. 437; 1889) von Johann Strauß (Sohn) (1825–1899) wurde für den 1941 gedrehten tschechischen Film *Noční motýl* (»Nachtfalter«; Regisseur: František Čáp) mit einem Text versehen. Dieser Text trägt ebenfalls den Titel *Noční motýl* und wird im Rahmen der Filmhandlung von der berühmten Sängerin Marta Dekasová (gespielt von Hana Vítová) als Symbol für unglückliche Liebe vorgetragen.

Dieselbe Omnipräsenz von Schmetterlingsausdrücken gilt auch für Pop- und Rocksongs, z. B. *Norwegian Butterfly* von der britischen Gruppe *Complex* (gegründet 1968; *Norwegian Butterfly* ist im 1971 veröffentlichten Album *Complex* enthalten). In diesem Song steht der Schmetterling für die geliebte Person. Im folgenden Ausschnitt zitiere ich die ersten Strophen dieses Songs:

Oh, my Norwegian butterfly
This love means all the world to one like me
Oh, set me free
No no no

Oh, my Norwegian butterfly
My flower all those seasons passing by
Growing so high
Deep in my heart
So deep in my heart

And the sun burns and we're rolling by
I don't care what the world does
Just as long as I hold you in my arms

Oh, my Norwegian butterfly
So beautiful I often wonder why
You say you love me
Someone like me

Das Schmetterlingsmotiv ist auch zentral im Bandnamen der 1966 gegründeten Rockband Iron Butterfly sowie in ihrem 14-minütigen Song *Butterfly Bleu* (1970; »Blauer Schmetterling«), der jedoch nicht an den weltweiten Erfolg ihres Sensationshits *In-A-Gadda-Da-Vida* von 1968 anschließen konnte. Hier ist der Text von *Butterfly Bleu*:

I found me *a little butterfly*
As blue as the sky
With just a touch of gold
I knew I had to hold
My butterfly fly away with me

Every time I reached for her
She managed to slip away
Takin' my breath away from me
How can I make her stay?
My butterfly, fly away with me, yeah

My heart was beatin' faster
She started to come near
Spread her wings around me
And cast out all my fears
My butterfly, fly away with me, yeah

Now the bright light of her eyes show
She never was leavin' me
Got in me by my efforts to reach her
Leadin' me to be free
My butterfly, fly away with me
(Yeah, yeah, oow)

Butterfly, fly away

Das Schmetterlingsmotiv kehrt wieder in der Ballade *Butterfly* des US-amerikanischen Rocksängers, Musikers, Produzenten und Schauspielers Lenny Kravitz (*1964), das auf dem Album *Mama Said* 1991 erschien:

You are the most beautiful thing
I've ever seen
You shine just like sunlight rays

On a winter snow
I just had to tell you so

Your eyes sparkle as the stars
Like the moon they glow
Your smile could light the world on fire
Or did you know?

Your mind's full of everything
That I want to know
I just had to let you know
I just had to tell you so
You're my butterfly
Fly high
Fly fly fly

Auch in Folksongs sind die Schmetterlinge vielfach vertreten, z. B. im Song *Iâr fach yr ha'* (= »Sommerhenne«; ein kymrisches Wort für »Schmetterling«) der walisischen Dichterin und Musikerin Gwyneth Glyn (*1979), dessen ersten beiden Strophen und Refrain hier mit englischer Übersetzung zitiert werden:

Mae hi'n hwyr,
mae hi'n hwyr,
dwi 'di blino'n llwyr,
mae llygaid y dydd 'di cau.
Mae'r gwyfyn a'r gwibedyn 'di hen fynd i'w gwlau,
'sa ne bar eu traed
ond y ni 'yn dau.
Iâr fach yr ha',
Iâr fach yr ha',
mae'r tywydd
braf 'di mynd

It's late,
it's late
I'm so very tired,
the daisies have closed.
The moth and the flies have long gone to bed,
no one's on their feet
but you and I.
Butterfly,
butterfly,
the sunny weather
has gone.

Schließlich sei noch auf zwei Bandnamen verwiesen: die österreichische Politrockband *Schmetterlinge*, die 1969 gegründet worden war und vor allem in den 1970er- und 80er-Jahren sehr aktiv und erfolgreich war. Ein Hauptwerk erschien 1977: das in mehrjähriger Arbeit verfasste politische Oratorium *Proletenpassion*. Und seit 2010 ist die Gruppe *Marewrew* (»Schmetterling«) international erfolgreich, die traditionelle Musik der Ainu aufführt, einer indigenen Kultur auf der japanischen Insel Hokkaido.

Auch in zeitgenössischen Comics spielen Schmetterlinge manchmal eine tragende Rolle. Sie werden z. B. in der erfolgreichen und vielfach preisgekrönten Comicfantasyserie *Thorgal* (Text: Jean van Hamme/Zeichnung: Grzegorz Rosinski) mit weißen Flügeln dargestellt und als Seelen der Toten verstanden, wie in verschiedenen älteren Mythologien (vgl. Thorgal, Band 5, *Au-delà des ombres* »Jenseits der Schatten«. Bruxelles: Le Lombard 1983).

Wolken von roten Schmetterlingen stehen auch symbolisch für den Ausbruch eines tödlichen und äußerst blutigen Kampfes, wie in der nicht minder erfolgreichen Fantasyserie *Cycle avant la quête* (»Zyklus vor der Suche«), im Band 3: *La voie du Rige*/»Der Weg des Jägers« (Text: Serge Le Tendre/Régis Loisel, Zeichnung: Louis Mallié; Paris: Dargaud 2010). Es handelt sich hier um ein Prequel zur Serie *La quête de l'oiseau du temps*/»Auf der Suche nach dem Vogel der Zeit« von Le Tendre/Loisel.

Schmetterlinge sind aber auch in Cartoons und kurzen Comicstrips immer wieder vertreten, z. B. in einem satirischen Schmetterlingcartoon aus dem sozialen Netzwerk Pinterest (https://www.pinterest.at/pin/52495151884367428/; zuletzt eingesehen am 13.6.2022), das mit der ästhetischen Diskrepanz zwischen Raupe und Schmetterling spielt, und in einem *Garfield*-Strip aus dem Jahr 2012 (https://www.gocomics.com/garfield/2012/04/17; zuletzt eingesehen 13.6.2022). In diesem Strip legen sowohl Garfield als auch der Schmetterling ein für ihre Spezies sehr untypisches Verhalten an den Tag. Der zynische und notorisch faule Kater *Garfield* wurde vom US-amerikanischen Zeichner Jim Davis (*1945) kreiert und erscheint seit 1978 mit weltweitem Erfolg.

Die ästhetische Diskrepanz zwischen Raupe und Schmetterling macht auch die Komik eines tschechischen Cartoons aus, in dem ein autofahrender Schmetterling einem Polizisten entschuldigend sagt, dass sein Führerscheinfoto schon älter sei (*Ta fotka je už starší* …: »Dieses Foto ist schon älter«). Auf dem Foto ist der inzwischen ausgewachsene Schmetterling nämlich noch als grüne Raupe zu sehen (https://m.facebook.com/seminarky.cz/photos/ a.859577597458700/2913502538732852; zuletzt eingesehen am 13.6.2022).

Aus der Theorie dynamischer Systeme, genauer: nichtlinearer, deterministischer Systeme, und der Chaostheorie, einem Teilgebiet der Physik, das sich mit solchen Systemen beschäftigt, ist der Ausdruck *Schmetterlingseffekt* in die Alltagssprache eingedrungen. Er steht dafür, dass beliebig kleine Änderungen der Anfangsbedingungen solcher Systeme langfristig unvorhersagbare starke Auswirkungen haben können, z. B. der Flügelschlag eines Schmetterlings einen Wirbelsturm. Der US-amerikanische Meteorologe Edward N. Lorenz (1917–2008) verwendete diese Metapher, um einen nach ihm benannten Seltsamen Attraktor (»Lorenz-Attraktor«) anschaulich zu charakterisieren. Beim Lorenz-Attraktor handelt es sich um einen Ort im Phasenraum als Endzustand der Entwicklung komplexer dynamischer Systeme. Der Lorenz-Attraktor kann als visuelle Projektion dreier gekoppelter, nichtlinearer Differentialgleichungen dargestellt werden: $\dot{X} = a\,(Y - X)$; $\dot{Y} = X\,(b - Z) - Y$; $\dot{Z} = XY - cZ$, die in passender visueller Darstellung einem Schmetterling ähnelt.

3 Schmetterlinge in den Sprachen der Erde

3.1 Allgemeine Vorbemerkungen

Nicht immer ist der Bedeutungsumfang der Ausdrücke für »Schmetterling« in den Sprachen der Erde exakt der gleiche. Oft werden in unterschiedlichem Ausmaß Kleinschmetterlingsfamilien mitverstanden, wie die verschiedenen Mottenarten, manchmal auch Fliegen. Es kann aber auch sein, dass diese anderen Insektenarten eher nicht in der Bedeutung der Schmetterlingsausdrücke mit inbegriffen werden. In vielen Fällen werden grundsätzliche Zweiteilungen vorgenommen, die grob der Unterscheidung zwischen »Schmetterlingen« im Sinne von »Tagfaltern« einerseits und »Nachtfaltern« bzw. »Motten« andererseits entsprechen.

In diesen Fällen werden mit dem generellen Ausdruck »Schmetterling« grundsätzlich »Tagfalter« bezeichnet, wie z. B. bei deutsch *Schmetterling*. Es darf vermutet werden, dass dies wegen der größeren durchschnittlichen Auffälligkeit der Tagfalter (Buntheit) auch für sehr viele weitere Sprachen in ähnlicher Weise gilt. Soweit möglich, versuche ich im Folgenden aber jeweils zu klären, wie sich in den einzelnen Sprachen die Ausdrücke für »Schmetterling« im Allgemeinen, »Nachtfalter« und »Motte« oder andere inhaltlich spezifischere Ausdrücke zueinander verhalten. Falls ich keine exakten Angaben zu diesen Unterscheidungen finden konnte, formuliere ich den Satz: »Präzisere und weitere Angaben konnten nicht gefunden werden«, was insbesondere bei kleinen indigenen Sprachen oft der Fall ist.

Kurz hingewiesen sei hier auch noch auf den Umstand, dass es keine klare und präzise rein sprachliche Abgrenzung zwischen »Sprachen« und »Dialekten« gibt. Deswegen kann auch die Zahl von ca. 7000 Sprachen, die heute auf der Erde gesprochen werden, nicht als exakte Angabe angesehen werden. Gegenseitige Verständlichkeit bzw. weitreichende Ähnlichkeit in Wortschatz und Grammatik reicht als Kriterium nämlich nicht aus, um »Sprache« und »Dialekt« voneinander abzugrenzen, da dann z. B.

eher kontraintuitiv Spanisch und Italienisch als Dialekte gewertet werden müssten, Tiroler Dialekte und Plattdeutsch hingegen als Sprachen. Es müssen daher weitere, außersprachliche Kriterien wie das Bestehen eines eigenen Staates, einer Verschriftung sowie einer eigenständigen schriftlich-literarischen Tradition herangezogen werden. Im Folgenden wird meist recht liberal von »Sprachen« gesprochen, aus denen die im Folgenden näher behandelten Schmetterlingsausdrücke stammen, obwohl dieselben Idiome in der (früheren) Fachliteratur manchmal auch als »Dialekte« bezeichnet werden. Dies hat natürlich Auswirkungen auf die hier angesetzte Zahl von ca. 200 Sprachen, für die z. T. unterschiedliche, dabei nicht immer ganz konsequente Entscheidungen getroffen wurden.

So zum Beispiel zähle ich die mündlichen Varietäten des schriftlichen Standardarabischen, die von Marokko bis in den Irak als die im alltäglichen Sprachgebrauch üblichen Idiome verwendet werden, als separate Sprachen. Dies erfolgt unter anderem wegen des Kriteriums der gegenseitigen (Un-)Verständlichkeit und des Bestehens mehrerer unabhängiger Staaten. Diese mündlichen arabischen Varietäten sind mit wachsendem geografischen Abstand auch nicht mehr gegenseitig verständlich. Dagegen zähle ich z. B. Dakota und Lakota, zwei einander sehr nahe stehende Varietäten der westsiouanischen Sprache Dakota (das Wort dient also auch als Überbegriff), als Dialekte. Dakota und Lakota sind gegenseitig verständlich.

Wegen des Bestehens zweier Staaten zähle ich trotz relativ geringer sprachlicher Unterschiede in Aussprache und Wortschatz Bahasa-Indonesisch und Malaiisch als zwei Sprachen. Dagegen fasse ich wegen der staatlichen Einheit Japanisch als eine isolierte, d. h. nicht gesichert mit weiteren Sprachen verwandte Sprache auf, obwohl die mit Japanisch nah verwandten Ryū-Kyū-Sprachen, die in die japanische Sprachfamilie einzuordnen sind und im Süden Japans u. a. auf Okinawa gesprochen werden, mit Japanisch nicht gegenseitig verständlich sind. Ähnliches gilt für Koreanisch und dessen Varietät Jeju.

Bei vielen der ca. 200 Sprachen ist leider festzustellen, dass sie (sehr) bedroht sind, vor allem die kleinen indigenen Sprachen. Dies ist vielfach auf den Kolonialismus, den Sklavenhandel und deren Spätfolgen zurückzuführen. Das Tempo des Sprachensterbens im 21. Jh. ist beängstigend: Bis zu 90 Prozent aller Sprachen könnten in diesem Jahrhundert aussterben. Es zeigt sich somit eine tragische Parallele zwischen der Bedrohtheit der zoologischen Arten, in unserem Fall der Schmetterlingsarten, und der Bedrohtheit der Sprachen (vgl. Nettle/Romaine 2000: 41 ff.).

Dies ist kein Zufall, denn Biodiversität, die Vielfalt der Arten, und linguistische Diversität, die Vielfalt der Sprachen, hängen eng miteinander zusammen. In einem rund um den Globus laufenden Streifen Land in den tropischen Gebieten Lateinamerikas, Afrikas und Südostasiens ist sowohl die Artenvielfalt als auch die Sprachenvielfalt nämlich am höchsten ausgeprägt. Neuere Studien zeigen, dass ca. 3200 der ca. 7000 Sprachen, die (noch) auf der Erde gesprochen werden, in 35 Regionen vorkommen, die zu den Brennpunkten (»Hotspots«) der Artenvielfalt zählen (vgl. Gorenflo et al. 2012: 8032). Obwohl dieser deutliche Zusammenhang sicher viele unterschiedliche Ursachen hat, ist doch anzunehmen, dass der nachhaltige Umgang vieler kleiner indigener Sprachgemeinschaften mit der Natur zur Biodiversität positiv beiträgt (Gorenflo et al. 2012: 8037). In der neueren Literatur zum Thema wird daher auch von »biokultureller Diversität« gesprochen (vgl. Maffi/Woodley 2010).

Meinen herzlichen Dank möchte ich an dieser Stelle all jenen ausdrücken, die mir als Native Speaker und/oder linguistische Fachleute Auskünfte zu den Schmetterlingsausdrücken in den ca. 200 genauer behandelten Sprachen, aber z. T. auch weit darüber hinaus erteilt haben:

Bela Adamik (Ungarisch), Tracey Arnold (Koyukon), Jessica Barzen (Haiti Kreol), Robert Blust (austronesische Sprachen allgemein), Isabelle Bril (Amis), Dan Brodkin (Bugis, Makassar), Kenneth Cook (Hawaiianisch, Samoanisch), Bill Davies (Südwest-Palawano), Philip W. Davies (Yogad, Bella Coola/nuXalk), Sabine Dedenbach-Salazar Sáenz (Quechua), Eva Eckkrammer (Papiamento), Carl Erixon (Dänisch, Norwegisch, Schwedisch, Isländisch; Farsi; Pashto), Erin Grace (Nuuweeya), Yüksel Güzel (Türkisch, Zaza), Marged Haycock (Walisisch); Cornelia Ilie (Rumänisch), Anar Jafarli (Aserbaidschanisch), John Jensen (Yapesisch), Lars Johanson (Türkei-Türkisch, weitere Turksprachen), Michael Jursa (Babylonisch), Erika Kegyesné-Szekeres (Ungarisch), Shinhyoung

Kang (Koreanisch), Astrid Kienpointner (Mandarin-Chinesisch), Goro Kimura (Japanisch, Ainu), Marian Klamer (austronesische Sprachen allgemein), Verena Krausneker (Österreichische Gebärdensprache, weitere Gebärdensprachen), Thomas Krisch (Sanskrit), Solvita Krivmane (Lettisch, Litauisch), Christian Lehmann (Yukatekisch, Mopan, Cabécar), Chelsea McCracken (Belep), Luh Anik Mayani (Bahasa-Indonesisch), Lynda Minoose (Denesųłiné/Chipewyan), Parivash Mohtat (Persisch/Farsi), Pedro Maria Muñoa Capron-Manieux (Baskisch), Nguyễn Việt Hà My (Vietnamesisch), Kenny Odozi (Oza-Nogogo, Igbo, Bini (Benin), Twi (Akan, Ashante), James Ogola Onyango (Swahili, (Dho-)Luo), Tetuhito Oono (Ainu), Bill Poser (Carrier), Tamara Prischnegg (Amharisch, Somali), Stephan Prochazka (Koran-Arabisch, Standardarabisch, weitere arabische Varietäten, Ge'ez), Martha Ratliff (Hmong), Lawrence A. Reid (Isinay), Keren Rice (Slavey, Gwich'in, Hupa), Ursula Schattner-Rieser (Ivrit), Veenu Scheiderbauer (Hindi, Urdu), Stefan Schuhmacher (Walisisch), Gunter Senft (Kilivila), Irene Silentman (Navajo), Kathrin Siller (Maori), Maria V. Stanyukovich (Tuwali Ifugao), Alan Stevens (Bahasa-Indonesisch), Christopher Sundita (Tagalog, Cebuano), Alicia Trepat Pont (Katalanisch), Gaios Tsutsunashvili (Georgisch, Mingrelisch), Jan Ulrich (Lakota), Jana Valdrová (Tschechisch, Slowakisch, Russisch), Alice Vittrant (Birmanisch), Martina Volfova (Kaska/Dene k'eh), Helmut Weinberger (Serbisch, Kroatisch, Türkisch), Pairama Wright (Maori), Hitoshi Yamashita (Japanisch, Mandarin-Chinesisch, Ainu).

Damit sind die Daten für fast jede zweite der 200 Sprachen durch Native Speaker und/oder Fachleute kontrolliert und gegebenenfalls korrigiert worden. Selbstverständlich bin ich für alle verbliebenen Fehler allein verantwortlich. Angesichts der Zahl von 200 Sprachen und der großen quantitativen und qualitativen Unterschiede bei den mir zugänglichen Quellen, insbesondere bei kleinen indigenen Sprachen, werden einzelne Fehler in den Daten wohl unvermeidlich sein.

3.2 Typische lautliche und inhaltliche Eigenschaften der Schmetterlingsausdrücke

Typisch scheinen für viele, in manchen Fällen sogar die meisten der ca. 200 im Folgenden referierten Sprachen der Erde für mindestens einen ihrer Schmetterlingsbasisausdrücke die im Folgenden behandelten lautlichen und inhaltlichen Eigenschaften. Unter »Basisausdruck« ist dabei zu verstehen, dass ein Wort (= eine lexikalische Einheit = ein Lexem) 1. relativ hochfrequent verwendet wird, 2. semantisch (= inhaltlich) sehr allgemein ist, 3. morphologisch (= von der Form her) relativ einfach ist. Für meine Statistiken zähle ich nur die Basisausdrücke der 200 ausführlicher behandelten Sprachen. Ich führe aber in den Beispiellisten gelegentlich auch Schmetterlingsausdrücke aus weiteren Sprachen an.

3.2.1 Ein Husch, ein Hauch: Reibelaute als Lautbild

Dabei geht es um eine onomatopoietische (lautmalerische) Imitation der Akustik des Flatterns bzw. eines dabei erzeugten, sozusagen fast leise hörbaren Lufthauchs der Schmetterlinge (vgl. Beeman 2001). Dieser »Sound of Silence«, der kaum hörbare Lufthauch beim Flattern, kann aber wie ein sanftes Rauschen eines Windes auch deutlich hörbar werden, wenn z. B. Monarchfalter auf ihrer Migration nach Mexiko sich zu Millionen von Ästen und Stämmen von Bäumen lösen und flatternd zu bewegen beginnen. Dies zeigt die beeindruckende YouTube-Dokumentation des amerikanischen Biologen, Weltreisenden, Fernsehmoderators und Wissenschaftsjournalisten Phil Torres (vgl. https://mashable.com/video/sound-of-monarch-butterflies-taking-flight; zuletzt eingesehen am 13.6.2022).

Als lautmalerisch können die relativ vielen Wörter für Schmetterlinge bezeichnet werden, die die Reibelaute (Frikativlaute) [f], [v̊], [fl], [h] enthalten. Dabei handelt es sich bei [f] um einen labiodentalen, d. h. an den Lippen und Zähnen gebildeten Reibelaut wie in deutsch *Falter*, bei [v̊] um eine im Niederländischen manchmal stimmlos realisierte Variante von [f] wie in ndl. *vlinder* »Schmetterling«, bei [fl] um eine Kombination aus [f] und [l] wie in deutsch *flattern*, vgl. auch jiddisch *Flaterl* für Schmetterling, bei [h] um einen am Kehlkopf gebildeten Reibelaut, den »Hauchlaut« schlechthin (vgl. das mandarin-chinesische Wort für Schmetterling, *hú dié*), bei [ɬ] um ein stimmloses, quasi »gehauchtes« L, das in vielen indigenen Sprachen vorkommt, z. B. im Nahuatl-Wort für Schmetterling: *pāpalōtl* [paːpaːloːt͡ɬ].

Diese Laute kommen also sowohl in indoeuropäischen als auch in nichtindoeuropäischen Sprachen in Schmetterlingsausdrücken vor (vgl. dazu unten analog »bildmalerisch« die verbreiteten »Flatterbewegungen« der Hände in den Gebärdensprachen).

Einige weitere Beispiele für oft onomatopoietisch gebrauchte frikative Laute (Reibelaute) sowie für lautmalerische Affrikaten, das sind Kombinationen aus Verschlusslauten und stimmlosen Reibelauten, finden sich abseits der Schmetterlingsausdrücke z. B. in deutsch *hecheln* oder *huschen*, engl. *thunder* [ˈθʌndə], chines. *jīn* [tɕin] (»Furt«), *qì* [tɕʰi] (»Luft«, »Gas«, »Lebenskraft«) und Navaho *tł'oh* [tɬ'oh](»Gras«).

Man kann mit ähnlicher Begründung also auch noch die ebenfalls »hauch-affinen« Konsonanten [θ, ʃ, ɕ, ç, x] hinzufügen, die alle relativ geräuschintensive, stimmlose Reibelaute (Frikative) sind. Diese Reibelaute werden, von vorne nach hinten im Mund gereiht, an den Zähnen [θ], am Übergang zwischen dem Zahndamm und dem vorderen harten Gaumen (palato-alveolar: [ʃ] wie in *Tisch*; alveo-palatal: [ɕ]; etwas weiter vorn als deutsch *ich*; dieser Reibelaut kommt z. B. im Chinesischen vor, s. o.), am vorderen Gaumen (palatal: [ç] wie in deutsch *ich*) sowie am hinteren Gaumen (velar: [x] wie in deutsch *ach*) gebildet.

Bei den Schmetterlingsausdrücken sind einige weitere Beispiele für alle oben angeführten onomatopoietischen Laute in verschiedenen (nicht) indoeuropäischen Sprachen z. B. rumän. *fluture* [ˈfluture], albanisch *flutur*, arab. *farasha* [faˈraːʃa], ferner in den westafrikanischen Sprachen Mandinka *(firifiroo)* und Twi *(afofantɔ)* sowie in den folgenden indigenen Sprachen Nordamerikas: Tohono O'odham *(hohogimal)* und Chickasaw (*hatalhposhik* [hataɬpoʃik]).

Wenn man sich auf die oben genannten zwölf Laute bzw. Lautkombinationen beschränkt, weisen immerhin 56 Lautsprachen, d. h. ein knappes Drittel der 187 Lautsprachen, mindestens einen der Basisausdrücke mit einem oder mehreren der Laute [f, fl, ʃ, tʃ, θ, tɕ, tɕʰ, ɬ, tɬ, ç, x, h], auf, was wohl kein Zufall sein dürfte:

Sprachen mit [f, fl, ʃ, tʃ, θ, tɕ, tɕʰ, ɬ, tɬ, ç, x, h]	Sprachen ohne [f, fl, ʃ, tʃ, θ, tɕ, tɕʰ, ɬ, tɬ, ç,x, h]
56 (30 %)	131 (70 %)

Tabelle 1

Hinzu kommt in poetischen Texten, dass mit der Häufung von anderen Morphemen, die [fl] oder phonetisch Ähnliches enthalten, dieser »Hauch« und »Flatter«-Effekt noch verstärkt werden kann, vgl. z. B. den oben erwähnten Song *Butterfly Bleu* der Rockband Iron Blutterfly mit seinem Refrain *Butterfly fly* [-flaɪ flaɪ] *away*.

Dazu passt auch der oben zitierte Song *Butterfly* von Lenny Kravitz (*1964), in dem Kravitz am Ende des Songs *(You're my butterfly – Fly high – Fly fly fly)* unmittelbar nach der Nennung von *butterfly* die Silbe *fly* (als Imperativform des englischen Verbs *fly* – »fliegen«) gleichmal viermal wiederholt, mit einem weiteren »hauchenden« *high* [haɪ] dazwischen, sodass ein komplexes Cluster von »Hauchlauten« entsteht: [-flaɪ flaɪ haɪ flaɪ flaɪ flaɪ].

3.2.2 *Papilio – Pili pala – Pepe – Pipi – Kipepeo* und Co.: Reduplikation als Lautbild

Die Verwendung reduplizierter (d. h. verdoppelter) Silben kann ebenfalls lautmalerisch gedeutet werden, nämlich als akustische Imitation des repetitiven Flügelschlags (vgl. hier auch wieder die wiederholten »Flatterbewegungen« in den Gebärdensprachen). Reduplikation kann als die vielleicht am stärksten lautmalerische und am häufigsten verwendete lautliche Prozedur bei der Bildung von Schmetterlingsausdrücken bezeichnet werden, die inhaltlich oft mit dem Konzept »Vielheit« (z. B. wiederholtes Bewegen der Schmetterlingsflügel) zu tun hat (vgl. Mithun 2001: 42).

Vor diesem Hintergrund ist Folgendes bemerkenswert: Immerhin enthalten beachtliche ca. 49 Prozent der Basisausdrücke für »Schmetterling« in 200 Sprachen reduplizierte Silben (für zahlreiche weitere Beispiele vgl. Moreno Cabrera 2020: 54–56, Artikel »butterfly«, sowie Beeman 2000). D. h. genauer, dass bei Vorliegen verschiedener Synonyme für »Schmetterling« zumindest einer der verwendeten Ausdrücke für Schmetterling aus einer (oder mehreren) reduplizierten Silbe(n) besteht.

Einige Beispiel hierzu sind aus den austronesischen Sprachen Bahasa-Indonesisch mit *kupu-kupu*, Madegassisch mit *lo-lo*, Samoanisch mit *pe-pe*, aus den Mon-Khmer-Sprachen Vietnamesisch mit *bươm bướm*, aus den afroasiatischen Sprachern Hausa mit *bale-bale*, aus den Bantu-Sprachen Suahili mit *nzigu-nzigu*, aus den yoruboiden Sprachen Yoruba mit *laba-lábá*, aus den chibchanischen Sprachen Cabécar mit *kua-kua*, aus den araukanischen Sprachen Mapuche *llamke-llamke*, aus den austronesischen Sprachen auf Sulawesi Bugis mit *pella-pella* und Makassar mit *palla-palla*, aus den Australsprachen Kuku-Yalanji mit *walbul-walbul*, aus den Papua-Sprachen Kyaka (Nord-Enga) mit *maemae* sowie schließlich die isolierte südamerikanische Sprache Warao mit *waro-waro*.

Oder der Schmetterlingsausdruck enthält zumindest eine reduplizierte Silbe, dazu wieder quer durch die Kontinente und Sprachfamilien einige Beispiele: Katalanisch *pa-pa-llo-na*, Romani *pe-pe-ruga*, Zaza *per-per-ik*, Georgisch *pe-pe-la*, Suahili *ki-pe-pe-o*, Lingala *li-peka-peka*, Fulani *dabi-dabi-wal*, !Xu *d'ha-d'ha-ma*, Lakota *ki-mí-mi-la*, Tohono O'odham *ho-ho-gimal*, Cherokee *ka-ma-ma*, Kwak'wala *ha-mu-mu*, Yanomamɨ *ũwã-ũwã-mɨ*, Cebuano *ali-bang-bang*, Warlpiri *jinji-marlu-marlu*, Murik *pe-pe-tam*, Ainu *ma-rew-rew* etc.

Dabei zähle ich auch nicht im strengen Sinn identische Silbenpaare als Reduplikation. Solche Paare können z. B. den gleichen Konsonanten, aber unterschiedliche Vokale enthalten, vgl. z. B. Lateinisch *pa-pi-lio*, Kymrisch *pili-pala*, Hindi *ti-ta-li*, Amharisch *bira-biro*, Mandinka *firi-firoo*, Belep *poli-poda*. Es gibt auch einige Fälle von annähernd identischen Silbenpaaren (z. B. Italienisch *far-fal-la*, Portugiesisch *bor-bo-le-ta*, Kurdisch (Soranî) *pîl-pî-lok*, Oza Nogogo *a-kpu-kpa*, Gwich'in *na-nuht'ee*, Ojibwe *me-meng-waa*, Cree *ka-mâ-mak*, Yukatekisch *pée-pem*, Maasai *ɔsam-púrrum-púrrì*. Solche Beispiele finden sich besonders häufig in austronesischen Sprachen, z. B. Amis *adi-pa-pang*, Tuwali Ifugao *kul-ku-la-pe*, Isinay *kuk-ku-yáp-pon*, *mang-ga-lé-law* and *ku-yap-ya*-pón, Südwest-Palawano *ba-báng*, Yapesisch *ta-lo-loo-bëy*, Yogad *ali-bám-ban*. Aber auch in Dialekten (vgl. den Ausdruck *pfa-pfol-derer* im deutschen Dialekt von Sterzing/Südtirol) und z. B. in Tolkiens fiktionaler Sprache Quenya *(wil-wa-rin)* finden sich Schmetterlingsausdrücke mit Reduplikation weitgehend ähnlicher Silben.

Auffällig ist hier auch, dass quer durch die Kontinente und Sprachfamilien oft labiale stimmlose Verschlusslaute (z. B. [p]) in Kombination mit verschiedenen Vokalen redupliziert werden, woraus sich folgende Silbenstruktur ergibt (V = Vokal): *p*-V-*p*-V. Dies zeigt sich, wie die obigen Beispiele belegen, in indogermanischen Sprachen wie Latein (*pa-pi-* + Suffix/Nachsilbe *-lio*), aber auch Maya-Sprachen wie Yukatek-Maya *(pée-pem)*, austronesischen Sprachen wie Samoanisch *(pe-pe)*, in der Papua-Sprache Murik *(pe-pe-tam)*, auch in Bantu-Sprachen wie dem ostfrikanischen Kiswahili *(ki-pe-peo)* oder dem zentralafrikanischen Kikongo *(ki-pele-pele)*. Dabei können auch »triplizierte« Varianten auftreten, wie z. B. *pē-pe-pe* im Maori (vgl. auch – allerdings mit variierenden Silbenstrukturen nach den drei *p* – den baskischen Schmetterlingsausdruck *pin-pilin-pauxa*). Schließlich heißt in der Kunstsprache Toki Pona der Schmetterling *pi-pi*. Und es kommt auch die umgekehrte Abfolge V-*p*-V-*p* vor, z. B. in der Papua-Sprache Mandobo Atas (aus der Trans-New-Guinea-Familie), wo der Schmetterling *ap-ap* heißt.

Es scheint auch geografische und genetische Konzentrationen von Sprachen mit Silbenreduplikation für Schmetterlingsausdrücke zu geben, z. B. tritt Reduplikation besonders hochfrequent in Bantu-Sprachen in Zentral- und Südafrika und in austronesischen Sprachen im pazifischen Raum auf.

Auch alle zehn Gebärdensprachen in meinem Sample von 200 Sprachen werden in der folgenden Statistik mitgezählt, da sie alle wiederholte »Flügelschläge« als Handbewegung enthalten, somit ein visuelles Gegenstück zu den reduplizierten Silben der Lautsprachen. Daraus ergibt sich folgendes Zahlenverhältnis von 97 Sprachen (49 %) mit Silbenreduplikation:

Sprachen mit Silben-/Gestenreduplikation in Schmetterlingsausdrücken	Lautsprachen ohne Silbenreduplikation in Schmetterlingsausdrücken
97 [49 %]	103 [51 %]

Tabelle 2

Nicht mitgezählt wurden hier Ausdrücke für Schmetterling, die zwar nicht in der gegenwärtigen Form (synchron), aber in historisch älteren Sprachstufen (diachron) aus reduplizierten Silben hervorgingen. Hier ist z. B. für deutsch *Falter* das dialektal-alemannische Vorkommen von *fi-falter* aus Althochdeutsch *fi-fal-tro* zu erwähnen und ähnlich altengl. *fīfealde* aus Protogermanisch **fifal-do* sowie Schwedisch *fjäril* aus Altnordisch *fiðrildi*, was letztlich ebenfalls auf Protogermanisch **fi-fal-do* zurückzuführen ist (vgl. Duden Herkunftswörterbuch 1989: 175). Eine diachrone Perspektive quer durch alle Sprachfamilien würde wahrscheinlich die Zahl der Schmetterlingsausdrücke mit (ursprünglichen) Reduplikationen noch beträchtlich erhöhen.

3.2.3 Vordere, »helle« Vokale: kleine Geschöpfe des Lichts

Die vergleichsweise relativ hohe Frequenz von vorderen Vokalen (z. B. [æ, ɛ, e, i, ɪ, œ, ʏ, y]) in den verwendeten Ausdrücken ist ebenfalls auffällig. Neben der in vielen Sprachen »alltagsphonetisch« mit hellen, lichten Objekten assozierten Qualität dieser Vokale stehen [e, i] auch häufig lautmalerisch für relativ zum Menschen kleine Objekte und Lebewesen, was auf die Schmetterlinge ebenfalls zutrifft. Die Schmetterlinge nehmen wir in der Natur vor allem im Sommer, in der Luft und im Licht der Sonne wahr. Die stereotype Zuordnung von vorderen, insbesondere geschlossenen Vokalen wie [e, i] zu relativ kleinen und/oder hellen Objekten wurde bereits vor vielen Jahren von den großen Linguisten Edward Sapir (1929: 231) und Roman Jakobson (1965: 33 f.; 1972: 114 ff.) empirisch nachgewiesen.

Hinzu kommt die Häufigkeit von vorderen, geschlossenen bzw. offenen Vokalen ([e, ɛ, i, ɪ]) in Verkleinerungsformen in vielen auch nicht miteinander verwandten Sprachen: vgl. z. B. engl. *Kat-ie, Tomm-y, pigg-y, dogg-y*; dt. *Ev-i, Hans-i, Schatz-i, Maus-i*; niederländ. *schat-je, cadeau-tje, bloem-pje*; ital. *Giann-ina, mamm-ina, cas-ina, telefon-ino*; span. *Teres-ita, mama-cita, cas-ita, coche-cito*; russ. домик *dóm-ik* »Häuschen«; tschech. *dom-ek* »Häuschen«, *dom-eč-ek*, wörtlich: »Häus-chen-chen«; türk. *anne-cik* »Mütterchen«, *kedi-cik* »Kätzchen«; sowie die ungarischen Koseformen von Vornamen wie *Kat-i* (< Katalin), *Fer-i* (< Ferenc), *Lac-i* (<László) usw.

In immerhin 32 der 187 aufgelisteten Lautsprachen enthält einer der Basisausdrücke für »Schmetterling« ausschließlich vordere Vokale (vgl. z. B. Schwedisch *fjäril*, Kroatisch *leptir*, Zaza *perperik*, Türkisch *kelebek*, Ungarisch *lepke*, Kikongo *kipelepele*, Toki Pona *pipi*). Über meine 200 genauer behandelten Sprachen hinaus trifft dies auch noch auf *nedenlebedze* aus der nordathabaskischen Sprache Koyukon in Alaska zu, auf *belelįge* aus der nordathabaskischen Sprache Kaska in Kanada sowie auf *k'idiwisch'e* aus Hupa, einer sterbenden athabaskischen Sprache, die an der Pazifikküste Nordkaliforniens gesprochen wird:

Sprachen mit ausschließlich vorderen Vokalen in Schmetterlingsausdrücken	Sprachen mit vorderen und hinteren Vokalen in Schmetterlingsausdrücken
32 [17 %]	155 [83 %]

Tabelle 3

Dieser Prozentsatz erhöht sich noch erheblich, wenn man auch die Sprachen mit zwei Dritteln oder mehr vorderen Vokalen in den Silben des Wortes »Schmetterling« inkludiert, vgl. z. B. Hindi *titali*, Baskisch *tximeleta*, Estnisch *liblikas*, Finnisch *perhonen*, Georgisch *pepela*, Suahili *kipepeo*, Mande *firifiroo*, Majang *bímbílòt*, Lakota *kimímela*, Quechua *pilpintu*, Arrernte *intelyapelyape*, Quenya *wilwarin*. Die folgende Tabelle erfasst alle 51 Sprachen mit zwei Drittel oder mehr vorderen Vokalen in den Schmetterlingsausdrücken, immerhin über ein Viertel (27 %) aller 187 Lautsprachen:

Sprachen mit zwei Dritteln oder mehr vorderen Vokalen in Schmetterlingsausdrücken	Sprachen mit weniger als zwei Dritteln Vokalen in Schmetterlingsausdrücken
51 [27 %]	136 [73 %]

Tabelle 4

Erklärungsbedürftig bleiben allerdings vor diesem Hintergrund die ebenfalls nicht selten existierenden Schmetterlingsausdrücke mit nur oder vielen hinteren Vokalen wie [u, o] (z. B. Albanisch *flutur*, Rumänisch *fluture*, Portugiesisch *borboleta*, Kwak'wala *hamumu*, Hopi *povolhoja*, Tohono

O'odham *hohogimal*, Warao *warowaro*, Vietnamesisch *bươm bướm*, Japanisch *chō cho*, Igbo *uru baba*, Luo *oguyo*, Chichewa *gulugufe*, Bahasa-Indonesisch *kupu-kupu*, Kuku-Yalanji *walbulwalbul*). Solche Ausdrücke exemplifizieren dann wohl Ferdinand de Saussures Arbitraritätsprinzip: Grundsätzlich ist die Beziehung zwischen Laut und Inhalt sprachlicher Zeichen arbiträr (vgl. Saussure 1973: 100: »Le signe linguistique est arbitraire«: »Das linguistische Zeichen ist willkürlich«). Die hier zu beobachtenden gegenläufigen lautmalerischen Tendenzen bei den Schmetterlingsausdrücken können daher gar nicht (auch nur annähernd) 100%ig zutreffen.

3.2.4 Wenig »harte« Laute: Zarte Geschöpfe

Die vergleichsweise relativ niedrige Frequenz stimmloser Plosivlaute wie [p, t, k] in den Lauten, aus denen die Schmetterlingsausdrücke gebildet werden (und vgl. unten Tabelle 5 und die damit korrespondierende Tabelle 6), und die vergleichsweise höhere Frequenz von bilabialen (mit den Lippen gebildeten) Halbvokalen wie W, von lateralen (L-Laute) oder von nasalen (z. B. N- und M-Laute) Sonoranten (= vokalähnlichen Lauten mit großer Schallfülle) wie [w, l, λ, r, m, n, ɳ, ŋ] sind ebenfalls bemerkenswert. Die folgende Tabelle zeigt, dass alle Sprachen mit nur einem oder keinem stimmlosen Verschlusslaut im Vergleich zu den Sprachen mit zwei oder mehr stimmlosen Verschlusslauten mehr als die Hälfte ausmachen:

Sprachen mit nur einem oder keinen stimmlosen Verschlusslaut(en)	Sprachen mit zwei oder mehr Vorkommen von stimmlosen Verschlusslauten wie z. B. [p], [t], [k]
98 [52 %]	89 [48 %]

Tabelle 5

Ferner nehmen wir die Schmetterlinge als zart, weich, ja fast durchsichtig wahr, jedenfalls nicht als »hart«, wie ja »alltagsphonetisch« die stimmlosen Verschlusslaute charakterisiert werden (vgl. die deutschen Benennungen »hartes P/T/K«). Ein schönes Einzelbeispiel dafür sind die Wörter *yagole* und *galamalas* für »Schmetterling« im Denesųłiné (Chipewyan; eine nordathabaskische Sprache in Kanada).

Dies ist nur eine Tendenz und schließt natürlich nicht aus, dass in bestimmten Sprachen Basisausdrücke für »Schmetterling« einen relativ starken Anteil an stimmlosen Verschlusslauten aufweisen (vgl. z. B. Maori *pēpepe*, Kalaallisut (Grönländisch) *pakkaluak,* Tamil *paṭṭāmpūcci*, Haida *stl'a̱kam*, wo sich wieder Saussures Arbitraritätsprinzip zeigt).

3.2.5 Weich, rund, schön: »Halbvokale« und »liquide« Laute

Die relativ große Frequenz der Menge der (zwar nicht »objektiv«, aber über die Grenzen vieler Sprachen und Kulturen hinweg) als »wohlklingend« empfundenen, akustisch-phonetisch den Vokalen nahestehenden bilabialen, lateralen oder nasalen Sonoranten ist ebenfalls auffällig. Sonoranten sind z. B. die »Halbvokale« wie [j] und [w], die sogenannten liquiden (»flüssigen«) L- und R-Laute wie [l], [λ], [r] und die Nasallaute wie [m], [n] oder [ŋ]. Die besonders vokalähnlichen Halbvokale und liquiden Laute werden auch als Approximanten bezeichnet, also als »Annäherungslaute«, bei denen kein vollständiger Verschluss im Mundraum gebildet wird. Sie stehen den Vokalen nahe. Solche Laute treten, wie bereits erwähnt, in den Schmetterlingsausdrücken vielfach auf, weit über die Grenzen von genetisch oder typologisch verwandten Sprachen hinweg.

Mindestens einer der oben aufgelisteten Laute (manchmal aber auch zwei oder mehr Sonoranten, vgl. unten) kommen in Basisausdrücken von 154 Sprachen der 187 Lautsprachen vor (= 82 %), was wohl kaum Zufall sein dürfte. So gehören zwar [n] und [r] z. B. zu den häufigsten Phonemen in deutschen Texten (vgl. König 1978: 116): Elf Prozent ([n]) und 7,5 Prozent ([r]) aller Laute in fortlaufenden Texten sind [n] oder [r]). Aber schon [l] (4 %) und [m] (3 %) sind deutlich seltener, und alle vier zusammengenommen machen nur ca. 25 Prozent aller Laute in fortlaufenden deutschen Texten aus. So gesehen, ist der Prozentsatz von 82 Prozent der Schmetterlingswörter mit mindestens einem Sonoranten zumindest bemerkenswert.

Im Folgenden werden die etwas aussagekräftigeren Frequenzverteilungen von Schmetterlingsausdrücken mit zwei oder mehr Sonoranten im Vergleich zu Ausdrücken mit nur einem oder keinem Sonoranten dargestellt. Vgl. die folgende Tabelle, die zeigt, dass mit 96 immerhin etwas mehr als die Hälfte (51 %) der Basisausdrücke für »Schmetterling« in den 187 Lautsprachen zwei oder mehrere Sonoranten enthält:

Sprachen mit zwei oder mehr Sonoranten [w], [j], [l], [ʎ], [r], [m], [n] oder [ŋ]	Sprachen mit nur einem Sonorant oder ohne [w], [j], [l], [ʎ], [r], [m], [n] oder [ŋ]
96 (51 %)	71 (49 %)

Tabelle 6

3.2.6 Relativ viele Vokale: Vokalreichtum als ästhetische Abbildung »bunter« Geschöpfe

Es ist außergewöhnlich schwierig, ein klares, objektives und mit wissenschaftlichen Daten gestütztes Kriterium für lautliche (phonaesthetische) Schönheit von Sprachen zu finden. Lautbezogene Schönheitsbewertungen von Sprachen sind auch nicht klar von zahlreichen anderen Einflüssen wie Kultur, Geografie, Urlaubserlebnissen sowie Ein-/Mehrsprachigkeit zu trennen. Trotzdem wird mit einiger Plausibilität hier immer wieder der Vokalreichtum von Sprachen genannt (vgl. Kogan/Reiterer 2021: 17). Auch offene Silbenstrukturen mit Abfolgen von Konsonant und Vokal (KVKV […]) sind in diesem Zusammenhang erwähnenswert (vgl. Kogan/Reiterer 2021: 3). Offene Silbenstrukturen und Vokalreichtum sind typisch für die romanischen Sprachen. Und einschlägige Experimente zeigen, dass romanische Sprachen wie Französisch, Italienisch und Spanisch (etwas überraschend aber auch Englisch) von Native Speakers (= Personen, die eine (oder mehrere) Sprache(n) auf muttersprachlichem Niveau sprechen) verschiedener Muttersprachen hinsichtlich phonetischer Schönheit sehr gut bewertet werden, während Sprachen wie Dänisch, Deutsch, Griechisch, Polnisch, Ungarisch oder Walisisch (deutlich) schlechter abschneiden (vgl. Kogan/Reiterer 2021: 7). Dies passt dazu, dass interessanterweise das Italienische in seiner Silbenstruktur 58 Prozent KV-Silben aufweist, das Deutsche nur 31 Prozent (vgl. Kogan/Reiterer 2021: 16). Am Beispiel des Deutschen zeigt sich auch, dass die bloße Größe einer Sprache nach Zahlen von Native Speakers sowie ihr politisches und ökonomisches Prestige nicht ausschlaggebend sind.

Interessant in diesem Zusammenhang ist natürlich auch, wie sich nicht nur einzelne Vokal- und Konsonantengruppen in Schmetterlingsausdrücken manifestieren (z. B. vordere Vokale und Sonoranten), sondern wie sich Vokale und Konsonanten überhaupt zueinander hinsichtlich ihrer Frequenz verhalten. Wenn man die Schmetterlingsausdrücke in den 187 Lautsprachen daraufhin durchzählt, ob zumindest ein Basisausdruck gleich viel oder mehr Vokale als Konsonanten aufweist, ergibt sich folgende Verteilung (wobei ich eher restriktiv die Diphthonge (Zwielaute wie z. B. [ai], [au], [ɔi]) als nur einen Vokal zähle):

Sprachen mit gleich viel oder mehr Vokalen in Schmetterlingsausdrücken	Sprachen mit mehr Konsonanten als Vokalen in Schmetterlingsausdrücken
76 (41 %)	111 (59 %)

Tabelle 7

Hier finden wir also mehr als 40 Prozent stärker vokalhaltige Wörter. Dividiert man allerdings die 111 mehrheitlich konsonantischen Wörter (59 %) durch die 76 gleich stark oder stärker vokalhaltigen Wörter, erhält man die Proportion 1,5. Dieses relative quantitative Übergewicht der Konsonanten bei mehr als der Hälfte der Schmetterlingsausdrücke könnte zunächst zum voreiligen Schluss führen, dass Schmetterlingsausdrücke gar nicht so stark »vokalisch dominierte« Ausdrücke seien.

Hier ist es aber interessant, einen vergleichenden Blick auf das Vokal- und Konsonantenverhältnis in den Lautsystemen der Sprachen der Erde zu werfen. Die quantitative Relation zwischen Konsonanten und Vokalqualitäten (»Consonant-Vowel Quality Ratio«) im Lautsystem ist für eine große Zahl von Sprachen (563) durch die Division der Zahl der Konsonanten durch die Zahl der Vokalqualitäten (»C/VQ ratio«, kurz: *C/V ratio*) ermittelt worden (vgl. Maddieson 2013a). Die 563 Sprachen wurden danach in fünf Stufen der *C/V ratio* eingeteilt, um eine annähernde Normalverteilungskurve herauszubekommen. Die Extreme waren die Sprache Aridoke (eine Sprache in Kolumbien mit zehn Konsonanten und neun Vokalen) mit einer *C/V ratio* von 10/9 = 1,11 und Abchasisch (eine Kaukasussprache mit 58 Konsonanten und zwei Vokalen) mit einer *C/V ratio* von 58/2 = 29.

Nun ist die obige Zählung in Tabelle 7 allerdings keine lautsystembezogene Häufigkeitskorrelation, sondern das Ergebnis einer Zählung von Lauten in Wörtern, also danach, ob gleich viel oder mehrheitlich Vokale oder ob gleich viel/mehrheitlich Konsonanten in bestimmten Wörtern von 187 Lautsprachen auftreten. Wie oft Vokale und Konsonanten in Wörtern, Sätzen und Texten vorkommen, die in einer bestimmten Sprache ausgedrückt bzw. verfasst sind, kann sich von Systemproportionen von Vokalen und Konsonanten im Lautsystem aber deutlich unterscheiden. Man darf also nicht direkt Systemproportionen und Textvorkommen von Lauten vergleichen, denn das würde heißen, »Äpfel mit Birnen« zu vergleichen.

Es gibt allerdings empirische Evidenz dafür, dass Sprachen mit komplexen Konsonanteninventaren tendenziell, d. h. statistisch signifikant häufiger, auch komplexe Silbenstrukturen mit vielen Konsonanten in Wörtern aufweisen (vgl Maddieson 2006: 219). Es ist also besonders aufschlussreich, wenn Sprachen, die nach der *C/V ratio* ein stark konsonantendominiertes Lautsystem aufweisen und somit tendenziell auch komplexe, stark konsonantenhaltige Silbenstrukturen bilden sollten, bei ihren Schmetterlingsausdrücken trotzdem relativ stark vokalhaltige Wörter ohne komplexe Konsonantengruppen aufweisen. Dazu folgen einige Beispiele.

So ist z. B. die Kaukasussprache Georgisch nach Maddieson (2013a) eine Sprache mit einer »moderately high« (also: »in Maßen hohen«) *C/V ratio*. Diese liegt für Georgisch zwischen 4,5 und 6,5, womit Georgisch zu der Minderheit von 102 ziemlich stark konsonantenhaltigen Sprachen im Maddiesons Sample von 563 Sprachen gehört. Georgisch weist auch eine stark konsonantenhaltige Silbenstruktur mit Clustern von bis zu vier, fünf oder sechs Konsonanten in einem Wort auf (vgl. Maddieson 2013b). Man vergleiche etwa die Silbenstruktur eines georgischen Wortes wie *mts'vrtneli* (»Trainer«), das mit acht Konsonanten und zwei Vokalen im Georgischen nicht etwa einen extrem seltenen Sonderfall darstellt, was die hohe Frequenz von Konsonanten betrifft: KKKKKKKVKV (K = Konsonant; V = Vokal; für das Beispiel danke ich Gaios Tsutsunashvili; mündliche Mitteilung).

Nun hat Georgisch als Schmetterlingsausdruck aber *pepela* [p'ɛp'ɛla], d. h. ein Wort mit einer Proportion von 1:1 von Vokalen und Konsonanten

(*C/V ratio*: 1,0) und drei offenen Silben ohne Konsonantengruppen. Die Silbenstruktur ist also KVKVKV.

Ein weiteres interessantes Beispiel stellt die Sioux-Sprache Lakota dar, das von Maddieson (2013) ebenfalls als eine von 102 Sprachen mit *C/V ratio* »moderately high« (4,5 bis 6,5) eingestuft wird. Ferner weist Lakota eine komplexe Silbenstruktur auf. Das ist die zweithöchste Stufe auf einer vierfach gestuften Skala von »simple«, »moderately complex«, »complex« bis »highly complex«, in die von Easterday (2017: 63; 529) 100 Sprachen eingeordnet wurden (vgl. auch ähnlich Maddieson 2013b). Aber als Schmetterlingsausdruck hat Lakota *kimímela* [kiˈmimela]. Dieser Ausdruck hat wieder eine *C/V ratio* von 1,0, vier offene Silben und keine Konsonantencluster (KVKVKVKV).

Ein drittes Beispiel liefert die keiner Sprachfamilie sicher zuweisbare Sprache Baskisch, das von Maddieson (2013) ebenfalls zu den Sprachen mit einer *C/V ratio* von »moderately high« (= 4,5 bis 6,5) gerechnet wird und eine komplexe Silbenstruktur aufweist (vgl. Maddieson 2013b; Easterday 2017: 529). Beim Schmetterlingsausdruck *tximeleta* [tʃimeˈleta] zeigt Baskisch ebenfalls nur eine *C/V ratio* von 1,0 und keine Konsonantencluster (K(K)VKVKVKV), zumindest wenn man die Affrikata <tx-> [tʃ] am Wortanfang als nur einen Konsonanten zählt.

Ein viertes und besonders schlagendes Beispiel liefert die zur wakashanischen Familie in Nordamerika gehörende Sprache Kwak'wala (früher: Kwakiutl), die in Maddiesons (2013a) Klassifikation von 564 Sprachen zu den nur 69 Sprachen mit einer *C/V ratio* »high« (> 6,5) gehört. Kwak'wala weist über 40 Konsonanten auf, denen eine deutlich kleinere Menge von weniger als einem Dutzend Vokale entspricht, und kann Wörter mit komplexen Silbenstrukturen wie KVKKK (K = Konsonant, V = Vokal) bilden (vgl. Maddieson 2013b zur Einstufung von Kwak'wala als Sprache mit komplexer Silbenstruktur). Das Wort für Schmetterling dagegen lautet *hamumu* [həˈmumu] mit einer *C/V ratio* von 1,0 und drei offenen Silben mit ausschließlich einfachen Silbenstrukturen (= KVKVKV).

Ein fünftes Beispiel: Wenn auch mit einer nur »moderately complex« Silbenstruktur ausgestattet (Maddieson 2013b), hat !Xu doch das vielleicht größte Lautinventar der Welt, das sehr konsonantenlastig ist (mit über 120 Phonemen, davon ca. 100 Konsonanten!), und doch ist zumindest einer der im !Xu gebräuchlichen Schmetterlingsausdrücke *dhàdhàmà* [d^{ɦ}ad^{ɦ}ama], wieder mit einer *C/V ratio* von 1,0, wieder mit drei offenen Silben ohne Konsonantencluster (KVKVKV).

Abschließend soll noch ein Blick auf das Deutsche geworfen werden. Deutsch weist bei Maddieson (2013a) zwar nur eine niedrige *C/V ratio* (≤2) auf, ist aber dennoch eine Sprache, in der extrem komplexe Silbenstrukturen mit umfangreichen Konsonantenclustern gebildet werden können (vgl. Maddieson 2013b). Einschlägig sind hier z.B. deutsche Wörter und Wortformen wie *kurz*, *plump*, *schwarz*, *schlecht*, *Herbst*, *Schrank*, *Krampf*, *Strumpf*, *läufst*, *strafst*, *springst*, *krächzt* oder, besonders extrem: *stirbst* ([ʃtɪrbst], das die Silbenstruktur KKVKKKK aufweist. Deutsch tanzt also aus der Reihe, indem es keiner direkten Korrelation zwischen niedriger *C/V ratio* und einfacher Silbenstruktur folgt, sondern sehr komplexe Konsonantengruppen aufweist. Offenkundig gehört also Deutsch zu den Sprachen, die die statistisch häufige Korrelation von hohem Konsonantenanteil im Lautsystem und hoher Silbenkomplexität nicht aufweisen (vgl. Maddieson 2006: 225 zu solchen Ausnahmen). Dennoch enthält das Deutsche beim Wort *Schmetterling* ([ˈʃmɛtɐlɪŋ]; Silbenstruktur: KKVKVKVK) Konsonanten und Vokale im Verhältnis 5:3 (*C/V ratio:* 1,66) und nur am Wortanfang ein Konsonantencluster ([ʃm-]). Das Wort *Schmetterling* hat also, verglichen mit vielen anderen deutschen Wörtern, eine relativ geringe Silbenkomplexität und einen relativ hohen Vokalanteil. Dies steht auch im Gegensatz zu der gelegentlich von Native Speakers des Deutschen geäußerten Kritik, das deutsche Wort Schmetterling sei »hässlicher« als die Schmetterlingsausdrücke in anderen Sprachen.

Zusammenfassend lässt sich zum Verhältnis von Vokalen und Konsonanten in Schmetterlingsausdrücken Folgendes feststellen: Die *C/V ratio* von 1,5 (111 stärker konsonantenhaltige und 76 stärker vokalhaltige Wörter bei den 187 Schmetterlingsausdrücken der Lautsprachen) muss im Vergleich zur stark variierenden Systemhäufigkeit von Vokalen und Konsonanten und zur stark variierenden Komplexität der Silbenstruktur in diesen 187 Sprachen wohl als vergleichsweise niedriger, d. h. nur relativ schwach konsonantenhaltiger Durchschnitt angesehen werden. Anders ausgedrückt: Schmetterlingsausdrücke tendieren dazu, relativ stark vokalhaltige Wörter zu sein.

Diese Tendenz von 1,57 wird auch nicht durch Gegenbeispiele mit einer deutlich höheren *C/V ratio* widerlegt, wie z. B. die folgenden drei Schmetterlingsausdrücke: *stl'ak̲am* [stł'aqam] (»Schmetterling«) im Haida (Haida Gwaii, British Columbia, Kanada; *C/V ratio*: 2,5) oder im Bella Coola (= nuXalk; eine Sprache aus der Salish-Familie, British Columbia, Kanada; *C/V ratio*: 3,5) *skankapcL* [skankapxł] »Schmetterling« (»Schwalbenschwanz«) oder noch deutlicher *ch'vsh-k'i* [tʃ'vʃk'i] im Nuuweya' (einer athabaskischen Sprache im Süden Oregons und im Norden Kaliforniens; *C/V ratio*: 5). Diese Gegenbeispiele zeigen nur wieder die grundsätzliche Gültigkeit des Saussure'schen Arbitraritätsprinzips. Schmetterlingsausdrücke sind zwar tendenziell relativ vokalreich, aber nicht zwingend in jedem Einzelfall so.

3.2.7 Zur Semantik und Metaphorik von Schmetterlingsausdrücken

Semantisch gesehen, ist in den meisten der hier behandelten 200 Sprachen die Unterscheidung zwischen Tagfalter und Nachtfalter bzw. Motte von großer Wichtigkeit. Dies korreliert jedoch nicht (exakt) mit den einschlägigen biologisch-fachsprachlichen Unterscheidungen (s. u.). Darüber hinaus gibt es aber auch andere semantische Unterscheidungen bei den Basisausdrücken für »Schmetterling« sowie interessante metaphorische Verwendungen dieser Ausdrücke. Interessant ist auch, dass manche Sprachen zwei oder sogar drei Basisausdrücke für »Schmetterling« aufweisen, viele (die meisten) aber nur einen. Unter »Basisausdruck« ist, wie oben bereits erwähnt, zu verstehen, dass eine lexikalische Einheit (ein Wort, ein Lexem) 1. (relativ) hochfrequent verwendet wird, 2. semantisch sehr allgemein ist, 3. morphologisch (relativ) einfach.

In diesem Sinn sind im Deutschen *Schmetterling* und *Falter* Basisausdrücke. Nach einem Google-Test (zuletzt eingesehen am 1.5.2020) hat *Schmetterling* 20 600 000 Einträge, *Falter* immerhin noch 15 600 000, dagegen *Tagfalter* nur 304 000 und *Nachtfalter* nur 609 000.

Die Wörter *Tagfalter* und *Nachtfalter* sind auch semantisch spezifischer als *Schmetterling* und *Falter* und, morphologisch gesehen, komplexer. Sie sind nämlich Komposita (Wortzusammensetzungen: *Tag/Nacht* + *Falter*). In *Schmetterling* und *Falter* lassen sich zwar die Suffixe *-ling* und *-er* erkennen, das Erstere ist aber zumindest für den gegenwärtigen Sprachgebrauch (synchron) keine durchsichtige Ableitung mehr, da *Schmetter-* als einfaches Nomen nicht existiert und auch *Falter* synchron nicht als eine komplexe lexikalische Einheit angesehen wird (»jemand/etwas, der/das (etwas, nämlich die Flügel) faltet«).

Schließlich wird das ebenfalls hochfrequente (25 800 000 Google-Einträge am 1.5.2020) und morphologisch einfache Wort *Motte* umgangssprachlich ausschließlich für Nachtfalter verwendet, ist also semantisch spezifischer als *Schmetterling* und *Falter*.

In diesem Zusammenhang ist interessant, dass, biologisch-fachsprachlich gesehen, der Ausdruck *Motte* auf bestimmte Kleinschmetterlingsfamilien verweist, von denen die »schädlichen« Motten (z. B. Kleidermotten, Lebensmittelmotten) nur einen Bruchteil ausmachen. Zu den »Motten« im weiteren Sinn gehören z. B. Nachtfalterfamilien wie die (meisten) Schwärmer (*Sphingidae*), Bären (*Arctiidae*), Spanner (*Geometridae*) und Eulenfalter (*Noctuidae*) (Reichholf 2018: 176). Insgesamt gibt es um rund ein Zehnfaches mehr an Nachtfalterarten als Tagfalterarten (Reichholf 2018: 43). Umgekehrt gesagt: In Mitteleuropa bringen es die Tagfalter nur auf ca. zehn Prozent aller Schmetterlingsarten (Reichholf 2018: 175).

Es folgen weitere Beispiele für das Vorliegen von einem oder zwei oder mehreren Basisausdrücken. Im Niederländischen ist *vlinder* zwar der deutlich häufigere Basisausdruck für Schmetterling, das veraltete Synonym *kapel* erfüllt aber doch die Kriterien der semantischen Allgemeinheit und morphologischen Einfachheit und ist zumindest ziemlich hochfrequent. Wenn man, um die Bedeutung »Kapelle« von *kapel* auszuscheiden, *Nederlands kapel vlinder* in Google eingibt, erhält man immerhin 272 000 Einträge, bei *Nederlands vlinder* allerdings ungleich mehr, nämlich 14 500 000 (zuletzt eingesehen 1.5.2020). Hier hat sich also ein Ausdruck mittlerweile auf Kosten des zweiten, älteren Basisausdrucks durchgesetzt.

Im Ungarischen sind sowohl *pillangó* als auch *lepke* hochfrequente Lexeme (Google-Test: Magyar *pillangó*: 2 260 000; Magyar *lepke*: 780 000; zuletzt eingesehen am 5.6.2020). Interessant ist, dass die Semantik von ungarisch *pillangó* und *lepke* nicht entlang der in vielen Sprachen vorzufindenden semantischen Opposition [+ tagaktiv] vs. [+nachtaktiv] wie in dt. *Tagfalter* und *Nachtfalter/Motte* verläuft, sondern eine ästhetische Unterscheidung impliziert: Die Eigenschaften [+ farbenprächtig] vs. [- farbenprächtig] trennen die farbenprächtigen Tagfalter *(pillangó)* und die weniger prächtigen, ästhetisch eher unansehnlichen Tagfalter *(lepke)*.

Auch die relative Größe kann bei solchen inhaltlichen Unterscheidungen bei Basisausdrücken eine Rolle spielen: In der Algonkin-Sprache Cree (Kanada) wird zwischen *kamâmak* (»großer Schmetterling«) und *kamâmakos* (»kleiner Schmetterling«) unterschieden. Eine ähnliche Größenunterscheidung ist im Kwak'wala (Kwakiutl), einer wakashanischen Sprache in British Columbia (Kanada), zu beobachten: *hamumu* »großer Schmetterling« vs. *lol̓inux̱w* »kleiner Schmetterling«, sowie im älteren Quechua: *pillpintu* »kleiner Schmetterling« und *akarway/taparaku* »großer Schmetterling« (vgl. Dedenbach-Salazar Sáenz 1990: 339 f.).

Ferner finden wir eine Größenunterscheidung im Yidiny, einer pama-nyunganischen Sprache in Australien: *guban* »großer Schmetterling« vs. *gunggambur* »kleiner Schmetterling«. In Oza Nogogo, einer dem Edo nahestehenden westafrikanischen Sprache, heißt der große Schmetterling *akpukpa*. Im Makasaresischen, einer austronesischen Sprache, die im Süden der indonesischen Insel Sulawesi gesprochen wird, heißen Arten großer Schmetterlinge *kupukupu* und *ratarata*, während für »Schmetterling« im Allgemeinen *pallapalla* oder *pipipipi* gesagt wird (vgl. Blust 2001: 20). Im Kapverdischen Kreol (Kriolu) wird *borboleta/gorgoleta* für »Schmetterling« im Allgemeinen gebraucht, während *balanbuta* für einen großen Schmetterling steht.

Farbliche Unterscheidungen spielen in der Papua-Sprache Skou eine Rolle. Dort werden schwarze Schmetterlinge *(tangbéro léngfi)* als schlechtes Omen gedeutet, dagegen weiße Schmetterlinge *(tangbéro tútú)* als gutes Omen. Ähnliches gilt für die koreanischen Ausdrücke *nabi* (Tagfalter; positive Konnotation, gutes Vorzeichen) und *nabang* (Nachtfalter,

Motte; negative Konnotation, schlechtes Vorzeichen). Klassifizierungen von verschiedenen Arten von Schmetterlingen nach den Farben Weiß und Schwarz gibt es auch im Yukatekischen, einer Maya-Sprache.

Die bisher erwähnten, in verschiedenen Sprachen vorkommenden semantischen Unterscheidungen bei Schmetterlingsbasisausdrücken lassen sich wie folgt zusammenfassen:

	Deutsch (u. v. a.)	**Cree (u. a.)**	**Ungarisch**	**Skou**
Semantische Merkmale	tagaktiv	groß	farbenprächtig	weiß: gutes Omen
	nachtaktiv	klein	farblich unansehnlich	schwarz: schlechtes Omen

Tabelle 8

Im Walisischen (Kymrischen) liegen mit *pili-pala*, *iâr fach yr haf* und *glöyn byw* sogar drei Basisausdrücke für »Schmetterling« vor. Alle drei Ausdrücke sind zwar morphologisch relativ komplex, aber gerade der morphologisch komplexeste Ausdruck, *iâr fach yr haf*, hat eine besonders hohe Frequenz (s. u.). Alle drei Ausdrücke stehen allgemein für »Schmetterling«, und alle sind hochfrequent, wenn auch nicht im selben Ausmaß (Frequenzen im Google-Test mit dem Zusatz »Welsh« (= Walisisch): Welsh *iâr fach yr haf*: 45 500; Welsh *pili-pala*: 89 600, Welsh *glöyn byw*: 15 600; zuletzt eingesehen am 10.1.2022). Die Frequenzunterschiede deuten schon an, dass *pili-pala* zum gängigsten Ausdruck für Schmetterling geworden ist. Der Ausdruck *iâr fach yr haf* war bei der heute älteren Generation der geläufigste. Schließlich wird *glöyn byw* vor allem im Norden von Wales verwendet.

Offenkundig häufiger ist das Bestehen von zwei oder mehr Ausdrucksvarianten in schwächer oder gar nicht standardisierten größeren Sprachen (z. B. im Igbo in Nigeria oder im Kurdischen (Sorani)) oder kleineren Sprachen (z. B. im Korsischen und Baskischen) zu beobachten (vgl. unten, Kap. 4). In vielen Fällen konnte hier, besonders aufgrund des eingeschränkten Zugangs zu den Daten in kleinen indigenen Sprachen, allerdings leider nicht geklärt werden, ob es sich um zwei, drei oder mehr Basisausdrücke oder um regionale oder dialektale Varianten handelt.

Die folgende Tabelle zeigt einige indoeuropäische und nichtindoeuropäische Sprachen (Deutsch, Niederländisch (wo ein früher weitverbreiteter Ausdruck *(kapel)* inzwischen allerdings veraltet ist, Kymrisch (Walisisch), Ungarisch, Englisch, Französisch, Tschechisch, Türkisch und Chinesisch) mit einem, zwei oder drei Basisausdrücken für Schmetterling:

<table>
<tr><th>Deutsch</th><th>Niederl.</th><th>Kymrisch</th><th>Ungar.</th><th>Engl.</th><th>Franz.</th><th>Tschech.</th><th>Türk.</th><th>Chin.</th></tr>
<tr><td>Schmetterling</td><td>vlinder</td><td>pili-pala</td><td>pillangó</td><td rowspan="3">butterfly</td><td rowspan="3">papillon</td><td rowspan="3">motýl</td><td rowspan="3">kelebek</td><td rowspan="3">húdié</td></tr>
<tr><td rowspan="2">Falter</td><td rowspan="2">[kapel]</td><td>iâr fach yr haf</td><td rowspan="2">lepke</td></tr>
<tr><td>glöyn byw</td></tr>
</table>

Tabelle 9

Schließlich ist auch auf allgemeiner Ebene interessant, dass die Schmetterlingsausdrücke nicht selten metaphorische Ausdrücke sind. Dabei ist der Zielbereich der Metapher, d. h. die inhaltlichen Größen, Objekte und Lebewesen, auf die die Schmetterlingsausdrücke metaphorisch angewendet werden, semantisch oft sehr positiv, oft aber auch (sehr) negativ konnotiert.

Schmetterlinge haben auf diese Weise auch ihren festen Platz in der Populärkultur, z. B. in metaphorischen Phraseologismen (vgl. engl. *butterflies in the stomach*, frz. *papillons dans le ventre* oder dt. *Schmetterlinge im Bauch haben* für »Verliebtsein«) oder konventionellen Metaphern (vgl. dt. *flatterhaft, Flatterhaftigkeit, Flattergeist* für »unbeständig«, »unverlässlich«, »Unzuverlässlichkeit«, »unzuverlässige Person«; engl. *butterfly* für »ein flatterhafter Mensch«; frz. *papillon* für »eine brillante, aber unbeständige Person«); italienisch *farfalla* und portugiesisch *borboleta* für »unbeständige Person«, spezieller auch androzentrisch (in patriarchaler Sicht) für »leichtfertige Frau« bzw. »Prostituierte«. In diese Richtung gehen auch Metaphern wie *papilia amo* (»flüchtige Liebe«, »kurze Liebschaft«) im Esperanto.

Es gibt zahlreiche weitere Bereiche, auf die Schmetterlingsausdrücke metaphorisch angewendet werden. Im Italienischen werden auch bestimmte Nudelsorten *farfalle* genannt, die von der Form her Schmetterlingen gleichen:

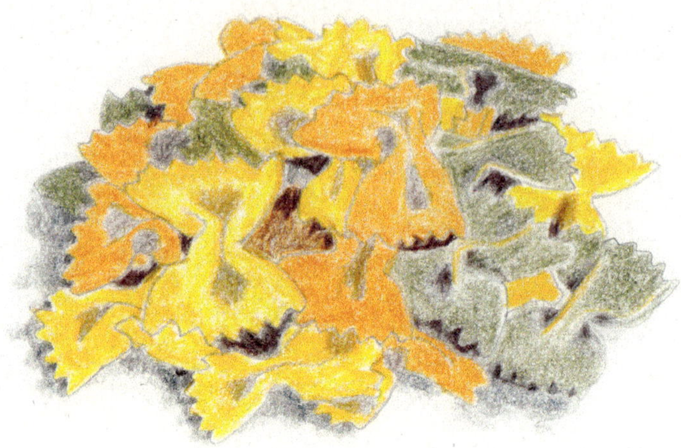

Farfalle-Nudeln, Farbzeichnung

Die »Fliege« als Kleidungsstück wird im Französischen mit leicht anderer Metaphorik als *nœud papillon* (salopp: *nœud pap*), als »Schmetterlingsknoten«, ähnlich im Italienischen als *cravatta a farfalla* und im Portugiesischen als *gravata borboleta* (»Schmetterlingskravatte«) sowie im Hebräischen als »Schmetterling« (פַּרְפַּר *parpar*) bezeichnet.

Verbreitet ist dt. *Schmetterling* auch als Bezeichnung für einen Schwimmstil, vgl. ähnlich englisch *butterfly (stroke)*, schwedisch *fjärilsim*, französisch *papillon*, italienisch *farfalla* (sowie auch, mit anderer Metaphorik: *delfino*), spanisch *mariposa*, rumänisch *fluture*, tschechisch *motýlik* (auch: *delfín*), ungarisch *pillangóúszás*, arabisch فَرَاشَة [faˈraːʃa], vietnamesisch *kiểu bơi bướm* (*bươm* bướm ist der Schmetterlingsausdruck) etc.

Von daher ist es auch nicht verwunderlich, dass Schmetterlinge metaphorisch auch für Fischarten stehen können, so z. B. heißt der Schmetterling im Swahili *kipepeo*, was auch der Name für eine Fischspezies, den Halfterfisch *(Zanclus cornutus)*, ist. Dem entsprechen metaphorische Verwendungen von Schmetterlingsausdrücken in austronesischen Sprachen für bestimmte Fischarten, z. B. kann Cebuano *alibangbang* auch »Schmetterlingsfisch« bedeuten und steht dann für Fische der Gattung *Chaetodon*, die zur Familie der Falterfische gehören (vgl. Blust 2001: 43).

In vielen Sprachen stehen die Schmetterlingsausdrücke fachsprachlich auch für eine bestimmte Schraubenart, motiviert durch die Flügelmutter, die von ihrer Gestalt her Schmetterlingsflügeln ähnelt (vgl. z. B. engl. neben *wing nut* auch *butterfly nut*, französ. *écrou papillon*, span. *tuerca de mariposa*, portug. *porca-borboleta*, serb. *leptir matica*, griech. πεταλούδα (»Schmetterling«), türk. *kelebek somun*, hebr. פַּרְפַּר *parpar* etc.):

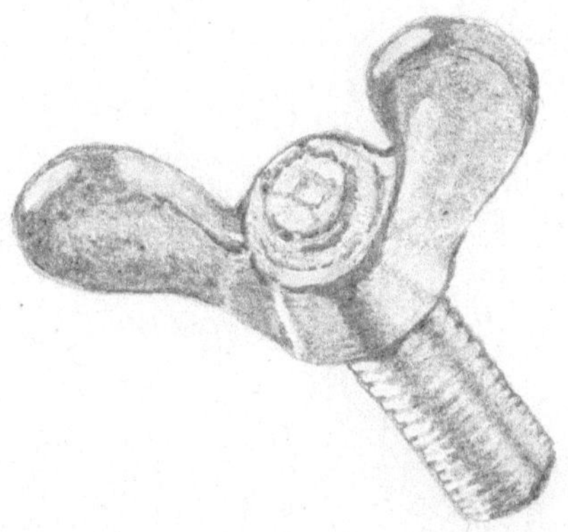

butterfly nut (Schmetterlingsmutter, Flügelmutter)

Schmetterlinge werden auch zum Zielpunkt metaphorischer Übertragungen, so werden sie metaphorisch als eine Art Vogel gesehen, vgl. z. B. dän. *sommerfugl* »Sommervogel«; kymr. *iâr fach yr haf*: »little hen of the summer« oder Saami *beaiveloddi*: »Sonnenvogel«. Darüber hinaus können Schmetterlinge, wohl aufgrund ihrer Farbenpracht, bildlich im Kymrischen (Walisischen) als »glühende Kohlen« *(glöyn byw)* gesehen werden.

Im mythologisch-religiösen Bereich stehen Schmetterlinge oft für Totenseelen, vgl. z. B. altgriechisch ψυχή (*psyché*; Hunger 1976: 358); ferner in südamerikanischen indigenen Sprachen, wie der Ausdruck *wampag* im Aguaruna oder der Schmetterlingsausdruck *llamkellamke* im Mapuche; schließlich auch in austronesischen Sprachen, wie z. B. der Schmetterlingsausdruck *paru-paro* im Tagalog oder *lolo* im Madegassischen (vgl. Blust 2001: 55). Im Birmanischen steht das Wort für Schmetterling, *lei'pyà*, auch allgemein für die menschliche Seele bzw. den menschlichen Geist.

Im religiösen Bereich ist überdies festzustellen, dass Schmetterlingsausdrücke metaphorisch auch mit Göttern und Göttinnen assoziiert werden: z. B. im Bengali, wo der Schmetterlingsausdruck zugleich der Name für den Hindu-Gott der Fortpflanzung ist, nämlich *Prajāpati*. Im Altgriechischen ist die Göttin Ψυχή (*psyché* = zugleich der Ausdruck für »Schmetterling«) und im Aztekischen ist die furchterregende Kriegsgöttin *Ītzpāpālōtl* zu nennen. Im Warao (Orinoco-Delta, Venezuela) ist der Ausdruck für Schmetterling auch die Bezeichnung für einen Gott des Nordens: *Warowaro*.

In der Volksreligion sind Schmetterlinge auch Symbole für gute und böse Geister sowie »Hexen« (vgl. unten zur etymologischen Herleitung von dt. *Schmetterling* und dialektalem niederländischen *roomzoeper* [»Rahmsauger«] oder *roomslikker* [»Rahmschlecker«]). Sie können für Schutzgeister (vgl. thailändisch *phee-seua* »Schmetterling«, was wörtlich »schützender Geist« bedeutet), aber auch für böse Geister stehen, z. B. *dabidabiyal* im Fulani oder *inguma* im Baskischen. Der baskische Ausdruck *inguma* bezieht sich auf üble Geister, die in Schmetterlingsgestalt in Häuser eindringen und sich auf den Schlafenden niederlassen. Bei den nordamerikanischen Lakota-Sioux steht *wanáǧi tȟakímimila* (ungefähr: »Seelenschmetterling«) wohl auch in diesem religiösen Zusammenhang.

Ferner stehen Schmetterlingsausdrücke metaphorisch für Personen, z. B. flatterhafte und unbeständige Menschen (vgl. schon oben zu engl. *butterfly*, frz. *papillon*; sowie ital. *farfalla*), für Frauenhelden (vgl. span. *mariposa* und ital. *farfallone* (= Augmentativform (»Vergrößerungsform«) < ital. *farfalla*) oder heteronormativ abwertend für homosexuelle Männer (vgl. wieder (umgangssprachlich) span. *mariposa* und mit ähnlicher Bedeutung die Ableitung *mariposón* im südamerikanischen Spanisch).

Im Portugiesischen steht *borboleta* androzentrisch für »Prostituierte«, ähnlich wird im Ungarischen einer der Basisausdrücke für Schmetterling, *pillangó*, metaphorisch für eine Prostituierte gebraucht, und im Thailändischen steht ähnlich der Ausdruck für Nachtfalter, *pĭi-sʉ̂ʉa-raa-dtrii*, für eine Prostituierte. Analog zum Thailändischen kann im Bahasa-Indonesischen *kupu-kupu malam* (»Nachtfalter«) für »Prostituierte« gebraucht werden.

Aber auch metaphorische Schmetterlingsausdrücke für Personen mit einer positiven metaphorischen Bedeutung kommen vor, z. B. steht im Koreanischen *nabi* (»Schmetterling«) für eine liebenswürdige Person.

Schließlich ist im Cherokee, einer Sprache aus der irokesischen Sprachfamilie, der Schmetterlingsausdruck *kamama* auch das Wort für »Elefant«. Hier fand wohl eine metaphorische Übertragung statt, die an der Form der Schmetterlingsflügel und an der vergleichbaren Form der Elefantenohren ansetzt (die ja zumindest beim Afrikanischen Elefanten besonders groß sind). Ähnlich kreativ ist die Metapher *péepen k'áak'* (wörtlich: »Feuerschmetterling«, d. h. »Flugzeug«) im Yukatekischen, einer Maya-Sprache.

Abschließend führe ich einige der oben erläuterten Metaphern in einer Übersichtstabelle an. Diese kleine Auswahl von Schmetterlingsmetaphern aus verschiedenen indogermanischen Sprachen illustriert die Bandbreite der inhaltlichen Übertragungen und die Unterschiedlichkeit der Lebewesen und religiösen Entitäten, mit denen Schmetterlinge in Zusammenhang gebracht werden.

Dänisch	Kymrisch	Kymrisch	Altgriechisch	Bengali
sommerfugl (»Sommervogel«) (so auch im Norwegischen und Deutschen (regional))	*iâr fach yr haf* (»kleine Henne des Sommers«)	*glöyn byw* (»glühende Kohle«)	ψυχή (psyché) (»Seele (der Toten)«, auch: Göttin Psyche, oft dargestellt mit Schmetterlingsflügeln)	*Prajāpati* (Hinduismus: »Gott der Fortpflanzung«, »Schöpfungsgott«)
		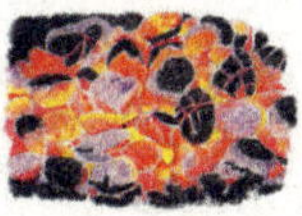		

Metaphorischer Gebrauch in Schmetterlingsausdrücken

Speziell mit Blick auf *iâr fach yr haf* (»kleine Henne des Sommers«) im Kymrischen (Walisischen) ist dabei interessant, dass im Tsay Keh Dene, einem Dialekt der nordathabaskischen Sprache Sekani im Nordwesten Kanadas, das ebenfalls metaphorisch gebildete Wort für Schmetterling und Motte [ɣʌdʒa], »kleine Gans« bedeutet und dass *musdzoonyaz*, das Wort für »Motte« in der ebenfalls nordathabaskischen Sprache Carrier, »kleine Eule« bedeutet.

4 Auflistung und Kommentierung der Wörter für »Schmetterling« in den einzelnen Sprachen und Sprachfamilien

4.1 Einleitung

Da die Schmetterlinge auf allen von Menschen von alters her bewohnten Kontinenten vorkommen, ist es nicht verwunderlich, dass Ausdrücke für »Schmetterling« in allen Sprachfamilien der Erde vertreten sind, und zwar nicht nur in allen ca. 7000 »natürlichen« Sprachen. Der Großteil der natürlichen Sprachen sind Lautsprachen. Auch in den aus zwei oder mehreren Lautsprachen entstandenen Kontaktsprachen (Pidgin- und Kreolsprachen) sowie in den Gebärdensprachen und sogar in Kunstsprachen kommen Schmetterlingsausdrücke vor. Zu diesen Kunstsprachen gehören die Plansprachen, die für die internationale Verständigung künstlich geschaffen wurden. Ferner sind hier die für literarische oder filmische Zwecke erfundenen fiktionalen Sprachen zu nennen, sofern diese ein ausreichend stark ausgebautes Lexikon aufweisen.

Im Folgenden werden zunächst die Schmetterlingsausdrücke in den verschiedenen Phyla (Großfamilien), Familien und Subfamilien von 175 natürlichen Lautsprachen aufgelistet. Acht dieser 175 Sprachen sind isolierte Sprachen, d. h., nach dem gegenwärtigen Stand des Wissens lassen sie sich keiner Sprachfamilie genetisch eindeutig zuordnen. Ein Beispiel dafür ist das Baskische. Neun der 175 Lautsprachen sind Kreolsprachen, z. B. Papiamento auf den niederländischen Antilleninseln Aruba, Bonaire und Curaçao, d. h. durch Sprachkontakt infolge des Kolonialismus entstandene Lautsprachen, bei denen in der Regel die Kolonialsprachen (z. B. Englisch, Französisch, Portugiesisch, Spanisch, Niederländisch etc.) im Wortschatz dominieren, im Fall von Papiamento Portugiesisch, Spanisch und Niederländisch.

Alte, nicht mehr in der alltäglichen Kommunikation verwendete Sprachstufen (»tote Sprachen« wie Latein, Altgriechisch und Altindisch) werden als separate Sprachen gezählt. Wo mir zu diesen in der Regel toten oder nur in eingeschränkten Kontexten verwendeten Sprachen einschlägige Informationen zugänglich waren (z. B. zu Latein oder Altgriechisch), werden Schmetterlingsausdrücke in alten Sprachen also separat dargestellt, was aber bei Weitem nicht immer möglich war.

Es folgen dreizehn Gebärdensprachen, d. h. natürliche, visuelle Kommunikationssysteme, die vollwertige Sprachen darstellen und sich nicht etwa auf die nonverbale Kommunikation reduzieren lassen, mit der wir in Lautsprachen zusätzlich kommunizieren. Zu diesen gehört z. B. die Österreichische Gebärdensprache.

Hierauf kommen acht Plansprachen, d. h. für Zwecke der besseren internationalen Kommunikation künstlich geschaffene, extrem regelmäßige Sprachen. Das bekannteste Beispiel einer Plansprache ist die vom polnischen Augenarzt Ludwik Lejzer Zamenhof (1859–1917) geschaffene Plansprache Esperanto, mit deren Kreation Zamenhof auch pazifistische Ziele verfolgte. Esperanto ist die einzige Plansprache, die größeren Erfolg hatte und bis heute in ca. 100 Ländern von ca. einer Million Menschen mit einigermaßen guten Kenntnissen gesprochen wird.

Den Abschluss bilden vier fiktionale Sprachen, d. h. Sprachen, die künstlich für Romane der Fantasy- und Science-Fiction-Literatur sowie für Fantasy- und Science-Fiction-Filme konstruiert wurden. Zu diesen fiktionalen Sprachen gehört z. B. die von John Ronald Reuel Tolkien (1892–1973) kreierte Elbensprache Sindarin.

Diese 200 Sprachen und ihre Schmetterlingsausdrücke werden wie folgt präsentiert: Zu Beginn stehen einige Angaben zur genetischen Einordnung der jeweiligen Sprachen und ihren Sprecherzahlen sowie ihrem politischen Status. Oft werden in den Quellen unterschiedliche Sprecherzahlen angegeben, die leider nur teilweise konvergieren. Ich habe jeweils die mir am realistischsten erscheinenden Zahlenangaben ausgewählt.

Soweit mir zugänglich, nenne ich neben internationalen Bezeichnungen auch eigene/indigene Bezeichnungen der Sprachen sowie Benennungsvarianten. Es folgt der jeweilige Schmetterlingsausdruck mit einer

Umschrift im internationalen phonetischen Alphabet zur Aussprache, soweit mir diese durch Audiofiles zugänglich war bzw. durch Nachschlagewerke wie Wörterbücher oder Internetwebsites sowie Auskünfte von Muttersprachler*innen und/oder Fachleuten einigermaßen präzise eruiert werden konnte. Die Töne der Tonsprachen werden jedoch nur vereinzelt phonetisch dargestellt, wenn mir die Dokumentation der jeweiligen Sprachen diesbezüglich gut zugänglich war (z. B. bei Mandarin-Chinesisch, Kantonesisch, Thailändisch, Navaho und Yukatekisch).

Falls für die jeweilige Sprache ein anderes Schriftsystem als das lateinische Alphabet verwendet wird (z. B. griechisches Alphabet, kyrillisches Alphabet, georgisches Alphabet, arabisches Alphabet, äthiopisches Alphabet, koreanisches Alphabet, indische Silbenschrift *(Devanagari)*, chinesische Bilderschrift, die Silbenschrift des Cherokee), werden auch die betreffenden Originalschreibungen angeführt, meist mit einer lateinischen Umschrift, soweit mir eine übliche Transkription im lateinischen Alphabet zugänglich war, sowie einer phonetischen Transkription im Internationalen Phonetischen Alphabet. Auch die Akzente in Sprachen mit einem Druckakzent (Lautstärkenakzent) werden notiert, soweit mir diesbezügliche Angaben zugänglich waren.

Falls zwei oder mehrere Schmetterlingsausdrücke existieren, werden beide bzw. alle genannt. Insbesondere in wenig oder gar nicht standardisierten Sprachen ist es geradezu zu erwarten, dass regional unterschiedliche, lautlich leicht oder sogar stark unterschiedliche Ausdrücke existieren. Da in den meisten Fällen für mich nicht klärbar war, welcher dieser Ausdrücke der primäre/meistverbreitete Basisausdruck für »Schmetterling« ist, schreibe ich als Ersten immer den Ausdruck, der in meinen Quellen übereinstimmend oder überwiegend als Erster genannt wird. Diesen ersten Ausdruck habe ich in der Regel auch für die verschiedenen von mir durchgeführten Auszählungen zu den statistischen Tendenzen der Schmetterlingsausdrücke in phonetischer Hinsicht herangezogen. Dabei wurden stimmlose (»geflüsterte«) Vokale wie z. B. im Cheyenne, einer Sprache aus der Algonkin-Familie, nicht als Vokale gezählt.

Schließlich werden, soweit möglich, auch Ausdrücke für Motten in den jeweiligen Sprachen angeführt, wobei nicht selten der Ausdruck für

»Schmetterling« zugleich für die »Motte« verwendet wird. Im obigen allgemeinen Kapitel 3.2 habe ich gelegentlich auch einzelne Daten zu weiteren, über die 200 systematisch behandelten Sprachen hinausgehenden Sprachen angeführt, sofern diese Belege interessante lautliche oder inhaltliche Parallelen oder Ergänzungen beitrugen.

Für den Fall, dass mir Angaben zur Wortherkunft (Etymologie) und zum (metaphorischen) Gebrauch der Schmetterlingsausdrücke zugänglich waren, werden auch diese genannt. Auch Angaben zur Stellung der Schmetterlinge in der Kunst, Alltagskultur, Mythologie und Religion werden gelegentlich eingefügt, zusammen mit illustrierenden Abbildungen.

Manchmal musste ich mich bei nur schwach dokumentierten oder mir nur sehr schwer zugänglichen Sprachen aber auch mit deutlich weniger und entsprechend unsichereren Informationen begnügen, worauf ich jeweils hinweise. Nach den jeweils gelieferten Informationen folgt für die rasche Orientierung stets eine kurze Quellenangabe mit den verschiedenen mir zur Verfügung stehenden Wörterbüchern, viele davon auch oder nur online verfügbar. Im Literaturverzeichnis liste ich mit ausführlicher Zitierung alle Wörterbücher, Grammatiken und Spezialaufsätze auf, die ich entweder selbst in Bibliotheken konsultieren konnte oder deren Zitate mir freundlicherweise von Fachleuten zur Verfügung gestellt wurden oder bei denen mir im Internet ein pdf-File zugänglich war. Solche Quellen zitiere ich in den meisten Fällen mit Seitenzahl, die reinen Onlinequellen mit dem jeweiligen URL und dem Datum der jeweils letzten Einsichtnahme.

4.2 Liste der Schmetterlingsausdrücke in den 200 Sprachen

I. Indoeuropäische Sprachen

I.1 Germanische Sprachen

I.1.1 Westgermanische Sprachen

1. Deutsch: Das Deutsche gehört zu den westgermanischen Sprachen, damit zu den germanischen und weiterhin zur Familie der indoeuropäischen Sprachen. Es wird von ungefähr 100 Millionen Menschen als Muttersprache gesprochen, vor allem in Deutschland, Österreich und der Schweiz, darüber hinaus in Liechtenstein, Südtirol, Luxemburg und Ostbelgien, und von ca. 80 Millionen Menschen als Zweitsprache verwendet.

Im Deutschen gibt es zwei Basisausdrücke für »Schmetterling«:

1.1. *Schmetterling*: »Tagfalter«. Die Herkunft des Wortes *Schmetterling* [ˈʃmɛtɐlɪŋ] ist der ostmitteldeutsche Ausdruck *Schmetten*, der wiederum von tschechisch *smetana* (»Rahm«) kommt. Dies wegen des volkstümlichen Glaubens, dass Schmetterlinge eine Form der Tarnung von Hexen seien, die es auf den Rahm abgesehen hätten (daher auch landschaftliche Bezeichnungen wie *Milchdieb, Molkenstehler* und *Schmandlecker* (*Schmand* = *Schmetten* = »Rahm«) für *Schmetterling*.

1.2. *Falter* [ˈfaltɐ]: < mittelhochdeutsch *vīvalter* < althochdeutsch *fifaltra*. Etymologisch liegt hier eine durch Reduplikation modifizierte Wurzel **p(c) led* wie in *flattern, Fleder-maus* zugrunde, nicht etwa eine Vorstufe von dt. *falten*. Dieses Wort kann anders als *Schmetterling* die Grundlage für Determinativkomposita (»Wortzusammensetzungen, die eine nähere Bestimmung enthalten«) wie *Tagfalter* und *Nachtfalter* bilden, sodass *Falter* zwar weitgehend synonym (»gleichbedeutend«) mit *Schmetterling* ist, aber doch als semantisch allgemeiner anzusehen ist. Denn es schließt grundsätzlich *Nachtfalter* ein, was bei *Schmetterling* typischerweise nicht der Fall ist.

In der Alltagssprache werden im Deutschen die *Motten* von den *Schmetterlingen* unterschieden, obwohl es sich zoologisch bei den Motten um kleinere Nachtfalter und somit um Familien von Kleinschmetterlingen handelt. Prototypisch sind aber bei der Semantik der deutschen Lexeme *Schmetterling* und *Falter* die bunten, großflügeligen Tagfalter gemeint, nicht die Nachtfalter oder Motten. Etymologisch ist der Ausdruck *Motte* ungeklärt.

Regional sind/waren im Deutschen auch die Wörter *Sommervogel* (in Schlesien, Siebenbürgen und im Schweizerdeutschen) gebräuchlich. Daneben existieren auch die regionalen Bezeichnungen *Schmandlecker* (Westfalen), *Buttervogel* und *Botterlicker*. Im Dialekt von Sterzing (Südtirol) wird üblicherweise der entlehnte Ausdruck *Pfafolderer* (< ital. *farfalla*) gebraucht.

Quellen: vgl. Duden Herkunftswörterbuch 1989: 175, 192, 641; Duden Universalwörterbuch 1989: 1336; Kluge, Etymologisches Wörterbuch der deutschen Sprache 1989: 201, 643; Pfeifer et al.: Etymologisches Wörterbuch des Deutschen 1989: 407; 1131; 1546 f.; https://www.ethnologue.com/language/deu (zuletzt eingesehen am 14.6.2022).

2. Englisch *(English)*: Das Englische gehört wie Deutsch zu den westgermanischen Sprachen, damit zu den germanischen Sprachen innerhalb der Familie der indoeuropäischen Sprachen. Es wird von ca. 350 Millionen Native Speakers gesprochen, vor allem in Großbritannien, Irland, den USA, Kanada, Südafrika, Australien und Neuseeland. Weitere ca. 700 Millionen verwenden es als Zweitsprache, weitere ca. 700 Millionen haben Kenntnisse von Englisch als Fremdsprache, sodass insgesamt ca. 1,7 Milliarden Menschen (vgl. auch die etwas geringere Zahl im *Ethnologue*: 1,45 Milliarden) Englisch in unterschiedlichem Ausmaß beherrschen und es damit zur Weltsprache Nummer eins machen. Englisch ist in knapp 70 Ländern eine offizielle Sprache und gehört zu den Amts- und Arbeitssprachen der EU und der UNO.

Das Wort *butterfly* [ˈbʌtəflaɪ] bedeutet »Schmetterling«. Die englische *Wikipedia* schreibt zur Etymologie von *butterfly* Folgendes: »The *OED* derives the word straightforwardly from Old English *butorflēoge*, butter-fly; similar names in Old Dutch and Old High German show that the name is ancient. A possible source of the name is the bright yellow male of the brimstone *Gonepteryx rhamni*; another is that butterflies were on the wing in meadows during the spring and summer butter season while the grass was growing.«

Diese Erklärungen, die *butterfly* von der altenglischen Vorform *butorflēoge* als »Butterfliege« von der gelblichen Farbe des Butters bzw. vom gelben Zitronenfalter herleiten, erscheinen mir aber wenig plausibel. Im *Oxford English Dictionary* (= OED) werden diese Etymologien auch als unsicher bezeichnet, und es werden einige weitere mögliche etymologische Erklärungen angeboten:

> »The motivation for the name is unclear and has been variously explained. It may arise from the pale yellow appearance of the wings of certain European butterflies (perhaps specifically the brimstone butterfly), or from a supposed tendency to feed on or hover over butter or buttermilk, or from a folk belief that butterflies (or even witches in the form of butterflies) steal butter; compare names such as Dutch regional *botterheks*, lit. ›butter witch‹, *bottervogel* ›butter bird‹, *boterwijf* ›butter wife‹, German regional *Butterhexe* ›butter witch‹, *Milchdieb* ›milk thief‹, etc.«

Die zuletzt vorgeschlagene Möglichkeit erscheint mir die plausibelste Erklärung zu sein: vgl. auch analog die zu dt. *Schmetterling* und niederländisch dialektalem *roomzoeper/roomslikker* (»Rahmsäufer«, »Rahmschlecker«) angegebenen Erklärungen.

Im Englischen existiert anders als im Deutschen kein zweites synonymes Lexem (vgl. *Falter*), das exklusiv auf die den biologischen Familien der Schmetterlinge zugehörigen Insekten bezogen wäre. Das Wort *butterfly* wird normalerweise auf (bunte) Tagfalter bezogen (vgl. *OED*, s. v.: »Any of numerous nectar-feeding insects with two pairs of large, typically brightly coloured, wings«).

Der deutschen Bezeichnung *Motte* entspricht englisch *moth*, wobei *moth* auch für »Nachtfalter« gebraucht wird (vgl. *OED*, s. v. *moth*: »Any of several small nocturnal insects that attack fabrics; a clothes moth«; »Any of the large group of insects to which clothes moths belong, which together with butterflies makes up the order Lepidoptera«).

Quellen: vgl. Proffitt et al. (2023), Oxford English Dictionary (= OED): https://www.oed.com/; Webster's New Encyclopedic Dictionary 1993: 133; siehe ferner auch: Duden Herkunftswörterbuch 1989: 641; sowie zur Etymologie: https://en.wikipedia.org/wiki/Butterfly#Etymology (zuletzt eingesehen am 4.5.2020); https://www.ethnologue.com/language/eng (zuletzt eingesehen am 14.6.2022).

3. Niederländisch *(Nederlands)* ist eine westgermanische Sprache, die zu den germanischen Sprachen der indoeuropäischen Sprachen gehört. Niederländisch wird von ca. 24 Millionen Menschen als Muttersprache gesprochen, vor allem in den Niederlanden und Belgien sowie auch in Surinam und auf den Karibikinseln Curaçao, Aruba und Sint Maarten.

Die heute wichtigste und verbreitetste niederländische Wort für »Schmetterling« ist *vlinder* [ˈv̊lɪndər].

In der niederländischen Wikipedia wird folgende Etymologie von *vlinder* angegeben, die das Lexem in die Nähe von dt. *flattern* rückt (Übersetzung von mir):

> »De etymologische herkomst van het Nederlandse woord *vlinder* is niet helemaal zeker. De naam kwam in de 14e eeuw voor als *vlindre*. Waarschijnlijk is *vlinder* afgeleid van het Nieuwhoogduitse *flindern* of het Vlaamse *vlinderen*, beide betekenen wegfladderen. […]« [Die etymologische Herkunft des niederländischen Wortes *vlinder* ist nicht ganz sicher. Der Name kam im 14. Jh. als *vlindre* vor. Wahrscheinlich ist *vlinder* vom neuhochdeutschen *flindern* oder dem flämischen *vlinderen* abzuleiten, beide bedeuten wegflattern.]

Im selben Text werden auch regionale Bezeichnungen wie *roomzoeper* (»Rahmsäufer«) oder *roomslikker* (»Rahmschlucker«) (im Raum Groningen im Norden der Niederlande) genannt, die indirekt auf den Volksglauben von verzauberten Hexen verweisen, und die entsprechende Etymologie von deutsch *Schmetterling* und englisch *butterfly* angegeben:

> »In het Groningse dialect worden vlinders wel *roomzoeper* of *roomslikker* genoemd, wat ›roomdrinker‹ betekent. De namen verwijzen naar het volksgeloof dat vlinders betoverde heksen waren die van de room kwamen snoepen. Ook het Engelse *butterfly* en het Duitse *Schmetterling* heeft deze oorsprong.« [Im Groninger Dialekt werden Schmetterlinge *room-*

zoeper [eigentlich: »Rahmsäufer«] und *roomslikker* [eigentlich: »Rahmschlecker«] genannt, was »Rahmtrinker« bedeutet. Die Namen verweisen auf den Volksglauben, dass Schmetterlinge verzauberte Hexen seien, die kamen, um vom Rahm zu naschen. Auch englisch *butterfly* und deutsch *Schmetterling* haben diesen Ursprung.]

Im Niederländischen gab es vor allem im westlich-zentralen Raum, aber auch darüber hinaus ein heute veraltetes, früher auch schriftlich gebrauchtes Synonym zu *vlinder*, nämlich *kapel* ([kaːˈpɛl] < lat. *capella* < lat. *cappa* »Mantel«): »Falter«, besonders »Tagfalter«. Die Motten werden mit *mot* bezeichnet. Für »Nachtfalter« wird *nachtvlinder* verwendet.

Daneben gab oder gibt es Namen mit nur regionaler Bedeutung, z. B. *pepel* (< frz. *papillon*, verwendet in der Nähe des französischen Sprachraums), *uil* (»Eule«, wohl ursprünglich nur für Nachtfalter) und die auch im Deutschen regional vorkommende Variante *zomervogel* (»Sommervogel«).

Im Afrikaans, einer weitgehend gegenseitig verständlichen, aus dem Niederländischen hervorgegangenen Sprache Südafrikas mit ca. 15 Millionen Native Speakers, wird der Schmetterling neben *vlinder* auch *skoenlapper* (von ndl. *schoenlapper* »Schuster«, gemeint ist wohl »Flickschuster«, metaphorisch für Schmetterlinge mit bunt gefleckten Flügeln) genannt.

Quellen: vgl. zu diesen Ausdrücken Langenscheidt Wörterbuch Niederländisch (1989): 202, 454; https://nl.wikipedia.org/wiki/Vlinders#Naamgeving; https://etymologiebank.nl/trefwoord/kapel1; sowie ferner: https://en.glosbe.com/en/nl/butterfly; https://www.neerlandistiek.nl/2013/08/vlinder-en-zijn-heteroniemen/ (zuletzt eingesehen am 5.12.2020).

4. Jiddisch *(Yiddish* ייִדיש*)* ist eine germanische Sprache, die sich aus dem Mittelhochdeutschen entwickelt hat. Jiddisch wird von ca. anderthalb Millionen Native Speakers vor allem in den USA, Israel, Belgien, Polen, Russland und der Ukraine gesprochen. Es werden aber auch wesentlich kleinere Sprecherzahlen wie 600 000 oder 370 000 angegeben. Vor dem Holocaust war Jiddisch die drittgrößte germanische Sprache. Im Jiddischen existiert eine bedeutende Literatur. Jiddisch wird mit dem hebräischen Alphabet geschrieben.

פלאַטערל *flaterl* [ˈflatɛʀl] ist das am häufigsten gebrauchte Wort für »Schmetterling«. Daneben werden weitere Ausdrücke verwendet, wie

z. B. באַבעלע *babele* »Schmetterling« oder auch *zumer-veygele, shmeterling, babetshke, motil.*

Darin spiegelt sich die weite mitteleuropäische und osteuropäische Verbreitung des Jiddischen ebenso wider wie seine starke Orientierung am Mittelhochdeutschen zur Zeit seiner Entstehung vor ca. 1000 Jahren, die folgende Ausbreitung nach Osten und damit die Bildung eines slawischen Lehnwortschatzanteiles (vgl. unten zu russ. бабочка *(bábočka)* und tschech. bzw. slowak. *motyl*).

Quellen: vgl. Yiddish Dictionary Online: http://www.yiddishdictionaryonline.com/; https://ids.clld.org/valuesets/3-920-195; vgl. ferner auch: https://www.ethnologue.com/language/yid; https://omniglot.com/writing/yiddish.htm (zuletzt eingesehen am 5.12.2020).

I.1.2 Nordgermanische Sprachen

5. Schwedisch *(Svenska)* gehört zu den nordgermanischen Sprachen, die ein Zweig der germanischen Sprachen in der Familie der indoeuropäischen Sprachfamilie sind. Schwedisch wird von ca. 10,5 Millionen Menschen gesprochen, vor allem in Schweden, aber auch von einer Minderheit in Finnland.

Der Ausdruck *fjäril* [ˈfjɛːrɪl] steht für »Schmetterling«. Dieses Wort ist mit dt. *Falter* etymologisch verwandt. Es kommt von Altschwedisch *fiädhal*, das wiederum auf Altnordisch *fiðrildi* zurückgeht. Die rekonstruierte, protogermanische Form **fifaldō* zeigt bereits deutlich die Nähe zu althochdeutsch *fifaltra*. Wie im Englischen und anders als im Deutschen gibt es im Schwedischen kein zweites gängiges Wort für »Schmetterling«. Der Nachtfalter bzw. die Motte werden im Schwedischen mit *mal* bezeichnet.

Quellen: vgl. https://en.wiktionary.org/wiki/fj%C3%A4ril; https://ids.clld.org/valuesets/3-920-187; https://en.glosbe.com/en/sv/butterfly; https://www.ethnologue.com/language/swe (zuletzt eingesehen am 15.11.2020).

6. Dänisch *(Dansk)* gehört zu den nordgermanischen Sprachen, die ein Zweig der germanischen Sprachen in der indoeuropäischen Sprachfamilie sind. Dänisch wird von ca. 5,3 Millionen Native Speakers vor allem in Dänemark, Grönland, auf den Färöern und von einer Minderheit im Norden Deutschlands (Südschleswig) gesprochen.

Das dänische Wort für »Schmetterling« ist *sommerfugl* (< *sommer* »Sommer« und *fugl* »Vogel«) [ˈsɔmərfuːˀl]. Speziell für »Tagfalter« kann *dagsommerfugl* gesagt werden. Interessant ist, dass es im Dänischen zwei Wörter für »Motte« gibt: *natsværmer* (generell für »Motte«, etymologisch nahe (da wörtl.: »Nachtschwärmer«) bei dt. *Nachtfalter*). Speziell für verschiedene kleine Mottenarten wird *møl* (»Motte«) verwendet.

Quellen: vgl. https://www.dinordbok.no/en/danish-english/?q=sommerfugl; https://ids.clld.org/valuesets/3-920-186; https://www.ethnologue.com/language/dan (zuletzt eingesehen am 15.11.2020).

7. Norwegisch *(Norsk)* gehört zu den nordgermanischen Sprachen, die ein Zweig der germanischen Sprachen in der indoeuropäischen Sprachfamilie sind. Norwegisch existiert in zwei Standardvarietäten, Bokmål und Nynorsk, die zusammen von insgesamt 5,3 Millionen Native Speakers vor allem in Norwegen gesprochen werden. Bokmål ist eine stark vom Dänischen geprägte Varietät des Norwegischen (1380–1814 bildeten Norwegen und Dänemark eine politische Einheit). Nynorsk, das heute von ca. 10–15 Prozent der Bevölkerung verwendet wird, beruht auf norwegischen Dialekten im Süden des Landes.

Das Wort für »Schmetterling« im Bokmål ist analog zum Dänischen *sommerfugl* [ˈsɔmərfʉːl]. Nachtfalter und Motten werden die Ausdrücke *nattsvermer* und *møll* verwendet (wobei für Letzteres dialektal auch *mott* gebraucht wird).

Im Nynorsk heißt der Schmetterling *fivreld* [fɪʊrɛl]/*fivrelde* (< altnordisch *fiðrildi* < älterem *fífrildi* < protogermanisch **fifaldō*) »Schmetterling«, »Motte«. Alternativ wird auch *sommarfugl* gebraucht. Für die Motte wird *mòl* oder *møll* verwendet.

Quellen: vgl. https://www.wordhippo.com/what-is/the/norwegian-word-for-butterfly.html; daneben auch: https://glosbe.com/en/nn/butterfly; https://en.wiktionary.org/wiki/fivreld; sowie ferner auch: https://www.ethnologue.com/language/nor (zuletzt eingesehen am 5.12.2020).

8. Isländisch *(Íslenska)* ist eine nordgermanische Sprache, die wiederum zu den germanischen Sprachen in der indoeuropäischen Sprachfamilie gehört, und wird von über 300 000 Native Speakers gesprochen, vor allem in Island.

Das isländische Wort für »Schmetterling« ist *fiðrildi* [ˈfɪðrɪltɪ]. Etymologisch kommt es von altnordisch *fiðrildi* (< älterem *fífrildi* < protogermanisch **fifaldō*). Für die Motte bzw. die Nachtfalter gibt es die Ausdrücke *melur*, *mölur* und *mölfluga*.

Quellen: vgl. https://en.wiktionary.org/wiki/fi%C3%Borildi; https://glosbe.com/is/en/fi%C3%Borildi; https://www.ethnologue.com/language/isl (zuletzt eingesehen am 3.12.2020).

I.2 Latein und romanische Sprachen

9. Latein gehört zum latino-faliskischen Zweig der italischen Sprachen, die wiederum den indoeuropäischen Sprachen zuzurechnen sind. Latein wurde ursprünglich nur von der Bevölkerung von Latium gesprochen, d. h. der mittelitalischen Region, die Rom umgibt.

Durch die Eroberung Italiens und später des gesamten Mittelmeerraums ist davon auszugehen, dass Latein als Zweit- und Verkehrssprache im gesamten römischen Imperium gesprochen wurde. Minimale Schätzungen zu den Bevölkerungszahlen für die Zeit um den Tod von Kaiser Augustus (14 n. Chr.) gehen von mindestens sieben Millionen Menschen für Italien aus, die wohl Latein auf Native-Speaker-Niveau gesprochen haben (wenn auch für die breite Masse der Bevölkerung davon auszugehen ist, dass sie nicht das gehobene Latein in Ciceros Werken verwendet haben), und mindestens 46 Millionen für das Imperium Romanum, die wohl Latein als Zweitsprache oder Fremdsprache auf hohem Niveau beherrscht haben.

Man kann also für das klassische Latein Sprecherzahlen von mindestens 53 Millionen am Anfang des 1. Jh.s n. Chr. annehmen. Noch heute ist Latein eine wichtige Fremdsprache an Schulen und Universitäten vieler Länder und Amtssprache im Vatikanstaat.

Das lateinische Wort für »Schmetterling« ist *papilio* [paːˈpilioː] (wahrscheinlich eine reduplizierte Bildung von der indogermanischen Wurzel **pel-* »fliegen«). Dieser Ausdruck bildet auch die Grundlage für die Schmetterlingswörter in einigen romanischen Sprachen (vgl. unten z. B. Französisch *papillon* und Katalanisch *papallona*). Das lateinische Wort für die Motte ist *tinea* »Motte«, »Raupe«.

Vom Lateinischen stammt auch eine Reihe von Schmetterlingsausdrücken in Plansprachen ab, z. B. in Esperanto, Ido und Volapük (vgl. unten).

Quellen: vgl. Langenscheidt Handwörterbuch Lateinisch-Deutsch 1971: 833; 1174; Oxford Latin Dictionary Online, 1968: https://archive.org/details/aa.-vv.-oxford-latin-dictionary1968/page/1291/mode/2up?q=papilio (zuletzt eingesehen am 5.12.2020); https://www.ethnologue.com/language/lat (zuletzt eingesehen am 15.6.2022).

I.2.1 Galloromanische Sprachen

10. Französisch *(Français)* gehört zum galloromanischen Zweig der romanischen Sprachen, die wiederum der indoeuropäischen Sprachfamilie zuzuordnen sind. Französisch wird von ca. 76 Millionen Native Speakers vor allem in Frankreich, Belgien, der westlichen Schweiz, Luxemburg und Kanada (Provinzen Quebec und Ontario) gesprochen. Darüber hinaus wird in vielen nord- und westafrikanischen Staaten des ehemaligen französischen Kolonialimperiums Französisch als Zweitsprache auf hohem Niveau beherrscht. Französisch ist auch Amts- und Arbeitssprache der EU und der UNO und offizielle Sprache in 29 Ländern. Man kann davon ausgehen, dass über 200 Millionen Menschen Französisch als Zweit- und Fremdsprache auf relativ hohem Niveau beherrschen.

Der Schmetterling heißt im Französischen *papillon* [papiˈjɔ̃] (< lat. *papilionem*). Um zu präzisieren, dass man über einen Tagfalter spricht, kann man *papillon diurne* verwenden; der Nachtfalter heißt entsprechend *papillon de nuit*.

Normalerweise wird aber wie bei Schmetterling mit *papillon* ein Tagfalter gemeint. Vgl. in diesem Zusammenhang die Definition im *Dictionnaire français* von Larousse (*papillon*, s. v.): »Forme adulte des lépidoptères, à l'exception des mites et des teignes«, d. h. also die ausgewachsene Form *(imago)* eines Individuums, das der Insektenordnung der Lepidoptera angehört, mit Ausnahme der verschiedenen Arten von Motten.

Wie aus dem Zitat im *Larousse* hervorgeht, gibt es im Französischen mehrere Ausdrücke für die Motte: *mite*, *teigne*, zu denen auch noch spezifischere Bezeichnungen wie *gerce* (»Kleidermotte«, »Papiermotte«) und das fachsprachliche Wort *phalène* (»Nachtfalter«, »Spanner«, aus der Familie der Geometridae) zu zählen sind.

Metaphorisch steht *papillon* u. a. für eine leichtfertige Person, die sich leicht täuschen bzw. in eine Falle locken lässt.

Quellen: vgl. Le Grand Robert de la langue française 2001: 177; Larousse, Dictionnaire français (https://www.larousse.fr/dictionnaires/francais/papillon/57777); Le dictionnaire: https://www.le-dictionnaire.com/definition/papillon (zuletzt eingesehen am 4.5.2020); https://www.ethnologue.com/language/fra (zuletzt eingesehen am 15.6.2022).

I.2.2 Italoromanische Sprachen

11. Italienisch *(Italiano)* gehört zum italoromanischen Zweig der romanischen Sprachen, die zu den indoeuropäischen Sprachen gehören. Italienisch wird von ca. 65 Millionen Menschen als Muttersprache gesprochen, vor allem in Italien, der südlichen Schweiz und in angrenzenden Gebieten in Slowenien und Kroatien. Weitere ca. 20 Millionen sprechen Italienisch als Zweitsprache. Italienisch ist Amtssprache in Italien, der Schweiz, San Marino und dem Vatikanstaat.

Der Schmetterling heißt im Italienischen *farfalla* [farˈfalla]. Eine ausführliche Definition zeigt auch hier wieder den vorwiegenden Bezug auf Tagfalter mit vier bunten Flügeln und Saugrüssel (vgl. Grande Dizionario Hoepli Italiano; Übersetzung von mir):

> »Insetto appartenente all'ordine dei Lepidotteri, con quattro ali membranose in genere vivacemente colorate, dotato di apparato boccale succhiatore a proboscide« [Ein Insekt, das zur Ordnung der Lepidoptera gehört, mit vier membranartigen Flügeln, die im Allgemeinen lebhafte Farben aufweisen, und mit einem Mundapparat mit Saugrüssel]

Die Etymologie ist unsicher bzw. unbekannt, jedoch ist eine mögliche Herkunft die von griechisch φάλλαινα *(phállaina)* »Motte« (vgl. unten zu ital. *falena* »Motte«). Möglicherweise wurde *farfalla* aber auch lautmalerisch gebildet.

Um zu präzisieren, dass man über Tagfalter spricht, kann *farfalla diurna* gesagt werden. Der Nachtfalter wird mit *farfalla notturna* oder *falena* bezeichnet. Die Augmentativform *farfallone* steht metaphorisch für »Frauenheld«. In Wolfgang Amadeus Mozarts Oper *Le nozze di Figaro*,

1. Akt, singt Figaro eine ironische Arie, mit der er den liebestollen Cherubino verspottet: *Non più andrai, farfallone amoroso* (»Nicht mehr wirst du herumflattern, verliebter Frauenheld«). Das Wort *farfalla* wird auch für den Schmetterlingsschwimmstil verwendet sowie für »flatterhafte Person« und spezieller androzentrisch für »leichtfertige Frau«, »Prostituierte«. Der deutschen Metapher »Fliege« als Kleidungsstück entspricht im Italienischen *cravatta a farfalla*.

Die Motte wird ebenfalls *falena* oder *tarma* genannt. Das Wort *falena* kommt von altgriechisch φάλλαινα *(phállaina)* »Motte«.

Quellen: Vgl. Battaglia Grande Dizionario della Lingua Italiana 1968: 683; de Mauro Grande Dizionario Italiano dell'Uso 1999: 1039; Gabrielli, Aldo (2015): Grande Dizionario Hoepli Italiano. Terza edizione con versione digitale scaricabile on line, curata da M. Pivetti/G. Gabrielli (https://www.grandidizionari.it/Dizionario_Italiano/); https://en.glosbe.com/en/it/butterfly (zuletzt eingesehen am 1.6.2020); https://www.ethnologue.com/language/ita (zuletzt eingesehen am 15.6.2022).

12. Korsisch *(Corsu, Corse, Corso)* ist eine italoromanische Sprache, die vor allem auf Korsika gesprochen wird. Wenn man den dem Korsischen sehr nahestehenden nordsardinischen Dialekt Galluresisch mitrechnet, wird Korsisch von ca. 100 000–150 000 Menschen in Korsika und ebenfalls ca. 100 000 Menschen in Sardinien als Muttersprache gesprochen. Korsisch ist eine gefährdete Sprache.

Der Schmetterling wird im Korsischen *barabulella* [barabu'lella] genannt. Dazu gibt es eine Reihe von wahrscheinlich regionalen Varianten, wie z. B. *bulavulella*, *caccavellu*, *barattula*, *fiarabattula* und (dies ist aber wohl ein italienisches Lehnwort) *farfalla*.

Quellen: vgl. INFCOR. Banca di dati di a lingua corsa: http://www.adecec.net/infcor/recherche.php; Banque de Donneés Langue Corse: https://bdlc.univ-corse.fr/bdlc/corse.php; https://fr.glosbe.com/fr/co/papillon (zuletzt eingesehen am 26.11.2020); https://www.ethnologue.com/language/cos (zuletzt eingesehen am 15.6.2022).

I.2.3 Iberoromanische Sprachen

13. Spanisch *(Español, Castellano)* ist eine iberoromanische Sprache, die zu den romanischen Sprachen gehört, die wiederum ein Teil der indoeuropäischen Sprachfamilie sind. Spanisch wird von ca. 46 Millionen Native

Speakers in Spanien sowie von ca. 470 Millionen Menschen vorwiegend in Lateinamerika als Muttersprache gesprochen. Dazu kommen ca. 100 Millionen Menschen, die Spanisch als Zweitsprache bzw. als Fremdsprache bis zu einem gewissen Grad sprechen. Damit ist Spanisch nach Chinesisch, Englisch und Hindi die viertgrößte Sprache der Erde. Spanisch ist die Amtssprache in 20 Ländern, darunter Spanien und die meisten Länder Lateinamerikas. Spanisch ist auch Amtssprache bei der EU und der UNO.

Das Wort für »Schmetterling« im Spanischen ist *mariposa* [maɾiˈposa] (vgl. RAE. Diccionario de la langua española; Übersetzung von mir):

> »Insecto de boca chupadora, con dos pares de alas cubiertas de escamas y generalmente de colores brillantes, que constituye la fase adulta de los lepidópteros« [Insekt mit Saugrüssel, mit zwei Paaren von Flügeln, die mit Schuppen bedeckt sind und im Allgemeinen glänzende Farben aufweisen, das die erwachsene Phase der Schmetterlinge darstellt]

Etymologisch ist *mariposa* herzuleiten aus der Aufforderung, *Mari* (ein Kosename/Hypokoristikum von *María*), *pósate* (»Maria, lass dich nieder!«). Die deutsch *Tag-* und *Nachtfalter* entsprechenden Lexeme werden wie im Französischen durch einen adjektivischen Zusatz gebildet: *mariposa diurna/nocturna*.

Umgangssprachlich steht *mariposa* für homosexuelle/feminine Männer und die Ableitung *mariposón* für einen Frauenhelden/einen Don Juan. Im lateinamerikanischen Spanisch wird *mariposón* homophob-abwertend von homosexuellen Männern gesagt.

Für dt. *Motte* stehen im Spanischen die synonymen Ausdrücke *polilla* oder *palomilla*.

Quellen: vgl. Langenscheidt. Handwörterbuch Spanisch 2006: 466 f.; Blecua et al. (2014), Diccionario de la langua española: vgl. https://dle.rae.es/; https://www.ethnologue.com/language/spa; Sánchez Pérez, Gran diccionario de la lengua española 1996: 1267 (zuletzt eingesehen am 3.12.2020); https://www.ethnologue.com/language/spa (zuletzt eingesehen am 15.6.2022).

14. Katalanisch *(Catalá)* ist eine Art Brückensprache zwischen dem galloromanischen und dem iberoromanischen Zweig der romanischen Sprachen, die wiederum zur indoeuropäischen Sprachfamilie gehören. Es wird von ca. 9,2 Millionen Menschen, davon ca. 4,1 Millionen Native Speakers, vor allem in Spanien (in Katalonien, auf den Balearen, in der Stadt Valencia im Osten Spaniens und in der Stadt Alghero auf Sardinien), in Andorra und im südwestlichen Frankreich gesprochen.

Der Schmetterling heißt im Katalanischen *papallona* (*östliches* Katalanisch: [pəpəˈʎonə], *westliches* Katalanisch: [papaˈʎona]) »Schmetterling« (< lat. *papilionem*) (vgl. https://www.diccionari.cat (meine Übersetzung): »Qualsevol insecte de l'ordre dels lepidòpters« [Beliebiges Insekt aus der Ordnung der Lepidopteren].

Die Motte heißt *arna* [ˈarnə] oder *papallona nocturna*, wobei es spezifischere Bezeichnungen für Unterarten von Motten wie die Kleidermotten, Getreidemotten etc. gibt.

Quellen: vgl. Gran Diccionari Llengua Catalana: http://www.diccionari.cat/lexicx.jsp?-GECART=0099277, s. v. papallona, arna; Diccionari catalá-valenciá-balear, s. v. papallona, arna; https://dcvb.iec.cat/ (zuletzt eingesehen am 16.6.2022); https://omniglot.com/writing/catalan.htm (zuletzt eingesehen am 22.5.2020); https://www.ethnologue.com/language/cat (zuletzt eingesehen am 16.6.2022).

15. Portugiesisch (*Português*; Brasilianisch: *Português brasileiro*) gehört zu den iberoromanischen Sprachen, damit zu den romanischen Sprachen und zur indoeuropäischen Sprachfamilie. Es wird von ca. 250 Millionen Native Speakers vor allem in Portugal und Brasilien gesprochen, darüber hinaus aber auch in Afrika (Angola, Mosambik, Äquatorialguinea, Kap Verde, São Tomé, Principe) und Südostasien (Macao und Osttimor). Portugiesisch ist offizielle Sprache in acht Ländern sowie Amtssprache in der EU und der Afrikanischen Union.

Das portugiesische Wort für »Schmetterling« ist *borboleta* [burbuˈleːtɐ] (< lat. *bel-bellita*) (vgl. https://michaelis.uol.com.br; Übersetzung von mir):

> »Denominação comum aos insetos lepidópteros, diurnos, que possuem antenas, dois pares de asas coloridas e uma tromba em espiral; panamá, panapaná, panapanã« [Allgemeine Bezeichnung für die Insekten der Ordnung Lepidoptera, die tagaktiv sind, die Fühler besitzen, zwei Paare von bunten Flügeln und einen spiralförmigen Saugrüssel: *panamá, panapaná, panapanã*]

Soll der Nachtfalter bezeichnet werden, wird dies durch einen adjektivischen Zusatz wie in anderen romanischen Sprachen gekennzeichnet: *borboleta nocturna*. Wie in anderen romanischen Sprachen kann *borboleta* auch abwertend für eine flatterhafte Person oder eine Prostituierte verwendet werden. Das Wort für »Motte« ist *traça*.

Quellen: vgl. Figueiredo, Grande Dicionário de Língua Portuguesa 1996: 423; Michaelis (2023) Dicionário Brasileiro da Língua Portuguesa; https://www.wordhippo.com/what-is/the/portuguese-word-for-moth.html (zuletzt eingesehen am 4.12.2020); schließlich auch: https://www.ethnologue.com/language/por (zuletzt eingesehen am 16.6.2022).

I.2.4 Balkanromanische Sprachen

16. Rumänisch (i. e. S.: Dako-Rumänisch/*Limba dacoromână*) gehört zum balkanromanischen Zweig der romanischen Sprachen und damit zur Sprachfamilie der indoeuropäischen Sprachen. Es wird von ca. 30 Millionen Native Speakers vor allem in Rumänien und der Republik Moldau gesprochen. Das rumänische Wort für »Schmetterling« ist *fluture* [ˈfluture]. Etymologisch unklar; eventuell von lat. **flutulus* < *flutare*, »im Wasser treiben« oder vom rumänischen Verb *a flutura* »flattern, im Wasser treiben« oder mit albanisch *flutur* (»Schmetterling«) zusammenhängend.

Der Nachtfalter heißt im Rumänischen *fluture de noapte*; die Motte heißt im Rumänischen *molie* oder *fluturele*.

Quellen: vgl. Coteanu, DEX: Dicţionarul explicativ al limbii române 1996: 387; Dicţionar englez-român: https://browse.dict.cc/romanian-english/fluture.html; ferner auch: https://context.reverso.net/translation/english-romanian/moth; https://omniglot.com/writing/romanian.htm (zuletzt eingesehen am 4.12.2020); https://www.ethnologue.com/language/ron (zuletzt eingesehen am 16.6.2022).

I.3 Slawische Sprachen

I.3.1 Westslawische Sprachen

17. Tschechisch (*Český jazyk* bzw. *Čeština*) gehört zum westslawischen Zweig der slawischen Sprachen, die wiederum ein Teil der indoeuropäischen Sprachfamilie sind. Tschechisch wird von ca. 10,4 Millionen Menschen in Tschechien gesprochen, darüber hinaus von ca. drei Millionen Menschen in weiteren Ländern, u. a. der Slowakei und Österreich.

Das tschechische Wort für »Schmetterling« ist *motýl* [ˈmɔtiːl] Nach Rejzek geht dieses Wort wie auch in anderen slawischen Sprachen auf ein urslawisches Wort **mesti/*motati* zurück, das »(sich) kreisförmig bewegen« bedeutet, unter Bezug auf den flatternden Flug der Schmetterlinge. Daneben wird im Tschechischen *můra* speziell für »Nachtfalter« verwendet. Die Motte als Schädling wird durch das Wort *mol* bezeichnet.

Quellen: vgl. Rejzek Český Etymologický Slovník 2012: 391; Langenscheidt Taschenwörterbuch Tschechisch-Deutsch. Deutsch-Tschechisch 2007: 184, 186, 188; sowie ferner auch: https://glosbe.com/en/cs/butterfly; https://omniglot.com/writing/czech.htm (zuletzt eingesehen 20.2.2021); sowie schließlich: https://www.ethnologue.com/language/ces (zuletzt eingesehen am 16.6.2022).

18. Slowakisch (*Slovenský jazyk*; *Slovenčina*) gehört zum westslawischen Zweig der slawischen Sprachen, und damit zur Familie der indoeuropäischen Sprachen. Slowakisch wird von ca. 5 Millionen Native Speakers in der Slowakei, darüber hinaus von ca. zwei Millionen Ausgewanderten u. a. in den USA gesprochen.

Der Schmetterling heißt im Slowakischen *motýľ* [ˈmɔtiːʎ]. Die Etymologie ist die gleiche wie im Tschechischen. Der Nachtfalter heißt im Slowakischen *(nočná) mora* oder *nočný motýľ*. Die Motte heißt *mol'* bzw. *moľa*.

Quellen: vgl. Lingea anglico-slovenský: https://slovniky.lingea.sk/anglicko-slovensky/butterfly; https://en.glosbe.com/en/sk/butterfly; https://omniglot.com/writing/slovak.htm (zuletzt eingesehen am 4.12.2020); https://www.ethnologue.com/language/slk (zuletzt eingesehen am 16.6.2022).

I.3.2 Ostslawische Sprachen

19. Russisch (русский язык; *Russkij jazyk*) gehört zum ostslawischen Zweig der slawischen Sprachen, die ein Teil der indoeuropäischen Sprachfamilie sind. Russisch wird von ca. 260 Millionen Menschen gesprochen, davon 150 Millionen Native Speakers, ca. 110 Millionen sprechen Russisch als Zweitsprache. Es wird v.a. in Russland gesprochen, daneben gibt es russische Minderheiten in allen postsowjetischen Staaten der GUS (= »Gemeinschaft unabhängiger Staaten«). Offiziellen Status hat Russisch in Weißrussland, Kasachstan, Kirgisistan und Tadschikistan. Ferner ist Russisch Amtssprache der UNO. Russisch wird mit dem kyrillischen Alphabet geschrieben.

Das Wort für »Schmetterling« ist бабочка *(bábočka)* [ˈbabət͡ɕkə] (< бабка (*bábka*: »alte Frau«, »Großmutter«; nach dem Volksglauben, dass die Toten als Schmetterlinge fortleben), speziell: »Tagfalter«. Das Wort kann aber auch für Mottenarten verwendet werden. Speziell für »Nachtfalter« wird auch ночнáя бáбочка *(nočnája bábočka)* gesagt.

Für »Motte« im Sinne von »eine Art kleiner Nachtfalter« wird мотылёк (*motylëk* [mətɨˈlʲɵk]) gesagt. Umgangssprachlich dient мотылёк (*motylëk* [mətɨˈlʲɵk]) aber auch als allgemeines Wort für Schmetterling. Motten, die Kleider fressen, heißen моль *(mol')*.

Metaphorisch wird бабочка *(bábočka)* umgangssprachlich auch für die Inhalte »energische, zielbewusste Frau« und androzentrisch für »Prostituierte« verwendet.

Quellen: vgl. Daum/Schenk Wörterbuch Deutsch-Russisch 1962: 403, 496; Langenscheidts Taschenwörterbuch Russisch 1960: 30; 233; https://en.glosbe.com/en/ru/butterfly (zuletzt eingesehen am 4.12.2020); https://www.wordhippo.com/what-is/the/russian-word-for-ba856797a6ed7651c7e6965efeead66cb632f0a5.html; https://omniglot.com/writing/russian.htm (zuletzt eingesehen am 16.6.2022); schließlich auch: https://www.ethnologue.com/language/rus (zuletzt eingesehen am 16.6.2022).

I.3.3 Südslawische Sprachen

20. Serbisch (*Srpski*, српски) ist eine südslawische Sprache, die zu den slawischen Sprachen und damit zur indoeuropäischen Sprachfamilie gehört. Serbisch wird von ca. 6,7 Millionen Menschen in Serbien als Muttersprache gesprochen, darüber hinaus von ca. fünf Millionen Menschen in Bosnien-Herzegowina, Kroatien, Montenegro, Kosovo und Nordmazedonien. Serbisch, Kroatisch und Bosnisch sind gegenseitig verständliche Sprachen. Serbisch wird offiziell mit dem kyrillischen Alphabet, im Alltag verbreitet auch mit dem lateinischen Alphabet geschrieben.

Das serbische Wort für »Schmetterling« ist ле̏птӣр *(leptir)*[ˈlɛptir]. Die Motte heißt мољац *moljac*. Für »Motte« kann auch die Ableitung лептирица *(leptirica)* von ле̏птӣр *(leptir)* verwendet werden.

Die Etymologie der serbischen und kroatischen (s. u.) Ausdrücke für »Schmetterling« lässt sich nicht eindeutig klären. Folgende Erklärungen sind möglich: 1. vom Verbum *lepetati* oder *lepršati* »flattern«, »schwingen«, »mit den Flügeln zappeln«. 2. vom Verbum *lijepiti* »kleben«, da der

»Staub der Schmetterlinge« (d. h. wohl die Schuppen der Flügel) an den Händen kleben bleibt. Eine weitere Vermutung geht von den altgriechischen Wörtern *λεπίς* (*lepís*, »Schuppe«) + *πτερόν* (*pterón*, »Flügel«) aus, die auch für das zoologische Fachwort *Lepidoptera* verwendet werden.

Quellen: vgl. Vladović et al., Wörterbuch/Rečnik Nemačko-Srpski/Srpsko-Nemački 2008: 379, 494; Skok Dictionnaire etymologique de la langue croate ou serbe 1971: 289; https://www.ethnologue.com/language/srp (zuletzt eingesehen am 16.6.2022).

21. Kroatisch *(Hrvatski)* ist eine südslawische Sprache, die zu den slawischen Sprachen und damit zur indoeuropäischen Sprachfamilie gehört. Kroatisch wird von ca. sieben Millionen Menschen gesprochen, davon ca. vier Millionen in Kroatien, ca. drei Millionen in Serbien, Bosnien-Herzegowina, Slowenien, Österreich und weiteren Staaten. Kroatisch wird mit dem lateinischen Alphabet geschrieben.

Der Schmetterling heißt auch im Kroatischen *leptir* [ˈlɛptir]. Für Nachtfalter wird *noćni leptir* gesagt. Die Motte wird *moljac* genannt.

Quellen: vgl. Dictionary Croatian-English: https://www.dict.com/croatian-english/leptir; https://en.glosbe.com/en/hr/butterfly (zuletzt eingesehen am 4.12.2020); https://www.ethnologue.com/language/hrv (zuletzt eingesehen am 16.6.2022).

I.4 Keltische Sprachen

22. Neuirisch *(Gaeilge, Gaelic Irish)* gehört zusammen mit Manx (der 1974 ausgestorbenen, mittlerweile jedoch wiederbelebten Sprache auf der Isle of Man) und dem Schottisch-Gälischen zum goidelischen Zweig der inselkeltischen Sprachen (zu denen auch Kymrisch zu zählen ist, s. u.). Die inselkeltischen Sprachen wiederum gehören zur Familie der keltischen Sprachen, die ein Teil der indoeuropäischen Sprachfamilie sind. Neuirisch wird vor allem in Irland von ca. 1,6 Millionen Menschen als Zweitsprache gesprochen, maximal 70 000 Native Speakers im Westen Irlands verwenden sie laufend im Alltag. Die neuirische Bezeichnung für »Schmetterling« ist *féileacán* [ˈfeːləkɑːn]. Etymologische Herkunft: *féileacán* kommt möglicherweise von *feile* »Feier«, »Fest«. Im Altirischen, einer der ältesten Literatursprachen Europas, hieß der Schmetterling *etelachan*, was eigentlich »kleine fliegende Kreatur«, aber auch »Schmetterling« bedeutet. Die Motte wird *leamhan* oder, abgeleitet von *féileacán,* auch *féileacán oíche* (»Nachtfalter«) genannt.

Quellen: vgl. Feito Caldas/Schleicher Wörterbuch Irisch-Deutsch 1999: 154; Foclóir ie: New English-Irish Dictionary: https://www.focloir.ie/en/dictionary/ei/butterfly; https://www.teanglann.ie/en/eid/butterfly; https://en.wiktionary.org/wiki/f%C3%A9ileac%C3%A1n; https://www.ethnologue.com/language/gle (zuletzt eingesehen am 4.12.2020).

23. Kymrisch (Walisisch; *Cymraeg*) gehört zum britannischen Zweig der inselkeltischen Sprachen, damit zu den keltischen Sprachen, die wiederum ein Teil der indoeuropäischen Sprachen sind. Kymrisch wird von ca. 570 000, nach anderen Angaben von 750 000 Native Speakers vor allem in Wales und England, von kleinen Minderheiten auch in weiteren Staaten gesprochen.

Das Kymrische weist gleich drei Schmetterlingsausdrücke auf:

1. *pili-pala* [pɪlɪˈpala] »Schmetterling«. Ein ursprünglich regionaler Ausdruck, der der Kindersprache entstammt, sich inzwischen aber über ganz Wales ausgebreitet hat und heute der gängigste Ausdruck für »Schmetterling« ist. Die Motte wird *gwyfyn* genannt.

2. *iâr fach yr haf* [jaːr vaːχ ər haf] »Schmetterling«, wörtlich: »kleine Henne des Sommers«. In den 1970er-Jahren war dies der verbreitetste Name für »Schmetterling« in Wales, wird aber von der jüngeren Generation weniger verwendet.

3. *glöyn byw* [glɔ.ɪn bɪŭ] »Schmetterling«, wörtlich »burning coal«. Dieser Ausdruck ist vor allem im Norden von Wales gebräuchlich. Eine alternative Deutung dieses Ausdrucks erklärt ihn als partielle Ersetzung von *glöyn Duw*, »Funke Gottes«, wofür der älteste Beleg bei Dafydd ap Gwilym (um 1320–1350) steht, dem wichtigsten und bekanntesten walisischen Dichter des 14. Jahrhunderts: *Gloynnau Duw, gleinau dail* »Schmetterlinge, Juwelen der Blätter«.

Quellen: vgl. zum Walisischen: Welsh Dictionary: http://welsh-dictionary.ac.uk/gpc/gpc.html; https://www.ethnologue.com/language/cym; https://en.glosbe.com/en/cy/butterfly (zuletzt eingesehen am 23.5.2020).

I.5 Alt- und Neugriechisch

24. Altgriechisch war eine plurizentrische Sprache, d. h. eine Sprache, die in mehrere Standardvarianten zerfiel. Zu den altgriechischen Dialekten gehören unter anderem Attisch, Ionisch, Äolisch und Dorisch. Altgriechisch ist ein einzelner Zweig der indoeuropäischen Sprachfamilie. Das attische Griechisch, der Dialekt, der in Athen und den umliegenden Gebieten (Attika) gesprochen wurde, war aufgrund der überragenden Leistungen der griechischen Philosophie, Wissenschaft und Literatur im 5. und 4. Jhdt. v. Chr., die u. a. von Platon (427–347 v. Chr.), Aristoteles (384–322 v. Chr.) und Sophokles (497–406 v. Chr.) in Attisch verfasst wurden, der wichtigste Dialekt des Altgriechischen. Älter (ca. 8. Jh. v. Chr.) sind die berühmten Epen Homers, die *Ilias* und die *Odyssee*, die in einer stark vom ionischen Dialekt geprägten Kunstsprache abgefasst wurden.

Das Attische war auch die Grundlage der Koiné, der griechischen Verkehrssprache, die aufgrund der Eroberungen Alexanders des Großen (356–323 v. Chr.) im ganzen östlichen Mittelmeerraum ab ca. 300 v. Chr. wohl von mehreren Millionen Menschen gesprochen wurde. Altgriechisch wurde seit dem 9. Jh. v. Chr. mit dem griechischen Alphabet geschrieben, das aus dem phönizischen Alphabet entwickelt wurde und erstmals in der Schriftgeschichte eigene Vokalzeichen verwendete.

Im Altgriechischen ist ψυχή [psyˈkʰɛː], »Seele«, auch das Wort für »Schmetterling«, in älterer Zeit besonders für Nachtfalter, später auch für Tagfalter verwendet. Altgriechisch ist eine Tonsprache mit drei Tönen (hoch, fallend, neutral). Die Töne werden hier jedoch in der phonetischen Wiedergabe vernachlässigt. Im Neugriechischen sind die Töne durch einen Druckakzent (Lautstärkeakzent) wie im Deutschen ersetzt worden.

Der Ausdruck ψυχή steht im Altgriechischen grundsätzlich für »Leben«, dann für die »Seele« als »Sitz der Emotionen«, aber auch des moralischen Bewusstseins, sodann für die »Seelen der Toten«. Von hier aus erfolgt eine metaphorische Benennung der Schmetterlinge. Denn die ψυχές [psykʰɛs] im metaphorischen Sinn, also die Schmetterlinge, wurden im Volksglauben wie auch bei anderen Völkern (z. B. den keltischen Völkern oder bei so manchen indigenen Völkern) als die »Seelen der Toten« aufgefasst.

Daneben gibt es die mythologische Erzählung von der wunderschönen Königstochter Psyche, die im Auftrag des Eros, des Liebesgottes, vom Windgott Zephyr entführt wird und in den Palast des Eros gebracht wird. Nach einer Zeit des Glücks mit Eros und darauffolgenden Leiden und vielen Prüfungen erlangt Psyche die Unsterblichkeit und wird zur Göttin.

Ein Beispiel für die Verwendung von ψυχή in der Bedeutung »Schmetterling« findet sich bei Aristoteles in seiner zoologischen Abhandlung Περὶ τὰ ζῷα ἱστορίαι (»Tierkunde«), üblicherweise zitiert als *Historia Animalium* (Buch V, 551a 13–15; meine Übersetzung):

> Γίνονται δ' αἱ μὲν καλούμεναι ψυχαὶ ἐκ τῶν καμπῶν, αἳ γίνονται ἐπὶ τῶν φύλλων τῶν χλωρῶν, καὶ μάλιστα ἐπὶ τῆς ῥαφάνου [Es entstehen nun die sogenannten Seelen [= Schmetterlinge, M. K.] aus den Raupen, diese wiederum entstehen auf den grünen Blättern und vor allem auf dem Kohl.]

Wie aus dieser Textpassage hervorgeht, bezieht sich Aristoteles hier wohl auf den Großen Kohlweißling (*Pieris brassicae*) und den Kleinen Kohlweißling (*Pieris rapae*).

Aristoteles irrt zwar in der Annahme, die Larven, also die Vorstadien der Raupen, entstünden »spontan« auf den Blättern, beschreibt aber ansonsten schon erstaunlich genau die Entstehungsphasen der Falter, da er zwar das Ei noch nicht als separates Stadium der Falterentwicklung erkannte, aber Larven, Raupen und Puppen in der Entwicklung von Insekten bereits klar differenzierte.

Für die Motte wurde φάλαινα (spätere Schreibung für: φάλλαινα) [pʰalaina] gebraucht (in lautlich identischer Form wird φάλλαινα auch mit der Bedeutung »Wal« verwendet). Ein anderes Wort für die Motte ist σής [sɛːs] (Gen. σεός [sɛˈos], mask.).

Quellen: vgl. LSC 1996, The Liddell/Scott/Jones Online Greek-English Lexicon, s. v. ψυχή; http://stephanus.tlg.uci.edu/lsj/#eid=118926; Gemoll, Griechisch-Deutsches Schul- und Handwörterbuch 1965: 673; ferner auch: https://omniglot.com/writing/greek.htm (zuletzt eingesehen am 24.5.2020); https://www.ethnologue.com/language/grc (zuletzt eingesehen am 16.6.2022).

25. Neugriechisch (*Elliniká*; Ελληνικά) ist die Nachfolgesprache des Altgriechischen und somit eine indoeuropäische Sprache. Neugriechisch wird von ca. 10,5 Millionen Menschen in Griechenland gesprochen, darüber hinaus in Zypern, Bulgarien, Süditalien und in weiteren Ländern von Auswanderer*innen, sodass insgesamt 13 Millionen Menschen Neugriechisch sprechen. Neugriechisch wird mit dem griechischen Alphabet geschrieben.

Der Schmetterling wird im Neugriechischen πεταλούδα [peta'luða] genannt. Die Etymologie dieses Wortes ist unklar.

Wörter für die Motte sind βοτρυδα ['votriða), νυχτοπεταλούδα [nixtopeta'luða] (»Nachtfalter«) oder σκώρος ['skoros] (speziell: »Kleidermotte«).

Quellen: vgl. Langenscheidt Neugriechisch 1990: 338; 370; https://en.glosbe.com/en/el/butterfly; https://omniglot.com/writing/greek.htm (zuletzt eingesehen am 6.12.2020); schließlich auch: https://www.ethnologue.com/language/ell (zuletzt eingesehen am 16.6.2022).

I.6 Baltische Sprachen

26. Lettisch *(Latviešu valoda)* gehört zum östlichen Zweig der baltischen Sprachen, die wiederum zu den indoeuropäischen Sprachen zählen. Lettisch wird von ca. 1,7 Millionen Native Speakers in Lettland gesprochen, mit den Zweitsprachsprecher*innen kommt man auf ca. zwei Millionen Menschen, die Lettisch sprechen. Lettisch wird mit dem lateinischen Alphabet geschrieben.

Das lettische Wort für »Schmetterling« ist *tauriņš* ['tauriɲʃ], das metaphorisch auch »Fliege«, »Schleife«, »Mascherl« bedeutet. Die Etymologie von *tauriņš* leitet sich von Lettisch *taurs* [tàurs] her, also eigentlich »kleiner Stier«, wohl wegen der langen Fühlhörner der Schmetterlinge. Die Motte heißt auf Lettisch *naktstauriņi* (»Nachtfalter«) oder *kodes*.

Quellen: vgl. https://en.glosbe.com/de/lv/Schmetterling; https://www.dict.com/latvian-english/butterfly; Fraenkel, Litauisches Etymologisches Wörterbuch, 1965: 1067; https://omniglot.com/writing/latvian.htm (zuletzt eingesehen am 17.2.2021).

27. Litauisch *(Lietuvių kalba)* gehört zum östlichen Zweig der baltischen Sprachen, die ein Teil der indoeuropäischen Sprachfamilie sind. Litauisch wird von ca. 2,8 Millionen Menschen als Muttersprache in Litauen und weiteren 200 000 Menschen im Ausland gesprochen. Litauisch wird mit dem lateinischen Alphabet geschrieben.

Im Litauischen heißt *drugỹs* [drʊˈɡʲiːʂ] »Schmetterling« sowie auch »Motte«. Speziell für Motte wird auch *kañdis* gebraucht. Die in diesen beiden Wörtern durch die Tilde »˜« markierten Töne werden in der litauischen Schrift normalerweise nicht angezeigt. Zur Etymologie ist Folgendes zu bemerken: Nahestehend sind slawische Lexeme mit der Bedeutung »Zittern«, »Beben«, »Schaudern«, »Frösteln«. Vgl. z.B. Russisch дрожь ([droʒʲ], »Zittern«) sowie Polnisch *drgać* (»Zittern«). Daneben wird für Schmetterling und Motte auch der Ausdruck *drugelis*, eine Diminutivform von *drugỹs*, verwendet.

Weitere Wörter für Schmetterling sind *peteliškė* (auch: »Fliege«, »Schleife«, »Mascherl«) und *plaštakė* (auch »Motte«).

Quellen: vgl. Fraenkel, Litauisches Etymologisches Wörterbuch, 1965: 1067; Križinauskas/Smagurauskas Deutsch-Litauisches Wörterbuch 1992: 211; sowie ferner: https://en.wiktionary.org/wiki/drugys; https://www.dict.com/lithuanian-english/butterfly; https://www.lingvozone.com/LingvoSoft-Online-English-Lithuanian-Dictionary; https://omniglot.com/writing//lithuanian.htm (zuletzt eingesehen am 17.2.2021).

I.7 Indoiranische Sprachen

I.7.1 Indoarische Sprachen

28. Sanskrit (*Saṃskṛtam*; संस्कृतम्) ist ein Sammelbegriff für die verschiedenen Stadien des Altindischen, als dessen älteste Texte die religiösen Texte der Veden (ca. 1500 v. Chr.) gelten. Das Altindische gehört zur indoarischen Unterfamilie des indoiranischen Zweigs der indoeuropäischen Sprachen. Das klassische Sanskrit wurde um 400 v. Chr. durch die Grammatik des großen Linguisten Pāṇini kodifiziert. Das bedeutende Riesenepos *Mahabharata*, das den zentralen Text der Hindu-Philosophie enthält, die *Bhagavadgita*, wurde ebenfalls um diese Zeit niedergeschrieben.

Heute wird Sanskrit abgesehen von seinem fortdauernden Gebrauch in religiösen Zeremonien des Hinduismus von ca. 20 000 Personen auch wieder im Alltag in der Art einer Muttersprache gesprochen. Mehrere

Millionen von Menschen haben Kenntnisse von Sanskrit als Zweitsprache. Sanskrit wird in der Schrift Devanāgarī geschrieben, die eine Art Kombination aus einem Alphabet mit einer Silbenschrift darstellt.

Seit den älteren Perioden des Altindischen (d. h. seit dem Vedischen, in dem die Veden, die heiligen religiösen Texte des Hinduismus, verfasst worden waren) ist das Wort für »Schmetterling« पतग *pataṅgaḥ* [pataŋgah] (= die sogenannte Pausa-Form, d. h. die Zitierform in Grammatiken). Dieses Wort wird allerdings auch für Motten, andere geflügelte Insekten wie Bienen sowie für Heuschrecken und für Vögel gebraucht. Metaphorisch wird sogar die Sonne als »am Himmel dahinfliegendes Objekt« *pataṅgaḥ* genannt. Als Wort für »Motte« lebt *pataṅgaḥ* in neuindischen Sprachen fort (vgl. unten).

Etymologisch stammt das Wort wohl von einem indogermanischen Stamm **pat-r-/pat-n-* »Flügel« plus der altindischen Wurzel *ga-* »gehen, sich bewegen«, also »ein sich mittels Flügeln bewegendes Wesen«, in geeigneten Kontexten eben ein »fliegendes Insekt«, ein »Schmetterling«.

Die von Monier Williams in seinem Englisch-Sanskrit-Wörterbuch angegebenen Lexeme, die so in den älteren Texten nicht vorkommen, sind wohl jüngere fachsprachliche oder gelehrte Kunstwörter, die die Buntheit von Schmetterling als unterscheidendes Merkmal gegenüber anderen geflügelten Insekten hervorheben (*citra* = »glänzend, hell, bunt«): चित्रपतङ्गः *citrapataṅgaḥ* [citrapataŋgaɦ] / [tɕitrapataŋgaɦ], »butterfly«. Dies gilt auch z. B. für *citrāṅgaḥ pataṅgabhedaḥ* (»eine fliegende Insektenart, die einen bunten Körper hat«).

Als Bezeichnung für »Motte« wird neben *pataṅgah* auch z. B. der komplexere Ausdruck *pataṅgamaḥ* (»butterfly«, »moth«) angegeben.

Quellen: vgl. Monier-Williams Sanscrit-English Dictionary (1899: 581; 2008 version); Monier-Williams (1851) English-Sanscrit Dictionary (1851: 71b, 516b). Dies nach der folgenden Website: https://www.sanskrit-lexicon.uni-koeln.de/scans/MWScan/2020/web/webtc/indexcaller.php (zuletzt eingesehen am 2.6.2020); schließlich: https://www.ethnologue.com/language/san (zuletzt eingesehen am 16.6.2022).

29. Hindi (*Hindī*; हिन्दी) ist eine indoarische Sprache und gehört damit zu dem indoiranischen Zweig der indoeuropäischen Sprachfamilie. Hindi wird von ca. 320 Millionen Menschen als Muttersprache gesprochen, von 270 Millionen als Zweitsprache, sodass Hindi mit knapp 600 Millionen

Sprecher*innen nach Chinesisch, Englisch und vor Spanisch die drittgrößte Sprache der Erde ist.

Hindi wird als Muttersprache vor allem im Norden und Nordwesten von Indien gesprochen, als Amtssprache Indiens auch in weiteren Regionen Indiens und von indischen Minderheiten weltweit. Hindi wird mit der Devanagari geschrieben.

Das Hindi-Wort für »Schmetterling« ist तितली *titalī/titalee* [ˈtit(ɐ)liː]. Vgl. auch die gängige Aussprachevariante *titlī/titlee/títlii* [titliː]. Hindi-Wörter für »Motte« sind u. a. कीट *kīṭa* (auch: *kīṭ, keet*) und पतंग *pataṅga* (auch: *pataṅgā*).

Quellen: vgl. Collins Dictionary English-Hindi https://www.collinsdictionary.com/dictionary/english-hindi/butterfly; sowie ferner: https://www.shabdkosh.com/search-dictionary?lc=hi&sl=en&tl=hi&e=+butterfly; https://www.ethnologue.com/language/hin; https://en.glosbe.com/en/hi/butterfly und Krack Hindi. Wort für Wort 1997: 98 (zuletzt eingesehen am 6.12.2020).

30. Urdu (*Urdū*; اُردُو) ist eine indoarische Sprache aus dem indoiranischen Zweig der indoeuropäischen Sprachfamilie. Urdu wird von ca. 95 Millionen Menschen als Muttersprache gesprochen, vor allem in Pakistan und einigen Regionen Indiens, und von ca. 150 Millionen Menschen als Zweit- oder Drittsprache, vor allem in Pakistan, also insgesamt von ca. 245 Millionen Menschen. Urdu steht Hindi sehr nahe, beide Sprachen sind ja aus dem Hindustani hervorgegangen. Urdu ist aber stärker arabisch-persisch beeinflusst. Urdu wird mit einem arabisch-persischen Alphabet geschrieben.

Das Wort für »Schmetterling« ist تتلی *titli* [ˈtitliː]. Ein anderes Wort für Schmetterling im Urdu ist نمائشی *numaishi*. Wörter für »Motte« im Urdu sind پروانہ *parwana* und پتنگا *patangha*.

Quellen: vgl. https://www.ijunoon.com/dictionary/butterfly-urdu-meaning/; https://en.glosbe.com/en/ur/butterfly (zuletzt eingesehen am 12.7.2020); https://www.ethnologue.com/language/urd (zuletzt eingesehen am 16.6.2022).

31. Bengali *(Bangala, Bangla Bhasa)* ist eine indoarische Sprache, die dem indoiranischen Zweig der indoeuropäischen Sprachfamilie angehört. Bengali wird von insgesamt ca. 270 Millionen Menschen, davon ca. 230 Millionen Native Speakers, vor allem in Bangladesch und im östlichen

Indien gesprochen. Bengali wird mit einer Brahmi-Schrift geschrieben, die mit der Devanagari verwandt ist.

Der Schmetterling heißt im Bengali প্রজাপতি *Prajāpati* [prɔˈdʒaːpɔti]. *Prajāpati* ist der Hindu-Gott der Fortpflanzung, wobei sein Name auch als Beiname des Schöpfergottes Brahma geführt wird. Prajāpati bringt alle Lebewesen, auch Götter und Dämonen hervor. Der religiöse Zusammenhang zeigt sich daran, dass auf bengalischen Hochzeitskarten üblicherweise zu Beginn die dem Gott Prajāpati gewidmete Formel *Shri Shri Prajapataye Namah* steht. Auf Hochzeitstorten werden Schmetterlingssymbole dargestellt. Das Wort für Motte im Bengali ist পতঙ্গ *pataṇga.*

Relief mit Prajāpati, dem Hindugott, der im Bengali metaphorisch für Schmetterling steht

Quellen: vgl. https://www.shabdkosh.com/dictionary/english-bengali/butterfly/butterfly-meaning-in-bengali; https://en.glosbe.com/en/bn/butterfly; https://omniglot.com/writing/bengali.htm (zuletzt eingesehen am 6.12.2020); https://www.ethnologue.com/language/ben (zuletzt eingesehen am 18.6.2022).

32. Gujarati *(Gujarātī, Gujerathi, Gujrathi)* ist eine indoarische Sprache, die zum indoiranischen Zweig der indoeuropäischen Sprachfamilie gehört. Gujarati wird von ca. 55 Millionen Native Speakers vor allem im

Bundesstaat Gujarat im Westen Indiens gesprochen. Die Gujarati-Schrift ist der Devanagari ähnlich, unterscheidet sich aber durch das Fehlen der Oberlinie über den Buchstaben.

Zu den Schmetterlingsausdrücken: Hier gibt es neben einheimischen Wörtern wie ફૂદું *phūduṁ* [ˈpʰuːdum], પરવાનો *paravānō* [ˈpar(ɐ)vaːnoː] und પતંગિયું *pataṅgiyuṁ* [pataɳˈgijum] auch das englische Lehnwort બટરફ્લાય (Devanagari: बटरफ्लाय) *baṭaraphlaya* [baʈaraˈpʰlaja] < *butterfly*. Alle bedeuten »Schmetterling«. Das Wort für Motte ist શલભ *shalabha*, auch *pataṅgiyuṁ* wird aber so verwendet.

Quellen: vgl. https://www.shabdkosh.com/dictionary/english-gujarati/butterfly/butterfly-meaning-in-gujarati; https://omniglot.com/writing/gujarati.htm; https://www.ethnologue.com/language/guj (zuletzt eingesehen am 18.6.2022).

33. Marathi *(Marthi, Maharashtra)* ist eine indoarische Sprache, die zum indoiranischen Zweig der indoeuropäischen Sprachen gehört. Marathi wird von ca. 99 Millionen Menschen, davon 83 Millionen Native Speakers, im südwestlichen Bundesstaat Maharashtra in Indien als Muttersprache gesprochen. Marathi wird mit Devanagari geschrieben.

Im Marathi heißt der Schmetterling बटफ्लाइ *phulapākharū* [pʰul(ɐ)ˈpaːkʰ(ɐ)ruː]. Wörter für Motte sind पतंग *pataṇga* und पाकोळी *pākōḷī*.

Quellen: vgl. https://www.shabdkosh.com/dictionary/marathi-english/butterfly/butterfly-meaning-in-english; https://ids.clld.org/valuesets/3-920-705; https://en.glosbe.com/en/mr/butterfly (zuletzt eingesehen am 7.12.2020); https://omniglot.com/writing/marathi.htm; https://www.ethnologue.com/language/mar (zuletzt eingesehen am 18.6.2022).

34. Nepali *(Nepāli)* ist eine indoarische Sprache, die zum indoiranischen Zweig der indoeuropäischen Sprachfamilie gehört. Nepali wird von ca. 25 Millionen Menschen, davon zwölf Millionen Native Speakers vor allem in Nepal, aber auch in Indien und Bhutan gesprochen. Nepali wird mit Devanagari geschrieben.

Für »Schmetterling« wird im Nepali पुतली *putali* [ˈputaliː] gesagt. Ein Wort für Motte ist पतंग *pataṅga*.

Quellen: vgl. https://dsal.uchicago.edu/cgi-bin/app/schmidt_query.py?qs=butterfly&matchtype=default; https://translate.google.com/?sl=en&tl=ne&text=moth&op=translate&hl=en; https://ids.clld.org/valuesets/3-920-706 (zuletzt eingesehen 7.12.2020); sowie schließlich: https://omniglot.com/writing/nepali.htm; https://www.ethnologue.com/language/npi (zuletzt eingesehen am 18.6.2022).

35. Romani/Romanes (*Romani ćhib*; *Gypsy*, *Tsigene*; Varietäten u. a.: *Kalderash/Kelderash*, *Vlax Romani*, *Sinte Romani*, *Lovari*) ist eine Familie von indoarischen Sprachen und Dialekten, die somit zu den indoiranischen und letztlich indoeuropäischen Sprachen gehören. Romani hat sich aufgrund der Wanderungsbewegungen der Roma und Sinti vor ca. 1000 Jahren von der dem Sanskrit nahestehenden Volkssprache Zentral- und Nordwestindiens abgespalten. Auf ihrem Weg durch Asien nach Europa, Afrika und darüber hinaus in die ganze Welt haben die Roma und Sinti zahlreiche Wörter aus den jeweils umgebenden Sprachen entlehnt.

Romani wird von ca. sechs Millionen Menschen in zahlreichen Ländern weltweit als Muttersprache gesprochen. Wegen der vielfachen Verfolgungen, denen Roma und Sinti ausgesetzt waren und sind, können realistische Spracherzahlen nur sehr schwer angegeben werden. Möglicherweise sprechen zehn bis elf Millionen Menschen Romani. Romani wird hauptsächlich mit dem lateinischen Alphabet geschrieben, aber auch mit griechischem, kyrillischem, arabischem Alphabet sowie Devanagari.

Das Wort für »Schmetterling« in Romani-Varietäten in Mitteleuropa und der Balkanregion ist *peperuga* [peperuga] (Variante: *paparuga* [paparuga]): »Schmetterling«, auch »Motte«. Es wird vermutet, dass es sich um ein Lehnwort aus den geografisch benachbarten europäischen Sprachen handelt.

Quellen: vgl. https://ids.clld.org/parameters/3-920#2/14.4/153.4; sowie http://romani.uni-graz.at/romlex/lex.cgi?st=peperuga&rev=n&cl1=rmyk&cl2=en&fi=&pm=in&ic=y&im=y&wc; Wolf, Großes Wörterbuch der Zigeunersprache 1993: 168 (zuletzt eingesehen am 7.12.2020); https://www.ethnologue.com/language/npi, https://omniglot.com/writing/romani.htm (zuletzt eingesehen am 18.6.2022).

I.7.2 Iranische Sprachen

36. Farsi/Neupersisch *(Fārsi, Iranian)* ist eine iranische Sprache aus dem indoiranischen Zweig der indoeuropäischen Sprachfamilie. Es geht auf das Avestische (ca. 1200–400 v. Chr.) und Altpersische (ca. 600–300 v.

Chr.) zurück, die dem Altindischen sehr nahestehende bedeutende Literatursprachen waren. Einige der bedeutendsten Werke des Sufismus, der islamischen Mystik, wurden in Neupersisch verfasst, z. B. die Lyrik von Dschalāl ad-Dīn Muhammad Rūmī (1207–1273), die zur Weltliteratur gehört. Farsi wird von ca. 120 Millionen Menschen gesprochen, davon ca. 70 Millionen Native Speakers, vor allem im Iran, Afghanistan, Tadschikistan und umliegenden Ländern. Farsi wird mit einem erweiterten arabischen Alphabet geschrieben.

Das Wort für »Schmetterling« ist پروانه *parvâne* [pʰærvɒːˈne] (auch [pʰarvɒːˈne]). Ein Wort für Motte ist بید *bīd*. Eine weitere lexikalische Variante für »Nachtfalter« ist das Wort شاپرک *shâparak*.

In der islamischen Mystik (dem Sufismus) spielt die Schmetterlingssymbolik eine wichtige Rolle und steht für die Liebe, die das beschränkte Ich verzehrt und ebendadurch rettet. In der persischen Lyrik kommt dies in den grandiosen Gedichten von Rūmī ebenso zum Ausdruck wie im lyrischen Werk von Hafis (vollständiger Name: Šams ad-Dīn Moḥammad Ḥāfeẓ-e Šīrāzī; ca. 1315–1390), vgl. z. B. (siehe auch das oben bereits zitierte Gedicht *Selige Sehnsucht* in Goethes *West-Östlichem Divan*, der von der Lyrik Hafis' inspiriert war):

Motiv »Schmetterling und Flamme«

آتش آن نیست که از شعله ی او خندد شم
آتش آن است که در خرمن پروانه زدند

âtash ân nīst ke az shoʿle-ye ū khandad shamʿ
âtash ân ast ke dar kharman *parvâne* zadand
True fire is not the one dancing in the flame of the candle
true fire is the one harvesting the *butterfly*.

Quellen: vgl. Farsi Dictionary http://www.farsidic.com/en/Lang/FaEn; Steingass Persian-English Dictionary 1892 (vgl. https://dsal.uchicago.edu/dictionaries/steingass/; zuletzt eingesehen am 19.9.2022); https://en.glosbe.com/en/fa/butterfly; https://glosbe.com/en/fa/moth (zuletzt eingesehen am 7.12.2020); https://omniglot.com/writing/persian.htm; https://www.ethnologue.com/language/pes (zuletzt eingesehen am 18.6.2022).

37. Tadschikisch *(Tojiki, Tajiki)* ist eine Variante des Neupersischen (Farsi), dem es sehr nahesteht. Damit gehört Tadschikisch zu den iranischen Sprachen und weiter zum indoiranischen Zweig der indoeuropäischen Sprachfamilie. Tadschikisch wird von ca. acht Millionen Menschen in Tadschikistan, Usbekistan und Xinjiang (China) gesprochen. Tadschikisch wurde bis 1928 mit dem arabischen und von 1928–1940 mit dem lateinischen Alphabet geschrieben, seither wird die kyrillische Schrift benutzt. Es gibt Bestrebungen, wieder zum arabischen oder lateinischen Alphabet zu wechseln.

Der Schmetterling heißt im Tadschikischen шапалак *šapalak* [ʃæpælæk]. Daneben scheinen auch die Varianten шапарак *šaparak* und шабпара *šabpara* zu existieren. Ausdrücke für Motte sind парвона *parvona* und куя *kuja*, wobei Letzteres wohl ein Lehnwort aus den Turksprachen ist (vgl. unten zu Türkisch *güve*/Turkmenisch *güye*).

Quellen: vgl. https://en.glosbe.com/en/tg/butterfly; ferner auch: https://omniglot.com/writing/tajik.htm; https://translate.google.com/?hl=en&sl=en&tl=tg&text=butterfly (zuletzt eingesehen am 7.12.2020); https://www.ethnologue.com/language/tgk (zuletzt eingesehen am 18.6.2022).

38. Kurdisch *(Kurdî, Kurmanji, Sorani, Pehlewani; Kurdî-Kurmancî, Zimanê Soranî; Kurdî Xwarîn)* ist eine Familie von eng zusammengehörigen iranischen Sprachen und somit ein Teil der indoranischen Sprachen innerhalb der indoeuropäischen Sprachfamilie. Kurdisch lässt sich in Nordkurdisch (Kurmandschi), Zentralkurdisch (Sorani) und Südkurdisch (u. a. Kelhuri) einteilen. Die folgenden Angaben zu Schmetterlingsausdrücken beziehen sich auf Sorani. Kurdisch wird von ca. 20–30 Millionen Native Speakers vor allem in der östlichen Türkei, in Nordsyrien, im Nordwesten des Iran und im Norden des Irak gesprochen. Je nach Land wird Kurdisch im lateinischen oder im arabischen Alphabet geschrieben. Für das Nordkurdische wird vor allem die von dem kurdischen Schriftsteller, Linguisten und politischen Aktivisten Celadet Alî Bedirxan (1893–1951) geschaffene Hawar-Schrift verwendet, die auf dem lateinischen Alphabet beruht.

Im Sorani gibt es eine ganze Reihe von Schmetterlingswörtern: *pepûle* [pɑpuːlɑ], *perwane* [pɑrwanɑ], *perpuşk* [pɑrpuʃk, *pîlpîlok* [piːlpiːlok]. Dies kann unter Umständen mit einem geringen Grad an Standardisierung zusammenhängen, der regionale/dialektale Variantenbildung begünstigt. Die Motte heißt *morane* bzw. *moryane*.

Quellen: vgl. Omar Deutsch-Kurdisches Wörterbuch 2016: 999, 1275; https://glosbe.com/en/ckb/butterfly (zuletzt eingesehen am 7.12.2020); sowie ferner auch: https://www.ethnologue.com/language/kmr; https://www.ethnologue.com/language/ckb; https://www.ethnologue.com/language/sdh (zuletzt eingesehen am 18.6.2022).

39. Zaza *(Zazaki, Zazaça)* ist eine iranische Sprache, die zum indoiranischen Zweig der indoeuropäischen Sprachfamilie gehört. Zaza wird im Osten der Türkei von ca. drei bis vier Millionen Menschen als Muttersprache gesprochen. Trotz dieser relativ hohen Sprecherzahlen ist Zaza wegen seiner politisch benachteiligten Stellung als bedroht anzusehen. Zaza wird mit dem lateinischen und arabischen Alphabet geschrieben.

Der Schmetterling heißt im Zaza *perperık* [ˈpɛrpɛrik], was auch für »Motte« gebraucht wird. Die Variante *perperıke* ist weniger geläufig als *perperik*. Ein Synonym von *perperık* ist *cıncınık*.

Quellen: vgl. https://www.webonary.org/zazaki; ferner auch: https://omniglot.com/writing/zazaki.htm; https://www.ethnologue.com/language/kiu (zuletzt eingesehen am 18.6.2022).

40. Paschto *(Paschtunisch, Pashto, Pakhto, Pushto)* ist eine iranische Sprache, die zum indoiranischen Zweig der indoeuropäischen Sprachfamilie gehört. Paschto wird von ca. 50–60 Millionen Menschen in Afghanistan und Pakistan als Muttersprache gesprochen. Paschto wird mit dem arabischen Alphabet geschrieben.

Ein Wort für »Schmetterling« (auch: »Motte«) ist im Paschto بورا *baurā* [baura:]. Weitere Wörter, die sowohl »Schmetterling« als auch »Motte« bedeuten können, sind اورپښت *orpakht* und پتنګ *patang*.

Quellen: vgl. Pashto Dictionary https://thepashto.com/word.php?english=butterfly&roman=&pashto=; https://qamosona.com (zuletzt eingesehen am 19.9.2022); https://www.freelang.net/online/pashto.php?lg=gb; https://omniglot.com/writing/pashto.htm (zuletzt eingesehen am 26.11.2020); schließlich auch: https://www.ethnologue.com/language/pus (zuletzt eingesehen am 18.6.2022).

II. Nichtindoeuropäische Sprachen

II.1 Turksprachen

II.1.1 Oghusischer Zweig (Südwest-Türkisch)

41. Türkisch *(Türkçe)* gehört zum oghusischen (südwestlichen) Zweig der Turksprachen. Türkisch im Sinne von Türkei-Türkisch wird von ca. 70 Millionen Native Speakers und ca. 20 Millionen Zweitsprachsprecher*innen vor allem in der Türkei und den umgebenden Ländern, aber auch z. B. in einer Reihe von mittel- und westeuropäischen Ländern gesprochen. Es ist damit die bei Weitem größte Turksprache. Türkei-Türkisch wurde jahrhundertelang mit dem arabischen Alphabet geschrieben. Seit 1928 wird es aufgrund der Reformen von Mustafa Kemal Atatürk (1881–1938) mit dem lateinischen Alphabet geschrieben.

Das Wort *kelebek* [kɛlɛˈbɛk] steht für »Schmetterling«. Zur Bedeutung von *kelebek* vgl. die folgende türkische Definition (nach dem Onlinewörterbuch der *Kubbealtı*-Akademie; Übersetzung von mir):

»Kurtların gelişmiş şekli olan, vucutları ve kanatları rengârenk çok ince pullarla kaplı, dört kanatlı böceklere verilen ortak isim« [Gemeinsame Bezeichnung für Insekten, die eine aus Larven entwickelte Gestalt haben, deren Körper und Flügel mit bunten, sehr feinen Schuppen bedeckt sind und die vier Flügel aufweisen].

Die heutige türkische Standardform ist wohl durch Metathese entstanden (vgl. z. B. Aserbaidschanisch *käpänäk* (auch: *kəpənək*), Turkmenisch *kebelek*, Kasachisch *köbelek*). In diesem Zusammenhang ist auch aufschlussreich, dass die dialektalen Varianten *köpelek* und *kepenek* existieren.

Die Motte wird im Türkischen *güve* genannt. Das Wort *güve* steht auch für »Nachtfalter«, wobei dafür auch die Umschreibung *gece kelebeği* (wörtlich: Nacht-Falter-Possessivsuffix.3.Sg.) verwendet werden kann. Ebenfalls für die Bedeutung »Motte« oder »Nachtfalter« wird das Lehnwort *pervane* aus dem Persischen verwendet.

Quellen: vgl. Clauson An Etymological Dictionary of Pre-Thirteenth-Century Turkish 1972: 689; 754; The Tower of Babel. An etymological database project, starling.rinet.ru, s. v. *kepelek; sowie ferner auch Kubbealtı Akademie, Kultur- und Kunststiftung, Istanbul, Wörterbuch: http://lugatim.com/s/KELEBEK; https://dictionary.cambridge.org/dictionary/english-turkish/butterfly; ferner: https://glosbe.com/en/tr/butterfly; Steuerwald Türkisch-Deutsches Wörterbuch 1988: 641, 646, 924; https://omniglot.com/writing/turkish.htm (zuletzt eingesehen am 8.12.2020); https://www.ethnologue.com/language/tur (zuletzt eingesehen am 20.6.2022).

42. Aserbaidschanisch (*Azərbaycan dili, Azerice, Azerbaijani*) ist eine Turksprache aus dem oghusischen (südwestlichen) Zweig, die vor allem in Aserbaidschan und im Nordwesten des Iran von ca. 25 Millionen Native Speakers, von weiteren Millionen als Zweitsprache gesprochen wird. Aserbaidschanisch wurde früher mit dem arabischen Alphabet, sodann mit dem kyrillischen Alphabet geschrieben. Von 1929–1939 war bereits ein lateinisches Alphabet in Gebrauch, dem die unten stehenden Beispielwörter folgen. Seit 1991 ist wieder das lateinische Alphabet in einer leicht veränderten Version im Gebrauch.

Das Wort für »Schmetterling« ist *käpänäk* (auch *kəpənək/kepenek*) [kæpæˈnæk]. Für »Nachtfalter« kann auch *gecəkəpənəyi* gesagt werden. Die Motte heißt *güvä* (auch: *güvə*). Ein persisches Lehnwort für »Schmetterling« oder »Motte« ist *pärva:nä* (auch: *pərvanə*).

Quellen: vgl. Clauson, An Etymological Dictionary of Pre-Thirteenth-Century Turkish 1972: 689; 754; https://azerdict.com/english/butterfly; https://glosbe.com/en/az/butterfly; https://www.lingvozone.com/; sowie ferner auch: https://omniglot.com/writing/azeri.htm (zuletzt eingesehen am 21.11.2020); https://www.ethnologue.com/language/azj (zuletzt eingesehen am 20.6.2022).

43. Turkmenisch *(Türkmençe, Turkmani)* ist eine oghusische (südwestliche) Turksprache, die in Turkmenistan und anliegenden Ländern von knapp sieben Millionen Native Speakers gesprochen wird. Es wurde lange Zeit im arabischen Alphabet geschrieben, im 20. Jh. auch mit kyrillischem Alphabet. Seit 1991 wird Turkmenisch im lateinischen Alphabet geschrieben.

Das Wort für »Schmetterling« ist *kebelek* [kɛbɛˈlɛk]. Eine lexikalische Variante scheint *yellepe* zu sein. Die Motte heißt im Turkmenischen *güye*. Dieses Wort kann aber anscheinend im weiteren Sinn auch für *kebelek* stehen.

Quellen: vgl. Clauson, An Etymological Dictionary of Pre-Thirteenth-Century Turkish 1972: 689; 754; Turkmen-English/English-Turkmen Dictionary, 14, 74; https://glosbe.com/en/tk/butterfly; (zuletzt eingesehen 8.12.2020); https://www.ethnologue.com/language/tuk (zuletzt eingesehen am 20.6.2022).

II.1.2 Kiptschakischer Zweig (Westtürkisch)

44. Kasachisch *(Qazaq tılı, Kazakça, Kazakh)* gehört zum kiptschakischen (westlichen) Zweig der Familie der Turksprachen, die in Kasachstan und den umliegenden Ländern von ca. zehn Millionen Native Speakers und von einigen weiteren Millionen als Zweitsprache gesprochen wird. Kasachisch wurde im arabischen und kyrillischen Alphabet geschrieben. Eine Umstellung auf das lateinische Alphabet ist gerade im Gang und soll bis 2031 abgeschlossen sein (Stand 2022).

Das Wort für »Schmetterling« ist көбелек *köbelek* [kʏβæˈlæk]. Ein Synonym ist елбелек *elbelek* [ælbæˈlæk]. Ein Wort für »Motte« ist күйе küye.

Quellen: vgl. Clauson, An Etymological Dictionary of Pre-Thirteenth-Century Turkish 1972: 689; 754; http://www.lugat.kz/?lang=eng; https://en.wiktionary.org/wiki; https://glosbe.com/en/kk/butterfly; https://omniglot.com/writing/kazakh.htm (zuletzt eingesehen am 15.10.2020); sowie schließlich: https://www.ethnologue.com/language/kaz (zuletzt eingesehen am 20.6.2022).

45. Kumykisch *(Qumuq)* ist eine kiptschakische (westliche) Turksprache, die von ca. 450 000 Native Speakers in Russland, genauer am Kaspischen Meer nördlich des Kaukasus, gesprochen wird. Kumykisch wurde mit dem arabischen und dem lateinischen Alphabet geschrieben, heute ist das kyrillische Alphabet üblich.

Das Wort für »Schmetterling« ist гюмелек *gümelek* [gʏmeˈlek]. Daneben gibt es auch die Variante гёбелек *göbelek* [gœbeˈlek].

Quellen: vgl. Clauson, An Etymological Dictionary of Pre-Thirteenth-Century Turkish 1972: 689; 754; https://glosbe.com/en/kum/butterfly; zur Aussprache: https://omniglot.com/writing/kumyk.php (zuletzt eingesehen am 8.12.2020); https://www.ethnologue.com/language/kum (zuletzt eingesehen am 20.6.2022).

46. Baschkirisch *(Bashkir, Bashkort)* ist eine kiptschakische (westliche) Turksprache und wird hauptsächlich in der Republik Baschkortostan im Südwesten Russlands (westlich des Uralgebirges) von ca. 1,1 Millionen Menschen gesprochen, darüber hinaus in den umliegenden Regionen Russlands und von ca. 100 000 Native Speakers in Kasachstan. Baschkirisch wurde lange mit dem arabischen Alphabet geschrieben, dann auch mit dem lateinischen Alphabet. Seit 1940 bis heute wird das kyrillische Alphabet gebraucht.

Das Wort für »Schmetterling« ist күбәләк *kübäläk* [kʏβæˈlæk]. Für Motte wird көйә *köjä* gesagt.

Quellen: vgl. https://www.freelang.net/online/bashkir.php?lg=gb; https://glosbe.com/en/ba; zur Aussprache vgl. auch https://omniglot.com/writing/bashkir.htm (zuletzt eingesehen am 8.12.2020); sowie schließlich: https://www.ethnologue.com/language/bak (zuletzt eingesehen am 20.6.2022).

II.1.3 Karlukischer Zweig (Süd-Ost-Türkisch)

47. Usbekisch *(O'zbek, O'zbekcha, Uzbek)* gehört zum karlukischen (südöstlichen) Zweig der Turksprachen. Usbekisch wird hauptsächlich in Usbekistan und den umliegenden Ländern von ca. 30 Millionen Native Speakers gesprochen. Usbekisch wurde lange mit dem arabischen Alphabet geschrieben, dann seit 1940 mit dem kyrillischen Alphabet. Heute jedoch wird es mit dem lateinischen Alphabet geschrieben.

Der Schmetterling heißt im Usbekischen *kȧpȧlȧk* (auch: *kapalak*) [kapalak]. Die Motte wird *küyȧ* oder *parvona* genannt, wobei Letzteres wohl ein Lehnwort aus einer iranischen Sprache ist.

Quellen: vgl. Clauson, An Etymological Dictionary of Pre-Thirteenth-Century Turkish 1972: 689; 754; Erickson et al., Uzbek-English dictionary, https://ctild.indiana.edu/Main/Uzbek-EnglishDictionary; sowie auch: https://en.glosbe.com/en/uz/butterfly; https://omniglot.com/writing/uzbek.htm (zuletzt eingesehen am 8.12.2020); ferner auch: https://www.ethnologue.com/language/uzn; https://www.ethnologue.com/language/uzs (zuletzt eingesehen am 20.6.2022).

48. Uigurisch *(Uyghur tili, Uiguir, Uigur, Uyghur)* ist eine karlukische (südöstliche) Turksprache, die von 25 Millionen Native Speakers vorwiegend in der Autonomen Region Xinjiang-Uyghur im Nordwesten Chinas gesprochen wird. Uigurisch wurde ursprünglich im Orkhon-Runenalphabet geschrieben, dann in verschiedenen Versionen des lateinischen, kyrillischen und arabischen Alphabets. Seit 1987 ist Arabisch die offizielle Schrift in der Autonomen Region Xinjiang Uyghur im Nordwesten Chinas. Seit 2018 ist die uigurische Bevölkerung massiven Repressalien in chinesischen Umerziehungslagern ausgesetzt, die einem Ethnozid gleichkommen.

Das Wort كىپىنەك / кипинәк *kipinek* [kipinɛk] wird für »Schmetterling« gebraucht. Die Motte wird پەرۋانە / пәрванә *pervane* genannt, wohl ein Lehnwort aus einer iranischen Sprache.

Quellen: vgl. English-Uyghur Dictionary: http://www.uighurdictionary.com/butterfly/; sowie auch: https://en.glosbe.com/en/ug/butterfly; https://omniglot.com/writing/uyghur.htm (zuletzt eingesehen am 8.12.2020); https://www.ethnologue.com/language/uig (zuletzt eingesehen am 20.6.2022).

II.1.4 Sibirischer Zweig (Nordosttürkisch)

49. Yakutisch *(Saxa tıla, Sakha)* gehört zum sibirischen Zweig der Turksprachen. Yakutisch wird im Nordosten Russlands von ca. 450 000 Native Speakers gesprochen. Als Schrift wird das kyrillische Alphabet benutzt (nur kurz gab es im 20. Jh. (1929–1939) ein lateinisches Alphabet).

Als Wörter für »Schmetterling« gibt es die beiden Lexeme үрүмэччи *ürümäčči* [yry'mɛʧ:ɪ] (Varianten: *ürümäččik*, *ürümätči*) und лыах *lıax* [lɯax], die anscheinend auch für Motten gebraucht werden können. Etymologisch kommt das Wort *ürümäčči* von *ürümä* »Häutchen«, wohl wegen der dünnhäutigen Schmetterlingsflügel.

Quellen: vgl. Hauenschild, Lexikon jakutischer Tierbezeichnungen 2008: 183; Straughn, Sakha-English Dictionary 2006: 47; sowie ferner auch: https://glosbe.com/en/sah; https://omniglot.com/writing/yakut.htm (zuletzt eingesehen am 28.11.2020); https://www.ethnologue.com/language/sah (zuletzt eingesehen am 20.6.2022).

II.2 Mongolische Sprachen

50. Khalkha *(Mongol khel, Halh, Halha, Khalkha-Mongolian)* ist die in der Mongolei verwendete Standardsprache innerhalb der mongolischen Sprachfamilie, die weitere Sprachen und Dialekte wie Kalmükisch und Buryatisch umfasst. Khalkha wird von ca. fünf Millionen Menschen vor allem in der Mongolei, China, Russland und Kirgisistan als Muttersprache verendet. Für das ältere Mongolische wurden viele verschiedene Schriften verendet, u. a. die Alt-Uyghurische Schrift und verschiedene tibetische Schriften. Seit 1941 wird das kyrillische Alphabet verwendet.

Der Schmetterling heißt im Mongolischen эрвээхэй *ervēxej* [erw̜eːxej]. Dieses Wort wird offenbar mit dem adjektivischen Zusatz цагаан *tsagaan* »weiß« für »Motte« gebraucht, die also ein »weißer Schmetterling« ist: цагаан эрвээхэй [ts^{h}agaːn erw̜eːxej].

Quellen: vgl. Bolor Mongolian Dictionary: http://www.bolor-toli.com/; https://glosbe.com/en/mn/butterfly; https://omniglot.com/writing/mongolian.htm; https://www.masteranylanguage.com/c/l/o/WP12342-Mongolian-Colors-white (zuletzt eingesehen am 8.12.2020); https://www.ethnologue.com/language/khk (zuletzt eingesehen am 20.6.2022).

II.3 Tungusische Sprachen

51. Even *(Ewen, Evenki, Ewenkī, Evenk, Sulong)* ist eine Sprache aus der tungusischen Sprachfamilie. Even wird von ca. 15 000 Personen im Nordosten Russlands und im Nordosten Chinas als Muttersprache gesprochen. Das hauptsächliche Verbreitungsgebiet ist das nordöstliche Sibirien zwischen der Halbinsel Kamtschatka im Osten, dem sibirischen Fluss Lena im Westen, der arktischen Küste im Norden und dem Aldan, einem Nebenfluss der Lena, im Süden, ferner die Provinz Heilongjiang im Nordosten Chinas. Even wird mit dem kyrillischen und lateinischen Alphabet geschrieben. Even ist eine stark gefährdete Sprache, nicht zuletzt wegen der langjährigen repressiven Sprachpolitik in Russland.

Das Wort für »Schmetterling« im Even ist докал *dokal* [dokal]. Weitere Angaben konnten leider nicht gefunden werden.

Quellen: vgl. https://glosbe.com/en/eve/butterfly; https://omniglot.com/writing/even.htm (zuletzt eingesehen am 9.12.2020); https://www.ethnologue.com/language/evn (zuletzt eingesehen am 20.6.2022).

II.4 Finnisch-Ugrische Sprachen

II.4.1 Finnischer Zweig

52. Finnisch *(Suomi)* gehört zur nordfinnischen Untergruppe des finnischen Zweigs der finnougrischen Sprachfamilie, die wiederum ein Teil der größeren Familie der uralischen Sprachen ist. Finnisch wird von ca. 5,8 Millionen Menschen als Muttersprache gesprochen, davon ca. 5,4 Millionen in Finnland, ferner in Norwegen, Schweden und Russland. Finnisch wird mit dem lateinischen Alphabet geschrieben.

Der Schmetterling heißt im Finnischen *perhonen* [ˈperhonen], was auch für »Motte« verwendet wird. Speziell der Tagfalter heißt *päiväperhonen*. Es gibt auch die poetische Kurzform *perho*. Die Motte heißt *koi*, kann aber auch durch *yöperhonen* (»Nachtfalter«) bezeichnet werden.

Quellen: vgl. https://en.wiktionary.org/wiki/perhonen; https://en.bab.la/dictionary/english-finnish/moth; https://www.dict.com/finnisch-deutsch/p%C3%A4iv%C3%A4perhonen; https://en.glosbe.com/en/fi/butterfly; https://omniglot.com/writing/finnish.htm (zuletzt eingesehen am 9.12.2020); schließlich auch: https://www.ethnologue.com/language/fin (zuletzt eingesehen am 20.6.2022).

53. Saami *(Sámi, Sami, Same)* ist eine Sprachfamilie, die ein Zweig der uralischen Sprachfamilie ist. Saami-Sprachen werden von ungefähr 30 000 Native Speakers im mittleren und nördlichen Teil von Norwegen und Schweden, im Norden Finnlands und im äußersten Nordwesten Russlands (Kola-Halbinsel) gesprochen. Saami wird mit dem lateinischen Alphabet geschrieben. Einige der Saami-Sprachen sind sehr gefährdet oder im Sterben begriffen.

Im nördlichen Saami heißt der Schmetterling *beaiveloddi* [ˈbeɑiveloddi]. Dieser Ausdruck setzt sich aus *beaive* (»Tag«, »Sonne«) und *loddi* (»Vogel«) zusammen. Der Schmetterling ist im nördlichen Saami also der »Tagvogel« oder der »Sonnenvogel«. Lexikalische Varianten der Schmetterlingsausdrücke in weiteren Sprachen/Dialekten des Saami sind *lablok* und *lib^{e}lak*.

Quellen: vgl. http://www.uralonet.nytud.hu/eintrag.cgi?id_eintrag=508; https://ids.clld.org/parameters/3-920#2/51.2/153.3; https://omniglot.com/writing/saami.htm (zuletzt eingesehen am 3.12.2020); https://www.ethnologue.com/language/sme (zuletzt eingesehen am 20.6.2022).

54. Estnisch *(Eesti, Eesti keel)* gehört zur südfinnischen Untergruppe des finnischen Zweigs der finnougrischen Sprachfamilie, die wiederum zur uralischen Sprachfamilie zu zählen ist. Estnisch wird von ca. 1,1 Millionen Menschen als Muttersprache gesprochen, vor allem in Estland (ca. 920 000), aber auch in Finnland und weiteren Ländern. Estnisch wird mit dem lateinischen Alphabet geschrieben.

Der Ausdruck *liblikas* [ˈliblikas] steht im Estnischen für »Schmetterling«. Lexikalische Varinten sind *librik* und *lible*. Für die Motte, speziell die Kleidermotte, wird *koi* gesagt. Der Nachtfalter/die Motte heißen auch *öö liblikas* (*öö* »Nacht« + *liblikas*; vgl. oben zu Finnisch).

Quellen: vgl. English-Estonian Dictionary, http://dict.ibs.ee/translate.cgi?word=butterfly&language=English; http://www.uralonet.nytud.hu/eintrag.cgi?locale=de_DE&id_eintrag=508; https://en.glosbe.com/en/et/butterfly; https://omniglot.com/writing/estonian.htm (zuletzt eingesehen am 9.12.2020); schließlich auch: https://www.ethnologue.com/language/ekk (zuletzt eingesehen am 20.6.2022).

II.4.2 Ugrischer Zweig

55. Ungarisch *(Magyar)* gehört zum ugrischen Zweig der finnougrischen Sprachen, die wiederum ein Teil der uralischen Sprachfamilie sind. Ungarisch wird von 13 Millionen Menschen, vor allem in Ungarn (dort 9,8 Millionen), als Muttersprache gesprochen, aber auch in den umliegenden europäischen Ländern (z. B. Slowakei, Ukraine, Rumänien, Serbien, Kroatien, Slowenien und Österreich) sprechen unterschiedlich große Minderheiten Ungarisch. Als Schrift wird das lateinische Alphabet verwendet.

Der Schmetterling heißt im Ungarischen *pillangó* [ˈpilːɒŋgoː]. Gemeint ist hier typischerweise der farbenprächtige Tagfalter, also ein »schöner« Schmetterling. Metaphorisch wird *pillangó* auch androzentrisch in der Bedeutung »Prostituierte« verwendet. Der zweite, ebenfalls hochfrequente Basisausdruck *lepke* [ˈlɛpkɛ] wird ebenfalls für Tagfalter, aber als Sammelbegriff für optisch eher weniger ansehnliche Spezies verwendet.

Dies unterscheidet Ungarisch von vielen anderen Sprachen, die dem Basisausdruck für Tagfalter morphologisch komplexere, markierte Ausdrücke für Nachtfalter gegenüberstellen. Für die Motte werden im Ungarischen viele Ausdrücke, z. B. *moly*, *pille*, *lepkék*, *lepkefélék* oder auch *éjjeli lepke* (»Nachtfalter«) verwendet.

Etymologisch geht *lepke* als eine Suffixableitung auf eine urugrische Form **läppə* zurück (vgl. oben zu Saami *lablok* und Estnisch *liblikas*, unten zu Khanty *lawanti*).

Quellen: vgl. http://szotar.sztaki.hu/en/search?fromlang=eng&tolang=hun&searchWord=-butterfly; sowie ferner: https://www.dict.com/hungarian-english/lepke; und schließlich: https://en.glosbe.com/en/hu/butterfly; http://www.uralonet.nytud.hu/eintrag.cgi?id_eintrag=508 (zuletzt eingesehen am 9.12.2020); schließlich auch: https://www.ethnologue.com/language/hun (zuletzt eingesehen am 20.6.2022).

56. Khanty *(Hantĭ jasaň; Hanty, Xanty, Ostjakisch)* gehört zum obugrischen Zweig der ugrischen Sprachen, die wiederum ein Teil finnougrischen Sprachen und somit der größeren uralischen Sprachfamilie sind. Khanty wird von knapp 10 000 Menschen im Nordwesten Sibiriens am großen sibirischen Fluss Ob gesprochen. Khanty zerfällt in zahlreiche Dialekte, die z. T. gegenseitig nicht verständlich sind und deshalb auch als Sprachen angesehen werden können. Khanty wird mit dem kyrillischen Alphabet geschrieben. Khanty ist eine stark gefährdete Sprache.

Im Khanty gibt es die folgenden drei Schmetterlingsausdrücke: *lawanti* (im Transkriptionssystem des Datennetzwerks Uralonet zu den uralischen Sprachen: *ḷăwańṭi̮*), *lepäntaj* (Uralonet: *lĕpəntàj*) und *lapati* (Uralonet: *lapatı*). Weitere Angaben konnten leider nicht gefunden werden.

Quellen: vgl. http://www.uralonet.nytud.hu/eintrag.cgi?id_eintrag=508; sowie ferner auch: https://omniglot.com/writing/khanty.htm; https://www.freelang.net/online/khanty.php?lg=gb (zuletzt eingesehen am 10.12.2020); schließlich auch: https://www.ethnologue.com/language/kca (zuletzt eingesehen am 20.6.2022).

II.5 Kaukasussprachen

Die kaukasischen Sprachen werden nur geografisch zu einer Gruppe von Sprachen zusammengefasst, ohne dass alle miteinander verwandt wären.

Es gibt jedoch Untergruppen der Kaukasussprachen, die jeweils miteinander verwandt sind: 1. die nordwestlichen Kaukasussprachen (abchasisch-adygische Sprachen); 2. die südkaukasischen Sprachen (kartvelische Sprachen); 3. die nordostkaukasischen Sprachen (nachisch-dagestanische Sprachen).

II.5.1 Kartvelische (Südkaukasische Sprachen)

57. Georgisch *(Kartuli)* gehört zum südlichen (kartvelischen) Zweig der Kaukasussprachen. Es wird von ca. 3,4 Millionen Menschen vor allen in Georgien, aber auch den umliegenden Ländern als Muttersprache gesprochen. Georgisch wird (nach Gebrauch verschiedener Vorformen ab dem 4. Jh. n. Chr.) seit ca. 800 Jahren im Mkedhruli-Alphabet geschrieben.

Das georgische Wort für »Schmetterling« ist პეპელა *pepela* [p'ɛp'ɛla], was auch »Motte« bedeuten kann. Daneben gibt es auch noch das weitgehend synonyme Wort ფარვანა *p'arwana*, wohl ein persisches Lehnwort. Für »Motte« wird auch ჩრჩილი *črčili* gesagt, was aber die Kleidermotte im engeren Sinn bezeichnet. Etymologisch lässt sich *pepela* auf eine reduplizierte Form der protokartvelischen Wurzel **p'er-* »fliegen« zurückführen.

Hier fällt die Ähnlichkeit zu reduplizierten indoeuropäischen Formen wie lat. *papilio* »Schmetterling« auf, die auf Entlehnung beruhen, aber auch auf die lautmalerische Tendenz zur Reduplikation zurückzuführen sein könnte, die quer durch die Kontinente und Sprachfamilien in Schmetterlingsausdrücken beobachtet werden kann (vgl. oben Kap. 3.2.2).

Quellen: vgl. Jelden Deutsch-Georgisches/Georgisch-deutsches Wörterbuch 2001: 119; Kurdadze, Georgian-Megrelian-Laz-Svan-English Dictionary 2015: 178; https://omniglot.com/writing/georgian.htm; https://glosbe.com/en/ka/butterfly; https://en.wiktionary.org/wiki; (zuletzt eingesehen am 10.12.2020); schließlich auch: https://www.ethnologue.com/language/kat (zuletzt eingesehen am 20.6.2022).

58. Mingrelisch *(Margaluri nina, Megrelian)* ist eine südkaukasische (kartvelische) Sprache und wird von ca. 350 000 Menschen im Westen Georgiens als Muttersprache gesprochen. Mingrelisch wird mit dem georgischen Alphabet geschrieben. Durch seine schwache sprachpolitische Stellung ist das Mingrelische als eine potenziell gefährdete Sprache anzusehen.

Der Schmetterling heißt im Mingrelischen ფარფალია *parpalia* [parpalia]. Wörter für Motte sind ჩინჩი *činči* [ʧinʧi] bzw. ჩიჩი *čiči* [ʧiʧi].

Quellen: vgl. Georgian-Megrelian-Laz-Svan-English Dictionary 2015: 178; https://glosbe.com/en/xmf/butterfly; https://www.freelang.net/online/mingrelian.php?lg=gb; https://omniglot.com/writing/mingrelian.htm (zuletzt eingesehen am 11.12.2020); https://www.ethnologue.com/language/xmf (zuletzt eingesehen am 21.6.2022).

II.5.2 Nachisch-daghestanische Sprachen (Nordostkaukasische Sprachen)

59. Tschetschenisch *(Noxchiin mott, Chechen)* gehört zu den nordöstlichen Kaukasussprachen und wird von ca. 1,4 Millionen Menschen in Russland (Tschetschenische Republik) gesprochen. Tschetschenisch wurde ursprünglich im arabischen Alphabet geschrieben, im Laufe des 20. Jh.s zeitweise im lateinischen Alphabet. Heute wird Tschetschenisch mit dem kyrillischen Alphabet geschrieben.

Der Schmetterling heißt im Tschetschenischen полла *polla* [polla]. Varianten sind поллин *pollin* [pollin] und поллина *pollina* [pollina]. Weitere Angaben konnten leider nicht gefunden werden.

Quellen: vgl. http://erwinkomen.ruhosting.nl/che/dict/lexicon/main.htm; sowie ferner auch: https://omniglot.com/writing/chechen.htm (zuletzt eingesehen am 11.12.2020); schließlich: https://www.ethnologue.com/language/che (zuletzt eingesehen am 21.6.2022).

II.6 Afroasiatische Sprachen

II.6.1 Semitische Sprachen

II.6.1.1 Zentralsemitische Sprachen

60. (Modernes) Standard-Arabisch *(Al-ʾArabiyya)* gehört zur zentralsemitischen Untergruppe (mit Aramäisch und Hebräisch) des westsemitischen Zweigs der semitischen Sprachfamilie. Diese wiederum ist Teil der großen afroasiatischen Sprachfamilie.

Die ostsemitischen Sprachen sind durch das als gesprochene Sprache ausgestorbene Akkadische seit 2600 v. Chr. überliefert, das sich in seinen Dialekten Babylonisch und Assyrisch weiterentwickelte und eine der großen Literatursprachen der Menschheit ist (vgl. z. B. das *Gilgamesch*-Epos). Im Babylonischen heißt der Schmetterling *kurṣiptu* oder *kurmittu*. Zu den südsemitischen Sprachen vgl. unten zu Amharisch.

Standard-Arabisch wird von ca. 310 Millionen Menschen als Muttersprache und von weiteren ca. 270 Millionen als Zweitsprache gesprochen, was es nach Englisch, Chinesisch, Hindi und Spanisch zur fünftgrößten Sprache der Welt macht.

Standard-Arabisch wird in der gesamten arabischen Welt einigermaßen verstanden, d. h. in allen arabischen Staaten Nordafrikas und des Nahen Ostens inklusive der Arabischen Halbinsel. Die mündlichen Varianten des Arabischen sind bei größerer geografischer Distanz dagegen nicht gegenseitig verständlich und werden hier deswegen als eigene Sprachen aufgefasst. Arabisch wird seit dem 4. Jh. n. Chr. im arabischen Alphabet geschrieben, das eine Konsonantenschrift ist und von rechts nach links geschrieben wird. Nur im Koran *(Qur'an)* und in Lehrbüchern werden Zusatzzeichen verwendet, um die Vokale zu kennzeichnen. Die Sprache des Koran wird als Klassisches Arabisch bezeichnet.

Der Ausdruck für »Schmetterling« im Standard-Arabischen ist فراشة. Die Transkription im lateinischen Alphabet lautet *farāša*, die phonetische Umschrift ist [faˈraːʃa]. Dieses Wort wird auch für »Motte« gebraucht. Die Form *farāša* ist eine Individualbezeichnung (ein sogenanntes *nomen unitatis* oder Singulativum). Das Grundwort ist eine Kollektivbezeichnung, nämlich *farāš* [faˈraːʃ]: »Schmetterlinge, Motten« (als Art bzw. Gattung aufgefasst).

Die Bedeutung der arabischen Wortwurzel, auf die sich *farāša* zurückführen lässt, nämlich *f-r-š*, ist »ausbreiten«. Hier liegt wohl die Idee des Ausbreitens der Flügel des Schmetterlings zugrunde.

Für den Nachtfalter gibt es die Ausdrücke فراشة الليل [faˈraːʃat al-lail] und فراشة ليلية [faˈraːʃa laiˈliːya]. Ein Ausdruck speziell für »Motte« ist [ʕuθθa]; auch in der Variante [ʕaθθa].

Der Ausdruck [faˈraːʃa] wird metaphorisch auch für den Schmetterlingsschwimmstil verwendet. Eine besonders schöne Wortverbindung ist im jemenitischen Arabisch zu finden, wo bestimmte Schmetterlinge *farāš al-ʕinab* »Schmetterlinge der Trauben« genannt werden, weil sie im Juli in den Weingärten auftauchen (vgl. Piamenta 1991: 370).

Im Koran kommt der Ausdruck *farāša* nur einmal in der Bedeutung »Motte« vor, und zwar in Sure 101 Vers 4, wo es um den Jüngsten Tag geht: يَوْمَ يَكُونُ النَّاسُ كَالْفَرَاشِ الْمَبْثُوثِ: *yawma yakūnu n-nāsu ka-l-farāši l-mabṯūṯi* (»Am Tag, da die Menschen wie (versengte) Motten sein werden, die verstreut (am Boden) liegen«; Übersetzung nach Rudi Paret).

In der arabischen Kalligrafie, die eine über tausend Jahre alte Tradition hat, ist das Schmetterlingsmotiv beliebt.

Quellen: vgl. Oxford Arabic Dictionary 2014: 606; Langenscheidt. Taschenwörterbuch Arabisch (2016: 856; 863; 958); https://www.dict.com/arabic-english/butterfly; ferner auch: https://en.glosbe.com/en/ar/butterfly; https://omniglot.com/writing/arabic.htm; https://en.wiktionary.org/فَرَاشَة (zuletzt eingesehen am 11.12.2020); https://www.ethnologue.com/language/ara (zuletzt eingesehen am 21.6.2022).

Die zahlreichen regionalen mündlichen Varianten des Arabischen werden in fünf Gruppen eingeteilt: Peninsulares Arabisch (auf der Arabischen Halbinsel), mesopotamisches Arabisch (im Irak, in Nordostsyrien, der Südosttürkei und im Iran), levantinisches Arabisch (im Libanon, in Syrien, in Palästina, Jordanien und in der südlichen Türkei), ägypto-sudanisches Arabisch (in Ägypten, im Sudan und im Tschad) sowie *Maghrebi-* bzw. westliches Arabisch (in Marokko, Algerien, Tunesien, Libyen und Mauretanien). In diesen mündlichen Sprachvarietäten gibt es zahlreiche phonetisch (z. T. leicht, z. T. stärker) vom schriftlichen Standard-Arabischen abweichende Schmetterlingsausdrücke, wie z. B. die im Folgenden aufgelisteten.

Die maghrebinischen Basisausdrücke für »Schmetterling« sind aus den Berbersprachen entlehnt, die mit den semitischen Sprachen verwandt sind und wie diese zur großen afroasiatischen Sprachfamilie gehören. Im Tamazight, einer Berbersprache in Zentralmarokko, heißt der Schmetterling *ferṭiṭu* bzw. *aferṭiṭu* (vgl. Taifi 1992: 129).

61. Marokko-Arabisch *(Darija)* hat ca. 23 Millionen Native Speakers. Im marokkanischen Arabisch heißt der Schmetterling (auch der Nachtfalter) *ferṭeṭṭo* bzw. *bu-ferṭeṭṭo* [bu fertˤet:ˤo], wobei auch viele regionale Varianten auftreten, wie z. B. *fəṛṭaṭṭo*, *fəṛṭēṭo* und *fṛēṭṭo*. Daneben gibt es weitere regionale Ausdrücke wie *šrāllo* für »Schmetterling«. Der Ausdruck *bšira* wird speziell für »Motte« verwendet.

Quellen: vgl. Prémare, Dictionnaire Arabe-Français: Langue et Culture Marocaines 1993: I 238; X: 73; VII: 87; https://glosbe.com/en/ary/butterfly; https://omniglot.com/writing/arabic_moroccan.htm (zuletzt eingesehen am 12.12.2020); https://www.ethnologue.com/language/ary (zuletzt eingesehen am 21.6.2022).

62. Algerien-Arabisch *(El'aamia)* hat ca. 30 Millionen Native Speakers. Hier heißt der Schmetterling *ferṭeṭṭu* bzw. *bu ferṭeṭṭu* [bu fertˁet:ˁu], daneben in Westalgerien auch *farṭeṭṭo*. Weiters existiert das französische Lehnwort *papiyon*.

Quellen: vgl. Ben Sedira Dictionnaire Français-Arabe 2001: 438; Madouni Dictionnaire Arabe Algérien-Français 2003: 376; https://glosbe.com/en/arq/butterfly; https://omniglot.com/writing/arabic_algerian.htm (zuletzt eingesehen am 12.12.2020); https://www.ethnologue.com/language/arq (zuletzt eingesehen am 21.6.2022).

63. Tunesien-Arabisch *(Derya)* hat ca. elf Millionen Native Speakers. Der Ausdruck für »Schmetterling« im tunesischen Arabisch ist *farṭaṭṭu* [fɑrˈtˁɑt:ˁu], daneben auch *farṭaṭu*. Auch noch im libyischen Arabisch heißt der Schmetterling *farṭaṭu*.

Quellen: vgl. Singer Grammatik der arabischen Mundart der Medina von Tunis 1984: 574; Griffini L'arabo parlato delle Libia 1913: 112; sowie ferner auch: https://omniglot.com/writing/arabic_tunisian.htm; https://glosbe.com/en/aeb/butterfly (zuletzt eingesehen am 12.12.2020); schließlich auch: https://www.ethnologue.com/language/aeb (zuletzt eingesehen am 21.6.2022).

64. Maltesisch *(Malti)* gehört zu den maghrebinischen Varietäten des gesprochenen Arabisch, hat aber starke Wortschatzanteile aus dem (sizilianischen) Italienisch und dem Englischen entlehnt. Maltesisch ist bis zu einem gewissen Grad gegenseitig verständlich mit dem tunesischen Arabisch. Maltesisch wird von ca. 520 000 Menschen auf Malta als Muttersprache gesprochen. Maltesisch ist die einzige semitische Sprache, die mit dem lateinischen Alphabet geschrieben wird.

Der Schmetterling heißt im Maltesischen *farfett* [fɐrˈfɛtː]. Das Wort für »Nachtfalter« ist *farfett il-leyl*. Ein Ausdruck für Motte ist *kamla*.

Quellen: vgl. https://mlrs.research.um.edu.mt/resources/gabra/lexemes?s=butterfly; Schembri, Broken Plural in Maltese 2012: 79; https://en.glosbe.com/en/mt/butterfly; https://en.wiktionary.org/wiki/farfett; https://omniglot.com/writing/maltese.htm (zuletzt eingesehen am 12.12.2020); vgl. schließlich auch: https://www.ethnologue.com/language/mlt (zuletzt eingesehen am 21.6.2022).

65. Ägyptisch-Arabisch *(Ammi, Masri)* hat ca. 67 Millionen Native Speakers. Hier gibt es wie im Irakisch-Arabischen einen dem Standard-Arabischen nahestehenden entsprechenden Ausdruck für »Schmetterling« und »Motte«: *farāš* [faraːʃ]. Daneben existiert auch noch ein metaphorischer Ausdruck, der für die Motte gebraucht wird: *ʾabu dʔīʔ* [ʔæbo dʔiːʔ] »der Vater des Mehls«.

Quellen: vgl. Woidich, Wörterbuch Deutsch-Ägyptisch Arabisch 2020: 568; vgl. ferner auch: https://eu.lisaanmasry.org/online/word.php?ui=en&id=25719&cn=3; sowie: https://glosbe.com/de/arz/Schmetterling; https://en.wiktionary.org/wiki/بُو دقيق; http://www.egyptianarabicdictionary.com/online/word.php?ui=&id=1855 (zuletzt eingesehen am 12.12.2020); https://www.ethnologue.com/language/arz (zuletzt eingesehen am 21.6.2022).

66. Iraqi-Arabisch *(Furati, Baghdadi)* hat ca. 16 Millionen Native Speakers. Der Ausdruck für »Schmetterling« und »Motte« im irakischen Arabisch ist *farraaš* [farraːʃ], was nahe am Standard-Arabischen ist. Auch im levantinischen Arabisch von Palästina heißt der Schmetterling ähnlich wie im Iraq und Ägypten *farāš*.

Quellen: vgl. Clarity et al., A Dictionary of Iraqi Arabic 2003: 349; Maamouri, The Georgetown Dictionar of Iraqi Arabic 2013: 436f.; Elihai, The Olive Tree Dictionary: A Transliterated Dictionary of Conversational Eastern Arabic (Palestinian) 2004: 125; https://www.ethnologue.com/language/acm (zuletzt eingesehen am 21.6.2022).

67. Modernes Hebräisch *(Ivrit, Ivrít ḥadašá[h], Ivrith)* ist eine zentralsemitische Sprache im westlichen Zweig der semitischen Sprachen, die wiederum zur großen afroasiatischen Sprachfamilie gehören. Bibelhebräisch ist seit dem 10. Jh. v. Chr. schriftlich bezeugt. Das moderne Hebräisch wurde von Eliezer Ben Yehuda (1858–1922) auf der Basis des Bibelhebräischen sowie späterer Sprachstufen wie der *Mischna* (eine frühe Gesetzestextsammlung aus dem 3. Jh. n. Chr., die Grundlage des *Talmud*) und Jiddisch geschaffen.

Modernes Hebräisch wird in Israel von ca. fünf Millionen Menschen als Muttersprache gesprochen, zu denen vier Millionen Menschen hinzukommen, die Ivrit als Zweitsprache sprechen. Modernes Hebräisch wird mit dem seit dem 3. Jh. v. Chr. entwickelten, aus dem aramäischen Alphabet hervorgegangenen hebräischen Alphabet geschrieben, das eine von rechts nach links geschriebene Konsonantenschrift ist. Für den Bibeltext werden seit ca. 750 n. Chr. zusätzliche Zeichen für Vokale verwendet.

Der Schmetterling heißt im modernen Hebräischen פרפר (konsonantische Transliteration: prpr) *parpar* [paʁˈpaʁ]. Metaphorisch steht *parpar* auch für die »Flügelmutter« und die »Fliege« (Querbinder, »Mascherl«) als Kleidungsstück. Wörter für Motte sind עָשׁ *'ash* [aʃ] und זחל *zakhal.*

Das Wort *parpar* für »Schmetterling« wurde anscheinend erst von Eliezer Ben Yehuda 1910 für »Schmetterling« geschaffen. Für das offenkundig lautmalerische Wort könnten zwei etymologische Quellen angenommen werden: Entweder war Ben Yehuda von arabisch فرفر *farfara* »flattern«, »zittern«, »sich schütteln« inspiriert (davon auch z.B. arab. *farfar* »kleiner Vogel«); oder er ging aufgrund seiner Kenntnis romanischer Sprachen wie Französisch und Italienisch von ital. *farfalla* aus.

In der Bibel taucht kein spezifisches Wort für »Schmetterling« auf. Aber seit älterer Zeit wurde das schon früh (in der *Mischna*, d.h. seit ca. dem 3. Jh. n. Chr.) für fliegende Insekten generell verwendete Wort ציפורת *(tziporet)* in der komplexen Zusammensetzung ציפורת כרמים (*tziporet kramim*, »Weingarteninsekt«) für »Schmetterling« gebraucht.

Quellen: vgl. https://en.glosbe.com/en/he/butterfly; https://www.dict.com/hebrew-english/פרפר; https://en.wiktionary.org/wiki/פרפר; sowie ferner: http://www.balashon.com/2015/01/fanfare-and-parpar.html; https://omniglot.com/writing/hebrew.htm (zuletzt eingesehen am 12.12.2020); schließlich auch: https://www.ethnologue.com/language/heb (zuletzt eingesehen am 21.6.2022).

II.6.1.2 Südsemitische Sprachen

68. Amharisch *(Amarəñña, Amharic)* gehört zur südsemitischen Untergruppe des westlichen Zweigs der semitischen Sprachen und damit zur großen Sprachfamilie der afroasiatischen Sprachen. Amharisch wird von ca. 31 Millionen Menschen als Muttersprache gesprochen, vor allem in Äthiopien und Eritrea, dazu von über 20 Millionen Menschen als Zweitsprache. Amharisch wird mit einer als *Fidäl* bezeichneten Weiterentwicklung der Ge'ez-Schrift geschrieben, die eine Kombination aus Silbenschrift und Alphabetschrift darstellt.

Geʿez (Altäthiopisch, Klassisches Äthiopisch) wurde im Mittelalter gesprochen und dient heute noch als Sprache der christlichen Liturgie in Äthiopien. Im Altäthiopischen heißt der Schmetterling *ṣənbəlāl* oder *hasen*, der Nachtfalter *fərfərt*.

Das Wort für »Schmetterling« im Amharischen ist ቢራቢሮ *birabiro* [birabiro]. Der Nachtfalter wird የእሳት እራት *yäïsat ïrat* genannt. Die Motte heißt እሳት እራት *esat erat* [ʔəsat ʔərat].

Quellen: vgl. Leslau, A comparative dictionary of Geʿez (Classical Ethiopic) 1991: 559; https://www.amharicpro.com/index.php?dr=100&searchkey=butterfly; https://glosbe.com/en/am/butterfly; vgl. ferner auch: https://omniglot.com/writing/amharic.htm; https://dictionary.abyssinica.com/butterfly (zuletzt eingesehen am 13.12.2020); https://www.ethnologue.com/language/amh (zuletzt eingesehen am 21.6.2022).

II.6.2 Tschadische Sprachen

69. Hausa *(Haoussa, Abakwariga)* gehört zum westlichen Zweig der tschadischen Sprachen, die wiederum zur großen afroasiatischen Sprachfamilie gehören. Hausa wird von mehr als 50 Millionen Native Speakers und von über 25 Millionen Menschen als Zweitsprache gesprochen, was es zu einer der größten Verkehrssprachen Afrikas macht.

Hausa wird vor allem in Nigeria, Niger, Burkina Faso, Elfenbeinküste, Togo, Ghana und Kamerun gesprochen. Hausa wurde seit dem 17. Jh. mit dem arabischen Alphabet *(Ajami)* geschrieben, das immer noch eingeschränkt in Gebrauch ist. Überwiegend wird Hausa heute aber mit dem lateinischen Alphabet *(Boko)* geschrieben.

Der Schmetterling heißt in Hausa *malam bude littafi* [malam buɗa littafi] oder *malam bude ido* [malam buɗe ido]. Hausa ist eine Tonsprache mit drei Tönen (hoch, tief, fallend), die hier in der Transkription vernachlässigt werden. Daneben scheint auch der Ausdruck *balebale* für »Schmetterling« gebraucht zu werden. Die Motte heißt *asu*.

Quellen: vgl. zu Hausa: https://www.translate.com/dictionary/english-hausa/butterfly-4022613; https://ids.clld.org/parameters/3-920#3/12.21/101.78; ferner auch: https://omniglot.com/writing/hausa.htm; https://kamus.com.ng/display.php?action=show&word=butterfly; ferner: https://glosbe.com/en/ha/butterfly; https://somali.english-dictionary.help/?q=moth (zuletzt eingesehen am 13.12.2020); schließlich auch: https://www.ethnologue.com/language/hau (zuletzt eingesehen am 22.6.2022).

II.6.3 Kuschitische Sprachen

70. Somali *(Af-Soomaali, Afka Soomaaliga)* gehört zum ostkuschitischen Zweig der kuschitischen Sprachen, die wiederum ein Teil der afroasiatischen Sprachfamilie sind. Somali wird von ca. 21 Millionen Menschen gesprochen, davon 16 Millionen Natives Speakers sowie einigen weiteren Millionen von Menschen, die Somali als Zweitsprache verwenden. Somali wird vor allem in Somalia, im südlichen Äthiopien, im östlichen Kenia und in Dschibuti gesprochen. Nach der jahrhundertelangen Verwendung des arabischen Alphabets sowie der Entwicklung mehrerer Schriftsysteme im 20. Jh. wird Somali heute im lateinischen Alphabet geschrieben.

Der Ausdruck für »Schmetterling« in Somali ist *balanbaalis* [balenba:lis] (auch in den Varianten *balambaalis* oder *balambaallis*). Ein weiterer Ausdruck ist *babbisjinni*. Ein Wort für »Nachtfalter« ist *geedaggable*. Ein Ausdruck für »Termite«, *aboor*, scheint auch für »Motte« verwendet zu werden. Somali weist drei Töne auf (hoch, tief, fallend), von denen hier in der phonetischen Umschrift abgesehen wird.

Quellen: vgl. https://translate.google.com/?hl=en&sl=so&tl=en&text=balanbaalis&op=translate; Zorc, David R./Osman, Madina M., Somali-English Dictionary 1993; https://en.glosbe.com/en/so/butterfly; https://www.wordsense.eu/danaine/; https://somali.english-dictionary.help/?q=moth (zuletzt eingesehen am 13.12.2020); https://www.ethnologue.com/language/som (zuletzt eingesehen am 22.6.2022).

II.7 Sinotibetische Sprachen

II.7.1 Sinitisch

71. Mandarin-Chinesisch (*Pǔtōnghuà* (»Gemeinsame Sprache«), *Xiàndài biāozhǔn hànyǔ* (»Moderne Standard-Han-Sprache«), *Standard Chinese*) ist eine Gruppe von gegenseitig z. T. nicht verständlichen Dialekten, die zum sinitischen Zweig der großen sinotibetischen Sprachfamilie gehören. Die Standardsprache *(Pǔtōnghuà)* orientiert sich am Dialekt, der in der Hauptstadt Beijing gesprochen wird. Mandarin-Chinesisch wird von ca. 920 Millionen Menschen als Muttersprache und weiteren ca. 200 Millionen als Zweitsprache gesprochen. Nach der Zahl der Native Speakers ist

Mandarin-Chinesisch somit deutlich vor Englisch die größte Sprache der Welt. Mandarin-Chinesisch wird vor allem in der Volksrepublik China, Taiwan und in Singapur gesprochen, darüber hinaus gibt es große chinesische Minderheiten in asiatischen Ländern wie Vietnam und Malaysia sowie in Europa und den USA. Mandarin-Chinesisch ist eine Amtssprache der UNO.

Mandarin-Chinesisch wird mit einer Bilderschrift (mit sogenannten Logogrammen) geschrieben. Ein Zeichen steht jeweils für ein ganzes Wort. Diese Zeichen werden mit kleineren nationalen Unterschieden im ganzen chinesischen Sprachraum verwendet und ermöglichen somit eine schriftliche Verständigung quer durch die sinitischen Sprachen. Es gibt Zehntausende Zeichen. Die chinesische Schrift wird seit Ende des 2. Jahrtausends v. Chr. verwendet und ist somit das am längsten kontinuierlich verwendete Schriftsystem der Welt. Es gibt eine Umschrift des Mandarin-Chinesischen im lateinischen Alphabet, die *Pīnyīn* genannt wird.

Das Chinesische hat wie andere »klassische Sprachen« (Latein, Altgriechisch, Sanskrit, Babylonisch, Arabisch) eine überragende philosophische und literarische Tradition, zu der unter anderem Philosophen wie Lǎo Zǐ (Lao Zi; 6. Jh. v. Chr.), Kǒng Fūzǐ (Konfuzius; 551–479 v. Chr.) und Zhuāngzǐ (Tschuang-tse; 365–290 v. Chr.) zählen.

Eine der berühmtesten Geschichten von Zhuāngzǐ handelt von einem Schmetterling, der in einem Traum von Zhuāngzǐ fröhlich herumflattert. Dann wird Zhuāngzǐ wach. Hat nun Zhuāngzǐ vom Schmetterling geträumt, oder träumt dieser Schmetterling, er sei Zhuāngzǐ?

Das Wort für »Schmetterling« im Mandarin-Chinesischen ist 蝴蝶 (Pīnyīn:) *húdié* [hú tié]. Chinesisch ist eine Tonsprache mit vier Tönen (hoch, steigend, fallend-steigend, fallend). Bei *húdié* liegt auf beiden Silben der zweite, d.h. der steigende Ton: Auch 蝴 *hú* allein wird für »Schmetterling« verwendet. Das Wort für »Motte« ist 蛾 *é* (ebenfalls zweiter, steigender Ton). Der einschlägige Schwimmstil wird metaphorisch mit 蝶泳 *diéyǒng* ausgedrückt.

Eine mögliche Etymologie von *húdié* ist Mittelchinesisch **ɦuo dep*, das wiederum auf Altchinesisch **ga:lʼe:b* zurückgehen soll. Dabei sind diese rekonstruierten Formen präfigierte Abwandlungen der sinotibetischen

Wurzel **lep* »Schmetterling«, die auch in anderen sinitischen Sprachen wie z. B. im Kantonesischen *(wu dip)* oder in anderen sinotibetischen Sprachen wie im Tibetischen als *phye ma leb* oder im Birmanischen als *leikpya* (vgl. unten) erscheint. Diese Wurzel kann semantisch entweder als »flaches Objekt« oder als »Blitz«, »Glitzern« erklärt werden.

Quellen: vgl. Handwörterbuch Dt.-Chines./Chines.-Dt. 1994: 136; 278; Langenscheidt Großwörterbuch Deutsch-Chinesisch 2008: 1245; https://www.mdbg.net/chinese/dictionary?page=worddict&wdrst=0&wdqb=butterfly; https://dictionary.cambridge.org/dictionary/english-chinese-simplified/butterfly; sowie ferner auch: https://www.collinsdictionary.com/dictionary/english-chinese/butterfly; https://glosbe.com/en/zh/butterfly; https://omniglot.com/chinese/mandarin.htm; https://en.wiktionary.org/wiki/蝴#Chinese (zuletzt eingesehen am 14.12.2020); schließlich auch: https://www.ethnologue.com/language/cmn (zuletzt eingesehen am 22.6.2022).

72. Kantonesisch *(Yueyu, Yut yúh, Guangdong, Cantonese)* ist eine Sprache aus der Yue-Familie des sinitischen Zweigs der sinotibetischen Sprachen. Die Sprachen Kantonesisch und Mandarin-Chinesisch sind nicht gegenseitig verständlich. Kantonesisch wird von ca. 85 Millionen Menschen als Muttersprache gesprochen, vor allem in Südchina (73 Millionen), dort vor allem in großen Städten wie Kanton (Guǎngzhōu), Macao oder Hongkong (Pīnyīn: Xiāng gǎng; Kantonesisch: [hœ́ːŋ.kɔ̌ːŋ]). Kantonesisch wird in chinesischer Schrift geschrieben. Es gibt viele verschiedene Transkriptionen im lateinischen Alphabet, darunter die in Hongkong entwickelte Jyutping-Transliteration.

Das Wort für »Schmetterling« im Kantonesischen ist 蝴蝶 *wu4 dip6* (*wu4* 4. Ton: tief-fallend: [wù]) *dip6* (6. Ton: tief-gleichbleibend: [tìːp]). Kantonesisch ist eine Tonsprache mit sechs (nach anderer Klassifikation: neun) Tönen: 1 hoch gleichbleibend, 2 mittel steigend, 3 mittel gleichbleibend, 4 tief fallend, 5 tief steigend, 6 tief gleichbleibend.

Das Wort für »Motte« im Kantonesischen ist 飛蛾 *feil ngó4*. Eine aus Südchina stammende Kampfsportwaffe wird kantonesisch *wu dip seung dou* (蝴蝶雙刀), d. h. »Schmetterlingsschwert«, genannt.

Quellen: https://cantonese.org/search.php?q=蝴蝶; http://www.cantonese.sheik.co.uk/dictionary/words/32398/; https://omniglot.com/chinese/cantonese.htm (zuletzt eingesehen am 15.12.2020); sowie schließlich: https://www.ethnologue.com/language/yue (zuletzt eingesehen am 22.6.2022).

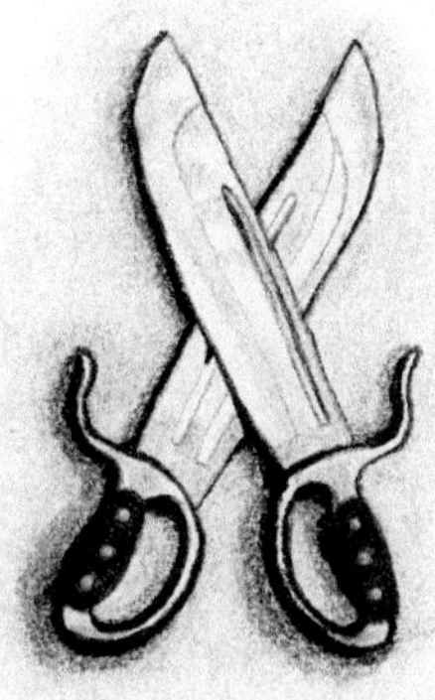

wu dip seung dou, das »Schmetterlingsschwert«

II.7.2 Tibetobirmanische Sprachen

73. Birmanisch/Burmesisch *(Myanmar, Mranmar, Bama, Burmese)* gehört zum lolo-birmanischen Zweig der großen sinotibetischen Sprachfamilie. Birmanisch wird von ca. 33 Millionen Native Speakers vor allem in Myanmar (früher: Burma) gesprochen. Daneben sprechen ca. zehn Millionen Menschen Birmanisch als Zweitsprache. Birmanisch wird mit einer aus der indischen Brahmi-Schrift stammenden Silbenschrift mit diakritischen Zusatzzeichen geschrieben. Es gibt verschiedene Transkriptionen der birmanischen Schrift im lateinischen Alphabet, von denen jedoch keine universal verwendet wird.

Der Schmetterling heißt im Birmanischen လိပ်ပြာ *lippra / leikpya / lei' pja* [leɪʔ pjà]. Dieses Wort bedeutet auch »menschliche Seele«, »menschlicher Geist«. Für »Motte« oder »Nachtfalter« wird ပိုးဖလံ *pou: hpalan / poeh-pulan* [pó pʰəlã̀] gesagt. Birmanisch ist eine Tonsprache mit vier Tönen (hoch, tief, knarrend (= mit Kehlkopfbeteiligung artikuliert), glottalisiert (= mit Kehlkopfverschluss artikuliert)).

Quellen: vgl. http://www.sealang.net/burmese/dictionary.htm; https://en.wiktionary.org/wiki/လိပ်ပြာ; https://translate.google.com/?hl=en&sl=en&tl=my&text=butterfly&op=translate; sowie ferner auch: https://en.glosbe.com/en/my/butterfly; https://omniglot.com/writing/burmese.htm (zuletzt eingesehen am 14.12.2020); https://www.ethnologue.com/language/mya (zuletzt eingesehen am 22.6.2022).

74. Standard-Tibetisch/Lhasa-Tibetisch *(Bod.yig, Bod.skad, Bhotia, Lhasa-Tibetan)* gehört zum zentral-tibetischen Zweig der tibetischen Sprachfamilie, die wiederum ein Teil der großen sinotibetischen Sprachfamilie ist. Standard-Tibetisch wird von ca. 1,2 Millionen Native Speakers vor allem in der Autonomen Region Tibet im Westen Chinas sowie im Norden Indiens gesprochen. Tibetisch wird mit einer auf der indischen Devanagari basierenden Schrift geschrieben. Diese Schrift ist relativ weit vom gesprochenen Tibetisch entfernt, da sie bereits im 11. Jh. n. Chr. fixiert wurde. Es gibt auch Transliterationen ins lateinische Alphabet, z. B. die Wylie-Transliteration und die in China gebräuchliche Umschrift mittels *Tibetan Pinyin*.

Trotz der sonstigen politischen Unterdrückung der Autonomen Region Tibet durch die chinesische Zentralregierung genießt Lhasa-Tibetisch seit 2002 denselben Rechtsstatus wie Mandarin-Chinesisch und ist auch im Bildungssystem fest verankert. Somit ist Standard-Tibetisch derzeit nicht als gefährdete Sprache zu betrachten.

Der Schmetterling heißt im Tibetischen ཕྱེ་མ་ལེབ། *phye ma lep* [tɕʰe.ma.lep], auch in der Kurzform ཕྱེ་ལེབ *phye leb*. Eine lexikalische Variante mit gleicher/ähnlicher Bedeutung ist das Wort ཅེམ་ཅེམ་མ *cem cem ma* [ʧem.ʧem.ma]. Tibetisch ist eine Tonsprache mit zwei Tönen (hoch, tief), die hier vernachlässigt werden. Ein Ausdruck für Motte ist *mug pa*.

Quellen: vgl. Goldstein/Narkyid, English-Tibetan Dictionary of Modern Tibetan 1999: 41; 198; https://en.wiktionary.org/wikiཕྱེ་མ་ལེབ#Tibetan; https://omniglot.com/writing/tibetan.htm; sowie schließlich https://glosbe.com/en/bo/butterfly (zuletzt eingesehen am 16.12.2020); schließlich auch: https://www.ethnologue.com/language/bod (zuletzt eingesehen am 22.6.2022).

II.7.3 Hmong-Mien (Miao Yao-)Familie

75. Hmong *(Miao, Meo)* ist eine Untergruppe von Sprachen (z. B. *Hmong Daw*: »Weißes Hmong«) des westlichen Hmong-Zweigs der Hmong-Mien-Sprachfamilie. Die genetische Zuordnung der Hmong-Mien-Sprachen ist umstritten, hier werden sie als eigene Unterfamilie zu den sinotibetischen Sprachen gezählt. Westliche Hmong-Sprachen werden von ca. 3,7 Millionen Native Speakers (nach anderen Zählungen auch deutlich mehr, nämlich ca. acht Millionen) vor allem im Süden Chinas, in Vietnam, Laos und von einer beträchtlichen Minderheit von ca. 280 000 Sprecher*innen in den USA gesprochen.

Für Hmong existiert eine ganz Reihe von Schriften, einerseits auf Basis der chinesischen Schrift und andererseits mittels verschiedener Varianten des lateinischen Alphabets, darunter am verbreitetsten das *Romanized Popular Alphabet*, in dem die sieben bis acht Töne der Hmong-Sprachen durch nachgestellte Konsonantenbuchstaben angezeigt werden.

Das Wort für »Schmetterling« im Hmong ist *npauj npaim* [ᵐbau ᵐbai] (*-j* steht für hoch-fallenden Ton, *-m* für knarrenden Ton (»creaky voice«: Artikulation mit Kehlkopfbeteiligung). Eine Variante ist *npu npaim*, die strenger die Regeln für die Silbenbildung bei lautmalenden expressiven Ausdrücken im Hmong befolgt. Es finden sich auch die Schreibungsvarianten *baum baim* und *buj baim*. Die Motte heißt im Hmong *npauj*.

Quellen: vgl. Heimbach, White Hmong-English Dictionary 1979: 158; Bertrays, Dictionnaire Hmong-Français 1979; Thoj/Xaivkaub Dictionary English-Hmong 2000; Xiong, English-Hmong/Hmong-English Dictionary 2006; Ratliff, White Hmong Reduplicative Expressives 2014; https://omniglot.com/writing/hmong.htm; https://www.freelang.net/online/hmong.php?lg=gb (zuletzt eingesehen am 16.12.2020); schließlich auch: https://www.ethnologue.com/language/hmn (zuletzt eingesehen am 23.6.2022).

II.8 Dravidische Sprachen

76. Tamil *(Damulian, Tamal)* gehört zum südlichen Zweig der dravidischen Sprachfamilie. Tamil wird vor allem an der Südspitze Indiens im Bundesstaat Tamil Nadu und auf Sri Lanka von ca. 70 Millionen Native Speakers gesprochen, wozu noch einige Millionen Zweitsprachsprecher*innen kommen. Tamil hat eine über 2000-jährige Schrifttradition und wird heute mit einer aus der indischen Brahmi-Schrift entwickelten Kombination aus Alphabet- und Silbenschrift geschrieben.

Der Schmetterling heißt im Tamil பட்டாம்பூச்சி *paṭṭāmpūcci* [paˈʈːaːmpuːʧːi], alternativ auch: வண்ணாத்திப பூச்சி *vaṇṇāttuppūcci* [ˈʋaɳːaːʈ̪uppuːʧːi] (von *vaṇṇam* »Farbe« und *pūcci* »Insekt«). Die Motte heißt u. a. வண்டு *vaṇṭu* (was auch das Wort für »Käfer« ist) und அந்திப்பூச்சி *antippūcci*.

Quellen: vgl. https://ids.clld.org/valuesets/3-920-708; https://www.shabdkosh.com/search-dictionary?lc=ta&sl=en&tl=ta&e=butterfly; sowie ferner: https://en.wiktionary.org/wiki/வண்ணாத்திப்பூச்சி; https://en.glosbe.com/en/ta/butterfly; https://omniglot.com/writing/tamil.htm (zuletzt eingesehen am 17.12.2020); https://www.ethnologue.com/language/tam (zuletzt eingesehen am 23.6.2022).

77. Malayalam *(Malayāḷam, Malayalani)* gehört zum südlichen Zweig der dravidischen Sprachfamilie. Malayalam wird vor allem an der westlichen Südspitze Indiens im Bundesstaat Kerala von 37 Millionen Native Speakers gesprochen. Malayalam wird seit dem Mittelalter in verschiedenen aus der indischen Brahmi-Schrift entwickelten Schreibsystemen geschrieben. Die heutige Malayalam-Schrift ist eine Kombination aus Alphabet- und Silbenschrift.

Das Wort für »Schmetterling« im Malayalam ist ചിത്രശലഭം *citraśalabhaṁ* [ʧitraˈʃɐlabʰam]. Ein Ausdruck für »Motte« ist ശലഭം *śalabhaṁ*.

Quellen: vgl. https://www.shabdkosh.com/dictionary/english-malayalamചിത്രശലഭം-meaning-in-malayalam; https://glosbe.com/en/ml/butterfly; https://omniglot.com/writing/malayalam.htm (zuletzt eingesehen am 17.12.2020); https://www.ethnologue.com/language/mal (zuletzt eingesehen am 23.6.2022).

78. Kannada *(Kannaḍa, Banglori)* gehört zum südlichen Zweig der dravidischen Sprachfamilie. Kannada wird vor allem im indischen Bundesstaat Karnataka im Südwesten Indiens, nördlich von Kerala und Tamil Nadu, von ca. 43 Millionen Native Speakers gesprochen. Dazu kommen noch ca. 15 Millionen Zweitsprachsprecher*innen. Kannada wird seit dem Mittelalter in verschiedenen aus der indischen Brahmi-Schrift entwickelten Schreibsystemen geschrieben. Die heutige Kannada-Schrift ist eine Kombination aus Alphabet- und Silbenschrift.

Der Schmetterling heißt im Kannada ಚಿಟ್ಟೆ *ciṭṭe* [ʧiʈːe], was anscheinend auch für »Motte« verwendet wird. Lexikalische Alternativen zur Bezeichnung der Schmetterlinge sind ಹಾತೆ *hāte* [haːte] und ದುಂಬಿ *dumbi* [dumbi]. Für Motte wird auch ಪತಂಗ *pataṅga* gesagt, wohl ein indisches Lehnwort (vgl. oben zu den indischen Sprachen).

Quellen: vgl. https://www.shabdkosh.com/search-dictionary?lc=kn&sl=en&tl=kn&e=butterfly; https://www.english-kannada.com/?q=butterfly; https://en.glosbe.com/en/kn/butterfly; https://omniglot.com/writing/kannada.htm (zuletzt eingesehen am 17.12.2020); https://www.ethnologue.com/language/kan (zuletzt eingesehen am 23.6.2022).

79. Telugu *(Telgi, Telegu, Telungu)* gehört zum südlich-zentralen Zweig der dravidischen Sprachen. Telugu wird vor allem in den südlichen indischen Bundesstaaten Andhra Pradesh, Telangana und Yanam von ca. 82 Millionen Native Speakers gesprochen, zu denen noch ca. 13 Millionen Zweitsprachsprecher*innen hinzukommen. Telugu wird seit dem 5. Jh. n. Chr. in verschiedenen aus der indischen Brahmi-Schrift entwickelten Schreibsystemen geschrieben. Die heutige Telugu-Schrift ist eine Kombination aus Alphabet- und Silbenschrift.

Der Schmetterling heißt im Telugu సీతాకోకచిలుక *sītākōkacilaka* [siːtaː-koːkaʧilaka]. Eine lexikalische Variante ist ఆకుచిలక *ākucilaka* [aːkuʧil-aka]. Ein Wort für »Motte« ist చిమట *cimaṭa*.

Quellen: vgl. https://en.glosbe.com/en/te/butterfly; http://en2te.sourceforge.net/tel-dictionary/?searchstring=Butterflyఆకుచిలక; https://www.khandbahale.com/telugu-dictionary-translation-of-ఆకుచిలక; https://omniglot.com/writing/telugu.htm (eingesehen am 17.12.2020); schließlich auch: https://www.ethnologue.com/language/tel (zuletzt eingesehen am 23.6.2022).

II.9 Tai-Kadai-Sprachfamilie

80. Thai *(Zentrales Thai, Siamesisch, Standard Thai)* ist die größte Sprache der südwestlichen Gruppe des großen Tai-Zweigs der Tai-Kadai-Sprachfamilie. Thai wird von über 20 Millionen Native Speakers und weiteren ca. 40 Millionen Menschen als Zweitsprache vor allem in Thailand gesprochen, aber auch von Minderheiten in den angrenzenden Ländern Malaysia, Kambodscha und Myanmar. Thai wird seit dem Mittelalter in einer auf die Khmer-Schrift zurückgehenden Kombination von Alphabet- und Silbenschrift geschrieben. Es gibt verschiedene Umschriften ins lateinische Alphabet, von den das Royal Thai General System of Transcription am weitesten verbreitet ist.

Der Schmetterling heißt im Thai ผีเสื้อ *phee-seua* oder *pĭi-sʉ̂ua* [pʰĭːsɯ̂ːa]. Thai ist eine Tonsprache mit fünf Tönen (1. mittel, 2. tief, 3. fallend, 4. hoch, 5. steigend). Das Wort für »Schmetterling« [pʰĭːsɯ̂ːa] weist den fünften (steigenden) und den dritten (fallenden) Ton auf. Neben »Schmetterling« bedeutet *phee-seua* metaphorisch auch »Schutzgeist«. Die Komponente *phee* bedeutet »Geist«, die Komponente *seua* »schützend«, wohl wegen des auch in vielen anderen Sprachen bestehenden Volksglaubens, dass Schmetterlinge Geister sind.

Schließlich wird *phee-seua* metaphorisch auch für den Schmetterlingsfisch verwendet, wegen dessen bunten Farben (vgl. auch unten zu Suahili). Für Nachtfalter und Motten werden die komplexeren Ausdrücke ผีเสื้อกลางคืน *pĭi-sûʉa-glaang-kʉʉn* (*glaang kʉʉn* = »Nacht«) und ผีเสื้อราตรี *pĭi-sûʉa-raa-dtrii*. Das letztere Wort wird auch metaphorisch-androzentrisch für »Prostituierte« gebraucht.

Quellen: vgl. https://en.wiktionary.org/wiki/ผีเสื้อ; https://en.glosbe.com/en/th/butterfly; https://ids.clld.org/valuesets/3-920-705; https://www.learnwitholiver.com/thai/translate-word-1428-ผีเสื้อกลางคืน; https://omniglot.com/writing/thai.htm (zuletzt eingesehen am 17.12.2020); schließlich auch: https://www.ethnologue.com/language/tha (zuletzt eingesehen am 23.6.2022).

81. Lao *(Phasa Lao, Lao Thai)* ist eine südwestliche Sprache des Zweigs der Tai-Sprachen innerhalb der Tai-Kadai-Sprachfamilie. Lao wird von ca. vier Millionen Native Speakers vor allem in Laos und Thailand gesprochen, zu denen viele weitere Millionen von Zweitsprachsprecher*innen in Laos und Thailand hinzukommen. Die Lao-Schrift beruht wie die Thai-Schrift auf der Khmer-Schrift.

Ein Wort für »Schmetterling« im Lao ist ແມງກະເບື້ອ *maingkabula*. Präzise weitere Angaben konnten leider nicht gefunden werden.

Quellen: vgl. https://glosbe.com/en/lo/butterflies; http://sealang.net/lao/dictionary.htm; http://www.laosoftware.com/index.php?Langue=en; http://www.seasite.niu.edu/Lao/LDictionary/default.aspx; https://omniglot.com/writing/lao.htm (zuletzt eingesehen am 19.12.2020); schließlich auch: https://www.ethnologue.com/language/lao (zuletzt eingesehen am 23.6.2022).

II.10 Austroasiatische Sprachfamilie

II.10.1 Mon-Khmer-Sprachen

82. Vietnamesisch *(Tiếng Việt, Annamese)* gehört zum Vietischen Zweig der Mon-Khmer-Sprachfamilie, die auch austroasiatische Sprachfamilie genannt wird. Vietnamesisch wird von über 80 Millionen Native Speakers vor allem in Vietnam, Südchina, Laos und Kambodscha gesprochen. Darüber hinaus gibt es substanzielle Minderheiten in weiteren Staaten auf anderen Kontinenten, beispielsweise innerhalb Europas in Tschechien. Seit dem späten Mittelalter wurde Vietnamesisch in einer abgewandelten Form der chinesischen Schrift geschrieben. Heute wird Vietnamesisch mit einem stark erweiterten lateinischen Alphabet *(Quốc Ngữ)* geschrieben. Vietnamesisch ist eine Tonsprache mit sechs Tönen, die im Folgenden vernachlässigt werden.

Das Wort für »Schmetterling« im Vietnamesischen ist *bướm* [bɯɤm]; auch in der Zusammensetzung *con bướm* [kɔn bɯɤm] sowie in der reduplizierten Form *bươm bướm*. Die Motte heißt *bướm đêm* oder *sâu bướm*.

Quellen: vgl. https://www.dict.com/vietnamese-english/bướm; https://vdict.com/butterfly,1,0,0.html; https://en.bab.la/dictionary/english-vietnamese/butterfly; ferner: https://forvo.com/word/con%C2%A0bướm/; https://omniglot.com/writing/vietnamese.htm (zuletzt eingesehen am 21.12.2020); schließlich auch: https://www.ethnologue.com/language/vie (zuletzt eingesehen am 23.6.2022).

83. Khmer *(Zentrales Khmer, Kambodschanisch, Cambodian)* ist eine austroasiatische Sprache, die von ca. 16 Millionen Native Speakers vor allem in Kambodscha, Vietnam und Thailand gesprochen wird. Khmer wird seit dem 7. Jh. n. Chr. in der aus der indischen Brahmi-Schrift entwickelten Khmer-Schrift geschrieben, einer Kombination aus Alphabet- und Silbenschrift. Es gibt Umschriften im lateinischen Alphabet.

Der Schmetterling heißt im Kambodschanischen មេអំបៅ *mēi-ombao* oder *meambaw* [meːamˈbaw]. Kambodschanisch ist keine Tonsprache. Präzise weitere Angaben konnten leider nicht gefunden werden.

Quellen: vgl. https://translate.google.com/?hl=en&sl=en&tl=km&text=butterfly%0A&op=translate; https://en.glosbe.com/en/km/butterfly; https://kheng.info/categories/ (zuletzt eingesehen am 21.12.2020); https://www.ethnologue.com/language/khm (zuletzt eingesehen am 23.6.2022).

II.10.2 Munda-Sprachen

84. Mundari *(Muṇḍari, Kolh)* gehört zum nördlichen Zweig der Munda-Sprachen, die wiederum ein Zweig der austroasiatischen Sprachen sind. Munda wird von ca 1,2 Millionen Native Speakers vor allem in den indischen Bundesstaaten Jharkhand, Odisha und Westbengalen im Nordosten Indiens gesprochen. Mundari wurde in Devanagari und im lateinischen Alphabet geschrieben, heute ist die offizielle Schrift die von Rohidas Singh Nag 1982 entwickelte Mundari-Bani-Schrift.

Der Schmetterling heißt im Mundari *pampalad* [pampalāˀd̥]. Die Betonung liegt auf der letzten Silbe, markiert durch hohen Ton, der hier durch »ā« repräsentiert wird. Präzise weitere Angaben konnten leider nicht gefunden werden.

Quellen: vgl. Osada, Mundari 2008: 102–104; Osada et al., A Course in Mundari 2015; 121; https://omniglot.com/writing/mundari/htm; https://www.ethnologue.com/language/unr (zuletzt eingesehen am 22.12.2020).

II.11 Tschuktscho-Kamtschadalische Sprachen

85. Tschuktschisch *(Lygoravetlen, Chukchi, Chukot)* gehört zum Tschuktscho-koryakischen Zweig der Familie der tschuktscho-kamtschadalischen Sprachen, die an der Nordostspitze Sibiriens (im Nordosten Russlands) von ca. 5000 Native Speakers gesprochen werden. Tschuktschisch wird seit dem 20. Jh. zuerst im lateinischen Alphabet, seit 1937 im kyrillischen Alphabet geschrieben. Tschutschisch ist eine gefährdete Sprache, die von allen Erwachsenen, aber nur wenigen Kindern gesprochen wird.

Der Schmetterling heißt im Tschuktschischen қопалготкочьын *ӄopalgotkoč'yn* [qopalgotkotɕʔən]. Weitere präzise Angaben konnten leider nicht gefunden werden.

Quellen: vgl. https://glosbe.com/en/ckt/butterfly; https://omniglot.com/writing/chukchi.htm (zuletzt eingesehen am 23.12.2020); https://www.ethnologue.com/language/ckt (zuletzt eingesehen am 23.6.2022).

II.12 Niger-Kongo-Sprachen

II.12.1 Volta-Kongo

II.12.1.1 Bantu-Sprachen

Die Bantu-Sprachen werden üblicherweise nach einer geografischen (nicht etwa genetischen) Einteilung des Linguisten und bedeutenden Bantuisten Malcom Guthrie (1903–1972) in Zonen eingeteilt, die mit den Buchstaben A bis S nummeriert sind, wobei die Nummerierung grob von Norden nach Süden verläuft.

II.12.1.1.1 Nord-Ost-Küsten-Bantu-Sprachen (Zone J und G Guthrie)

86. Kiswahili *(Kisuaheli, Swahili)* gehört zum nordöstlichen Küstenzweig (arabisch سَوَاحِل *sawāḥil* bedeutet »Küsten«) der Bantu-Sprachen, die wiederum zu den Ost-Benue-Kongo-Sprachen gehören, die ein Teil der Volta-Kongo-Sprachen sind, die schließlich in die große Sprachfamilie der Niger-Kongo-Sprachen eingeordnet werden. Die Niger-Kongo-Sprachen werden in einem großen Teil des tropischen westlichen, zentralen und östlichen Afrikas sowie bis in den äußersten Süden Afrikas gesprochen.

Kiswahili ist eine der größten Verkehrssprachen Afrikas und wird von ca. 120 Millionen Menschen, davon ca. 90 Millionen Native Speakers, vor allem in Kenia, Uganda und Tansania gesprochen, aber auch in den benachbarten Ländern wie der Demokratischen Republik Kongo, Ruanda, Burundi und Somalia. Kiswahili ist offizielle Sprache der afrikanischen Union. Kiswahili wurde ursprünglich mit dem arabischen Alphabet, heute aber mit dem lateinischen Alphabet geschrieben. Anders als viele andere Niger-Kongo-Sprachen ist Kiswahili keine Tonsprache.

Der Schmetterling heißt im Kiswahili *kipepeo* [kipɛˈpɛo]: »Schmetterling«, auch: »Fächer«, »Ventilator«. Diese Ausdrücke kommen wohl vom Verb *pepea* »etwas schaukeln«, »etwas schütteln«, »(Feuer) anfachen«. Neben *kipepeo* gibt es auch die Kurzform *pepeo* mit der gleichen Bedeutung.

In die Nähe dieser Ausdrücke ist wohl auch die folgende Variante zu rücken: *kipopo*: »Schmetterling«, »Motte« (auch in der Kurzform: *popo*). Ein weiteres Wort für »Motte« ist *nondo*. Schließlich kann im Swahili auch *nzigunzigu* »Schmetterling« bedeuten. Das Wort *kipepeo* steht metaphorisch auch für einen bunten Fisch, der äußerlich einem Schmetterling ähnelt (Halfterfisch, *Zanclus cornutus*) und u. a. in Korallenriffen im indischen Ozean vor Ostafrika vorkommt.

Swahili *kipepeo* »Schmetterling« = Halfterfisch (*Zanclus cornutus*)

Quellen: vgl. Rechenbach, Suahili-English Dictionary 1967: 215; 436; https://africanlanguages.com/swahili/; https://en.bab.la/dictionary/english-swahili/butterfly; sowie ferner: https://en.glosbe.com/en/sw/butterfly; https://www.swahili.it/glossword/index.php; https://www.yumpu.com/en/document/view/12392921/preliminary-lists-of-swahili-names-for-fishes; https://omniglot.com/writing/swahili.htm (zuletzt eingesehen am 23.12.2020); https://www.ethnologue.com/language/swh; https://www.ethnologue.com/language/swh (zuletzt eingesehen am 23.6.2022).

87. Luganda/Ganda *(Baganda, luGanda)* gehört ebenfalls zu den nordöstlichen Bantu-Sprachen. Luganda wird von ca. 5,5 Millionen Native Speakers vor allem in Uganda gesprochen, dazu von mehreren Millionen Menschen als Zweitsprache. Luganda wird auch mit dem arabischen Alphabet geschrieben, aber seit 1947 ist das lateinische Alphabet der offizielle schriftliche Standard.

Das Wort für »Schmetterling«, auch »Motte«, ist im Luganda *ekiwojjolo* [ekiwoʤolo]. Luganda ist eine Tonsprache mit drei Tönen (hoch, tief, fallend), die hier vernachlässigt werden. Weitere Angaben konnten leider nicht gefunden werden.

Quellen: vgl. https://glosbe.com/en/lg/butterfly; https://lugandaproz.wordpress.com/english-luganda-dictionary/; https://learnluganda.com/concise; https://omniglot.com/writing/ganda.php (zuletzt eingesehen am 25.12.2020); https://www.ethnologue.com/language/lug (zuletzt eingesehen am 23.6.2022).

II.12.1.1.2 Zone C (Guthrie) (Bangi) Bantu-Sprachen

88. Lingala *(Ngala)* gehört zu den nordwestlichen Bantu-Sprachen und wird vor allem in der Republik Kongo, der Demokratischen Republik Kongo sowie in Angola und der Zentralafrikanischen Republik gesprochen. Zu den Sprecherzahlen von Lingala gibt es verschiedene stark divergierende Schätzungen. Lingala ist jedoch eine wichtige Verkehrssprache im zentralen Afrika, die von ca. 20 Millionen Native Speakers und ca. 20 Millionen Zweitsprachsprecher*innen gesprochen wird. Lingala wird mit dem lateinischen Alphabet geschrieben.

Das Wort für »Schmetterling« im Lingala ist *lípekápeka* [lipekapeka]. Lingala ist eine Tonsprache mit drei Tönen (hoch, tief, hoch-tief-hoch (fallend-steigend)), die hier vernachlässigt werden. Weitere Ausdrücke für Schmetterling sind *mbómbóli* [ᵐboᵐboli] und *mompómbóli* sowie *lobubu*, alle bedeuten ebenfalls »Schmetterling«.

Quellen: vgl. Ngalasso-Mwatha, Dictionnaire Français-Lingala-Sango 2013: 692; https://ln.kasahorow.org/app/d/lipekapeka/; siehe ferner auch: https://en.glosbe.com/en/ln/butterfly; https://omniglot.com/writing/lingala.htm (zuletzt eingesehen am 25.12.2020); sowie schließlich: https://www.ethnologue.com/language/lin (zuletzt eingesehen am 23.6.2022).

II.12.1.1.3 Zone D (Guthrie) Bantu-Sprachen

89. Kinyarwanda *(Ruandisch; Rwanda; Ikinyarwanda)* ist eine Bantu-Sprache, die von ca. elf Millionen Native Speakers und einigen weiteren Millionen Zweitsprachsprecher*innen vor allem in Ruanda, der Demokratischen Republik Kongo und Uganda gesprochen wird. Kinyarwanda wird mit dem lateinischen Alphabet geschrieben.

Das Wort für »Schmetterling« oder »Motte« im Kinyarwanda ist *ikinyugunyugu* [ikiɲuguɲugu]. Kinyarwanda ist eine Tonsprache mit zwei Tönen (hoch tief), die hier vernachlässigt werden. Weitere Angaben konnten leider nicht gefunden werden.

Quellen: vgl. https://www.dicts.info/dictionary.php?l1=English&l2=Kinyarwanda&word=-butterfly; http://kinyarwanda.net/index.php?q=ikinyugunyugu&start=0; ferner: https://glosbe.com/en/rw/butterfly; https://omniglot.com/writing/kinyarwanda.htm (zuletzt eingesehen am 27.12.2020); schließlich auch: https://www.ethnologue.com/language/kin (zuletzt eingesehen am 23.6.2022).

II.12.1.1.4 Zone H (Guthrie) (Kongo) Bantu-Sprachen

90. Kikongo *(Kongo, Kikoongo)* ist eine Bantu-Sprache, die von ca. 6,5 Millionen Native Speakers und weiteren ca. fünf Millionen Zweitsprachsprecher*innen vor allem in der Republik Kongo, in der Demokratischen Republik Kongo, in Angola und Gabun gesprochen wird. Kikongo wird mit dem lateinischen Alphabet geschrieben.

Das Wort für »Schmetterling« ist *kipelepele* [kipelepele]. Ein weiterer Schmetterlingsausdruck ist *lumbebeba* [lu^{m}bebeba]. Kikongo ist eine Tonsprache mit einem Hoch- und einem Tiefton, die hier jedoch vernachlassigt werden. Der Ausdruck *lumbebeba* wie auch die weiteren Varianten *lumbemba* und *lumbembemba* kommen möglicherweise von der onomatopoietischen (Schall nachahmenden) Stammform *lumbe* »schlagen«, »ticken« (z.B. von einer Uhr gesagt). Dies soll beim Schmetterling wohl den Flügelschlag nachahmen.

Quellen: vgl. Laman, Dictionnaire Kikongo-Français 1936: 431; https://glosbe.com/en/kg/butterfly; https://omniglot.com/writing/kongo.htm (zuletzt eingesehen am 27.12.2020); schließlich auch: https://www.ethnologue.com/language/kng (zuletzt eingesehen am 23.6.2022).

II.12.1.1.5 Zone N (Guthrie) (Nyasa) Bantu-Sprachen

91. Chichewa *(Chichewâ, Nyanja)* ist eine Bantu-Sprache, die vor allem in Malawi, Sambia sowie Simbabwe und Mosambik von ca. 10,5 Millionen als Native Speakers und von einigen weiteren Millionen Menschen als Zweitsprache gesprochen wird. Chichewa wird mit dem lateinischen Alphabet geschrieben.

Das Wort für »Schmetterling« im Chichewa ist *gulugufe* [gulugufe]. Chichewa ist eine Tonsprache mit einem Hoch- und einem Tiefton, die hier vernachlässigt werden. Ein Ausdruck für die Motte ist *chifukufuku.*

Quellen: vgl. https://translate.chichewadictionary.org/; https://www.indifferentlanguages.com/words/butterfly; https://chichewa.english-dictionary.help/english-to-chichewa-dictionary-meaning-of-butterfly; ferner auch: https://omniglot.com/writing/chichewa.php (zuletzt eingesehen am 27.12.2020); schließlich: https://www.ethnologue.com/language/nya (zuletzt eingesehen am 23.6.2022).

II.12.1.1.6 Zone S (Guthrie) (Nguni) Bantu-Sprachen

92. Isizulu *(isiZulu, Zulu)* ist eine südliche Bantu-Sprache, die von ca. 116 Millionen Native Speakers und von ca. 16 Millionen Menschen als Zweitsprache vor allem in der Republik Südafrika (in der östlichen Provinz KwaZulu-Natal), aber auch von Minderheiten in angrenzenden Ländern wie Lesotho gesprochen wird. Isizulu wird mit dem lateinischen Alphabet geschrieben.

Der Schmetterling heißt im Isizulu *umvemvane* [umvɛmˈvaːne], auch in der Variante *uvemvane.* Isizulu ist eine Tonsprache mit drei Tönen (hoher, tiefer, fallender Ton), die hier vernachlässigt werden.

Wie auch in anderen indigenen Sprachen mit relativ geringer Standardisierung gibt es eine ganze Reihe von dialektalen und soziolektalen Varianten. So gibt es z. B. auch den Ausdruck *izibazondi.* Weitere Varianten von Schmetterlingsausdrücken sind u. a. *i(li)jubajubane* und *i(li)twabitwabi.* Die Kleidermotte heißt *imvemvane.* Daneben scheint für Motte auch der Ausdruck *isiphaphalazi* [isip^{h}ap^{h}alazi] auf.

Nach den Sprecherbefragungen von Cockburn et al. (2014: 8) sind die gängigsten Ausdrücke für Schmetterling im Isizulu wohl *uvemvane* und *ivemvane*, beide auch für Motte verwendbar.

Quellen: vgl. Cockburn et al., IziNambuzane: IsiZulu names for insects 2014: 8; https://isizulu.net/; https://en.glosbe.com/en/zu/butterfly; https://translate.google.com/?hl=en&sl=en&tl=zu&text=%20butterfly; https://de.wiktionary.org/wiki/umvemvane (zuletzt eingesehen am 28.12.2020); schließlich auch: https://www.ethnologue.com/language/zul (zuletzt eingesehen am 23.6.2022).

93. Isixhosa *(isiXhosa, Xhosa)* ist eine südliche Bantu-Sprache, die vor allem in der Republik Südafrika in der östlichen Kapregion von ca. acht Millionen Native Speakers und ca. elf Millionen Zweitsprachsprecher*innen gesprochen wird. Isixhosa wird mit dem lateinischen Alphabet geschrieben.

Der Schmetterling heißt im Isixhosa *ibhabhathane* [ib̥ʱab̥ʱatʰane]. Das geschriebene <bh> ist ein nur schwach stimmhaftes B, gefolgt von einem gehauchten H (im internationalen phonetischen Alphabet mit [b̥ʱ] notiert). Das geschriebene <th> wird auch von einem gehauchten H gefolgt. Isixhosa ist eine Tonsprache mit zwei Tönen (hoch, tief), die hier vernachlässigt werden. Es gibt auch die dialektale Variante *ibhadi* für »Schmetterling«. Es scheint kein allgemeines Wort für Motte zu existieren. Aber spezielle Arten von Nachtfaltern und Motten haben Namen wie *ivivingane, umnyiki, intlava* oder *isihlava.*

Quellen: vgl. Mkize, IsiXhosa insect names from the Eastern Cape, South Africa 2003: 265 ff.; https://omniglot.com/writing/xhosa.htm; https://www.translate.com/dictionary/english-xhosa/butterfly-4026561; http://babelang.free.fr/community/xhosa/index_local.php; https://omniglot.com/writing/xhosa.htm (zuletzt eingesehen am 30.12.2020); https://www.ethnologue.com/language/xho (zuletzt eingesehen am 23.6.2022).

94. Sesotho *(Sisutho, Souto, Sesotho sa Leboa)* ist eine südliche Bantu-Sprache, die von ca. 6,3 Millionen Native Speakers (der beiden Varietäten südliches und nördliches Sesotho) sowie von ca. 7,9 Millionen Zweitsprachsprecher*innen im Königreich Lesotho und in den angrenzenden Ländern, vor allem der Republik Südafrika, gesprochen wird. Sesotho wird mit dem lateinischen Alphabet geschrieben.

Das Wort für »Schmetterling« im Sesotho ist *serurubele* [sɪʁuʁuˈbelɪ]. Dazu gibt es auch die lexikalische Variante *sororomele.* Sesotho ist eine Tonsprache mit zwei Tönen (hoch, tief), die hier vernachlässigt werden. Die Motte heißt *mmoto* oder *tshwele.*

Quellen: vgl. https://www.wordsense.eu/serurubele/; sowie: https://en.wiktionary.org/wiki/serurubele; https://de.glosbe.com/de/st; http://sesotho.web.za/dictionary/; ferner: Chitja, International Sesotho Dictionary, 675; https://omniglot.com/writing/sesotho.htm (zuletzt eingesehen am 30.12.2020); sowie schließlich: https://www.ethnologue.com/language/sot; https://www.ethnologue.com/language/nso (zuletzt eingesehen am 23.6.2022).

II.12.1.2 Igboide Sprachen

95. Igbo *(Ebo, Ibo, Unege)* gehört zur Familie der Igboiden Sprachen innerhalb der großen Familie der Volta-Kongo-Sprachen, die ihrerseits der noch größeren Familie der Niger-Kongo-Sprachen angehören. Igbo wird von ca. 30 Millionen Menschen in Nigeria und in den angrenzenden Staaten (den Republiken Kamerun und Äquatorialguinea) gesprochen. Für Igbo wurden in früherer Zeit eine Bilderschrift und eine Silbenschrift verwendet. Heute wird Igbo mit dem lateinischen Alphabet geschrieben, wobei neben der Standardschrift *(New Standard Orthography)* weitere Varianten existieren. Igbo hat eine starke interne dialektale Gliederung, was sich wohl in der Existenz von einer Reihe von lexikalischen Varianten bei den Schmetterlingsausdrücken niederschlägt.

Die beiden wohl wichtigsten Ausdrücke für »Schmetterling« im Igbo sind *ihe n'efe-efe* bzw. *ihe na efe-efe* [ihe n(a) efe efe] und *uru baba* [uru baba]. Igbo ist eine Tonsprache mit zwei Tönen (hoch, tief), die hier vernachlässigt werden. Neben den beiden genannten Wörtern für »Schmetterling« gibt es auch weitere Ausdrücke wie *erenbubara* sowie (in *New Standard Orthography*) *ùlùkòm̀bụbā*; *òlòkòm̀bụbā* und *ùlùmàkụmā*. Die Motte heißt *nla*.

Quellen: vgl. Awdu/Wambu, Igbo-English/English-Igbo. Dictionary and Phrasebook 1999: 40, 59; Williamson/Blench, Dictionary of Ọ̀nị̀chà Igbo 2006: 349; https://glosbe.com/en/ig/butterfly; http://www.igbofocus.co.uk/Igbo-Language/Learn-Insects-Names-in-Igbo-La/learn-insects-names-in-igbo-language.html; https://omniglot.com/writing/igbo.htm (zuletzt eingesehen am 30.12.2020); schließlich auch: https://www.ethnologue.com/language/ibo (zuletzt eingesehen am 24.6.2022).

II.12.1.3 Yoruboide Sprachen

96. Yoruba *(Èdè Yorùbá, Yariba)* gehört zur Familie der yuroboiden Sprachen im Rahmen der großen Familie der Volta-Kongo-Sprachen, die ihrerseits der noch größeren Familie der Niger-Kongo-Sprachen angehören. Yoruba wird von ca. 42 Millionen Native Speakers und mehreren Millionen Zweitsprachsprecher*innen gesprochen, vor allem im Südwesten Nigerias, aber auch in den angrenzenden Staaten Togo und Benin. Yoruba wurde früher mit dem arabischen Alphabet geschrieben, heute aber mit dem lateinischen Alphabet.

Der Schmetterling heißt im Yoruba *labalábá* [labalaba]. Yoruba hat drei Töne (hoch, mittel, tief), die hier vernachlässigt werden. Für »Motte« kann *kòkòrò* gesagt werden. Interessant ist, dass im benachbarten, nahe verwandten Edo (auch: Benin, Bini) aus der Familie der edoiden Sprachen, die ebenfalls zu den Niger-Kongo-Sprachen gehören, der Schmetterling *bala bala* heißt.

Quellen: vgl. https://en.wiktionary.org/wiki/labalaba; https://en.glosbe.com/en/yo/butterfly; https://www.yorubadictionary.com/b.htm; ferner: https://www.freelang.net/online/yoruba.php?lg=gb; https://glosbe.com/bin/en/balabala; https://omniglot.com/writing/yoruba.htm; (zuletzt eingesehen am 31.12.2020); https://www.ethnologue.com/language/yor (zuletzt eingesehen am 24.6.2022).

II.12.1.4 Kwa-Sprachen

97. Ewe *(Èvegbe, Èwegbe, Éwé, Efe, Eve)* gehört zur Familie der Kwa-Sprachen, die wiederum ein Teil der Volta-Kongo-Sprachen sind, die ihrerseits der noch größeren Familie der Niger-Kongo-Sprachen angehören. Ewe wird von ca. fünf Millionen Native Speakers vor allem in den Republiken Ghana und Togo gesprochen. Ewe wird mit dem lateinischen Alphabet geschrieben.

Der Schmetterling hat im Ewe die Bezeichnung *dyekpakpa* [dyek͡pak͡pa]. Weitere Ausdrücke für »Schmetterling« scheinen *bakboloowhen* und *kpɔkpɔlihoe* zu sein. Ewe ist eine Tonsprache mit drei Tönen (hoch, mittel, tief), die hier vernachlässigt werden. Weitere und präzisere Angaben konnten leider nicht gefunden werden.

Quellen: vgl. https://glosbe.com/en/ee/butterfly; ferner auch: https://glosbe.com/fr/ee/papillon; https://omniglot.com/writing/ewe.htm; https://ee.kasahorow.org/app/d?kw=butterfly&tl=ee&fl=en (zuletzt eingesehen am 31.12.2020); https://www.ethnologue.com/language/ewe (zuletzt eingesehen am 24.6.2022).

98. Twi *(Asante, Ashante, Akuapem, Akan kasa)* ist ein Dialekt der Akan-Sprache, die zu den Kwa-Sprachen innerhalb der West-Benue-Kongo-Sprachen gehört, die wiederum ein Teil der Volta-Kongo-Sprachen sind, die ihrerseits der noch größeren Familie der Niger-Kongo-Sprachen angehören. Twi wird in der Republik Ghana von ca. acht Millionen Native

Speakers und von einer weiteren Million als Zweitsprache gesprochen. Twi wird mit dem lateinischen Alphabet geschrieben.

Der Ausdruck für »Schmetterling« im Twi ist *afofantɔ* [afofantɔ], wobei auch die Varianten *afafranto* und *afrafranto* zu existieren scheinen. Twi ist eine Tonsprache mit drei Tönen (hoch, mittel, tief), die hier vernachlässigt werden. Weitere und präzisere Angaben konnten leider nicht gefunden werden.

Quellen: vgl. https://mytwidictionary.com/translate-english-twi/butterfly/; https://learnakan.com/twi-animal-names/; https://glosbe.com/en/tw/butterfly; http://ghanasky.com/free-online-ghanaian-twi-dictionary-translator/; https://omniglot.com/writing/twi.htm (zuletzt eingesehen am 1.1.2021); schließlich auch: https://www.ethnologue.com/language/aka (zuletzt eingesehen am 24.6.2022).

II.12.1.5 Gur-Sprachen

99. Koromfe *(Koromba, Kurumfe, Fula)* ist eine Gur-Sprache. Die Familie der Gur-Sprachen wiederum gehört zur großen Familie der Volta-Kongo-Sprachen, die ihrerseits der noch größeren Familie der Niger-Kongo-Sprachen angehören. Koromfe hat, anders als in manchen Darstellungen angegeben, laut John Rennison nur höchstens 10 000 Native Speakers und ist somit eine sehr gefährdete Sprache. Koromfe wird in Burkina Faso und im Süden Malis gesprochen.

Es gibt keine allgemein verbreitete standardisierte Schrift für Koromfe, Rennison verwendet in seinem Wörterbuch das lateinische Alphabet. Anders als viele andere Niger-Kongo-Sprachen ist Koromfe keine Tonsprache.

Der Ausdruck für »Schmetterling« im Koromfe ist *a zoŋgo saa* [a zoŋgo saː] (wörtlich: »Flügel(Pl.)-Besitzer«). Weitere Angaben konnten leider nicht gefunden werden.

Quellen: vgl. Rennison, Dictionnaire Lorom Koromfe – anglais / français / allemand 2018: 141, 199; Rennison, Koromfe 1997: 2; https://en.wikipedia.org/wiki/Koromfe_language; https://www.ethnologue.com/language/kfz (zuletzt eingesehen am 24.6.2022)

II.12.2 Atlantische Sprachen

100. Fulani *(Fulfulde, Ful, Fulbe, Peul, Pular)* gehört zum Zweig der atlantischen Sprachen innerhalb der sehr großen Familie der Niger-Kongo-Sprachen. Aufgrund ihres ursprünglich nomadisierenden Lebensstils sind die Fulbe, das Fulani sprechende Volk, über 20 Länder in ganz Westafrika, von den Republiken Guinea und Senegal über Mali, Burkina Faso sowie Niger und Nigeria bis nach Kamerun und Sudan, verstreut. Deshalb ist es auch sehr schwierig, die Native-Speaker-Zahlen zu schätzen. Einschlägige Schätzungen gehen von 40–65 Millionen Erst- und Zweitsprachsprecher*innen aus, was Fulani zu einer der ganz großen Verkehrssprachen Afrikas macht. Fulani wird u. a. im arabischen Alphabet geschrieben, meist jedoch heute im lateinischen Alphabet. Anders als viele andere Niger-Kongo-Sprachen ist Fulani keine Tonsprache.

Wegen der enormen geografischen Verbreitung und der vielen unterschiedlichen gesprochenen Varianten gestalten sich auch die Schmetterlingsausdrücke im Fulani entsprechend vielfältig.

Ganz im Westen (Senegal, Guinea) werden für Peul oder Pular, wie Fulani hier genannt wird, u. a. die Ausdrücke *beɗo-Allawii* bzw. *beɗo-Alla* oder *beɗel-Alla* sowie *pippi-ñaari* genannt. Weiter im Osten, in der Republik Burkina Faso, wird im Fulani der Schmetterling *dabidabiwal* [dabidabiwal] bzw. *dabidabiyal* [dabidabijal] genannt. Interessant ist, dass *dabidabiyal* sich in einer zweiten Bedeutung auf einen bösen Geist bezieht, was an metaphorisch gebrauchte Schmetterlingsausdrücke in vielen anderen Sprachen erinnert. In Burkina Faso scheinen auch die Ausdrücke *dewtel-alla, jawlel-jawlel* und *moodibbuwa* gebräuchlich zu sein.

In weiteren Quellen werden auch Varianten der obigen Ausdrücke wie *bedelallah* und *bidilallah* sowie *lilldeh* genannt.

Quellen: vgl. https://glosbe.com/en/ff/butterfly; https://www.webonary.org/pular?s=papillon&search; https://www.webonary.org/fulfuldeburkina?s=papillon&search (zuletzt eingesehen am 1.1.2021); sowie schließlich auch: https://www.ethnologue.com/language/fuv; https://www.ethnologue.com/language/fub; https://www.ethnologue.com/language/ful (zuletzt eingesehen am 24.6.2022).

II.12.3 Mande-Sprachen

101. Mandinka (*Mandi'nka kango, Mande, Mandingo*) ist eine Sprache der Mande-Familie im Westen Afrikas, die zur sehr großen Familie der Niger-Kongo-Sprachen gehört. Mandinka wird von ca. 900 000 Native Speakers sowie von ca. einer Million Personen als Zweitsprache vor allem in den Republiken Senegal und Gambia gesprochen sowie in Guinea-Bissau und Guinea. Mandinka wird im lateinischen Alphabet geschrieben, das den offiziellen Schriftstandard darstellt, häufiger aber im arabischen Alphabet.

Der Schmetterling heißt im Mandinka *firifiroo* [firifiro:], auch in der Variante *firfiro*. Mandinka weist zwei Töne auf (hoch und tief), die hier vernachlässigt werden. Der Ausdruck *firifiroo* und der davon abgeleitete Ausdruck *firifirindingo* stehen auch für die »Motte«.

Quellen: vgl. hier unter anderem: https://www.livelingua.com/course/all/English-Mandinka_Dictionary/; https://en.glosbe.com/en/mnk/butterfly; sowie: https://fsi-languages.yojik.eu/languages/PeaceCorps/Mandinka/; https://omniglot.com/writing/mandinka.htm (zuletzt eingesehen am 2.1.2021); schließlich auch: https://www.ethnologue.com/language/mnk (zuletzt eingesehen am 24.6.2022).

II.13 Nilosaharanische Sprachen

II.13.1 Ostsudanische Familie

II.13.1.1 Nilotische Familie

102. Luo *(Lwo/Dholuo)* gehört zur Familie der nilotischen Sprachen, die wiederum zum ostsudanischen Zweig der nilosaharanischen Sprachen zählen. Luo wird von ca. fünf Millionen Millionen Native Speakers am Ostufer des Lake Victoria in Kenia und Tansania gesprochen. Luo wird im lateinischen Alphabet geschrieben. Luo ist eine Tonsprache mit vier Tönen, was hier vernachlässigt wird.

Der Ausdruck *oguyo* [ogujo] wird für »Schmetterling« und »Motte« verwendet. Weitere Angaben konnten leider nicht gefunden werden.

Quellen: vgl. Kokwaro/Johns, Luo Biological Dictionary, 1998: 243; https://glosbe.com/en/luo/butterfly; https://omniglot.com/writing/dholuo.php (zuletzt eingesehen am 3.1.2021); schließlich auch: https://www.ethnologue.com/language/luo (zuletzt eingesehen am 246.2022).

103. Maasai *(Maa, ɔl Maa)* gehört zur Familie der nilotischen Sprachen, die wiederum zum ostsudanischen Zweig der nilosaharanischen Sprachen zählen. Maasai wird von ca. einer Million Native Speakers im Süden Kenias und im Norden Tansanias gesprochen und im lateinischen Alphabet geschrieben.

Der Schmetterling heißt im Maasai *ɔsampúrrumpúrrì* [ɔsampúrumpúrì]. Maasai ist eine Tonsprache mit drei Tönen (hoch, tief, fallend), von denen der Hochton durch Akut-Akzent (»´«), der Tiefton durch Gravis-Akzent (»`«) angezeigt wird. Eine dialektale Variante des Schmetterlingsausdrucks ist *ɔsampúrimpúrì*.

Quellen: vgl. https://darkwing.uoregon.edu/~dlpayne/Maa%20Lexicon/lexicon/main.htm; Charles Richmond, Maasai Dictionary, 2016, https://digitalcommons.humboldt.edu/cgi/viewcontent.cgi?article=1003&context=reprint; https://glosbe.com/en/mas/butterfly; https://omniglot.com/writing/maasai.htm (zuletzt eingesehen am 4.1.2021); https://www.ethnologue.com/language/mas (zuletzt eingesehen am 24.6.2022).

II.13.1.2 Surmische Familie

104. Majang *(Ato Majangerongk, Ato Majang, Majangir, Masango)* gehört zur surmischen Sprachfamilie, die wiederum zu den nilotischen Sprachen zu zählen ist, die ein Teil des ostsudanischen Zweigs der nilosaharanischen Sprachen sind. Majang wird von 30 000 Native Speakers im Südwesten der Republik Äthiopien gesprochen. Majang verfügt noch nicht über eine stärkere schriftliche Tradition, wird aber, soweit schriftlich verwendet, im lateinischen Alphabet geschrieben und in Grundschulen unterrichtet.

Der Schmetterling heißt im Majang *bímbílòt* [bímbílòt]. Majang ist eine Tonsprache mit zwei Tönen (hoch, tief), die durch akuten Akzent (»´«) und Gravis-Akzent (»`«) angezeigt werden. Die Motte heißt *dúbì*.

Quellen: vgl. Joswig, The Majang Dictionary 2019: 35; 101, 439; https://glosbe.com/en/mpe/butterfly (zuletzt eingesehen am 4.1.2021); https://www.ethnologue.com/language/mpe/ (zuletzt eingesehen am 8.12.2023).

II.14 Khoi-San-Sprachen

105. Khoekhoegowab *(Nama, Namakwa, Damara)* gehört zur Familie der Khoe-Sprachen, die früher in die größere Khoisan-Familie eingeordnet wurden. Die genetische Einheit der Khoisan-Familie wird inzwischen nicht mehr angenommen, der Ausdruck als Sammelbegriff für die Nicht-Bantu-Sprachen in Südwestafrika ist aber immer noch weit verbreitet, weshalb er hier beibehalten wird.

Khoekhoegowab wird vor allem in der Republik Namibia sowie in den Republiken Botswana und Südafrika von ca. 170 000 Native Speakers gesprochen und ist als nationale Sprache in Namibia anerkannt sowie institutionell verankert. Khoekhoegowab wird im lateinischen Alphabet geschrieben, mit vielen Zusatzzeichen wegen seiner zahlreichen Klicklaute (»Schnalzlaute«). Klicklaute sind konsonantische Laute (Verschlusslaute, oder Affrikaten (d. h. Verschluss- + Reibelaute), bei denen die Luft in den Mund angesogen wird. Um sich einen Klicklaut vorzustellen, kann man im Deutschen z. B. an den Ausdruck der Missbilligung »*ts ts!*« denken.

Der Schmetterling und die Motte heißen im Khoekhoegowab *apuxare* [aβuxare] oder *apuhare*. Khoekhoegowab ist eine Tonsprache mit vier Tönen, die hier vernachlässigt werden. Neben den genannten Schmetterlingsausdrücken gibt es auch das Lehnwort *kurlabes*, das von Afrikaans *skoenlapper* stammt.

Quellen: vgl. Haacke/Eiseb, Khoekhoegowab Dictionary 2002: 17; Haacke, Lexical Borrowing by Khoekhoegowab from Cape Dutch and Afrikaans 2015: 65; https://omniglot.com/writing/khoekhoe.htm (zuletzt eingesehen am 5.1.2021); https://www.ethnologue.com/language/naq (zuletzt eingesehen am 24.6.2022).

106. !Xu *(!Kung, Ekoka !Kung, !Xun, !Xuu, !Xũ)* ist eine Gruppe von Dialekten/Sprachen, die zur Familie der Kx'a-Sprachen gehören. Letztere wiederum werden zu den Khoisan-Sprachen gezählt, die jedoch eher eine geografische (Südwestafrika) als eine genetische Einheit bilden.

Zur Aussprache des Sprachnamens !Xu: Das Ausrufezeichen »!« ist, phonetisch gesehen ein alveolarer Klicklaut, d. h. ein hinter den Zahndämmen gebildeter Verschlusslaut, der durch Ansaugen von Luft geöffnet wird, was wie die Öffnung eines Korkens klingt. Danach kommt ein uvularer Reibelaut ([χ]; am Gaumenzäpfchen, also etwas weiter hinten/unten als in deutsch *Bach* gebildet), dann gefolgt von einem nasalen U-Vokal mit einem hoch-ansteigenden Ton: [!͡χũ:1].

!Xu ist eine gefährdete Sprache und wird von ca. 16 000 Native Speakers in der Republik Namibia, in der Republik Angola sowie in den Republiken Botswana und Südafrika gesprochen. !Xu hat mit über 120 Phonemen, davon ca. 80 Klicklauten, das möglicherweise größte Lautinventar der Sprachen der Erde und wird mit einem stark erweiterten lateinischen Alphabet geschrieben. !Xu is eine Tonsprache mit vier Tönen, was hier vernachlässigt wird.

Der Schmetterling heißt im !Xu je nach regionaler Variante *dthàba* [dtʰaba] oder *dhàdhàmà* [dʱadʱama] bzw. *d'had'hama* [d'ʱad'ʱama]. Letzteres steht anscheinend auch für »Motte«. Der etymologische Ursprung dieser Bezeichnungen ist das Flattern.

Quellen: vgl. Honken, Vocabulary matchings in !Xóõ and Ju|'hoan 2013: 45; Snyman, An introduction to the !Xũ Language 1970: 68; https://omniglot.com/writing/ekokakung.htm (zuletzt eingesehen am 7.1.2021); https://www.ethnologue.com/language/vaj; https://www.ethnologue.com/language/knw (zuletzt eingesehen am 24.6.2022).

II.15 Indigene Sprachen Nord- und Südamerikas

II.15.1 Eskimo-aleutische Sprachen

II.15.1.1 Inuit-Sprachen

107. Kalaallisut *(Greenlandic Inuktitut, Grønlandsk, Grönländisch)* gehört zur Familie der Inuit-Sprachen im Rahmen der größeren eskimo-aleutischen Sprachfamilie. Kalaallisut wird von knapp 60 000 Native Speakers vor allem in Grönland, aber auch in Dänemark gesprochen. Kalaallisut wird mit dem lateinischen Alphabet geschrieben und ist institutionell gut verankert: Es ist seit 2009 die offizielle Sprache von Grönland, wird an Grundschulen unterrichtet und in modernen Medien (Zeitung, Radio, Fernsehen) verbreitet. Damit ist Kalaallisut eine der wenigen nicht (oder zumindest nicht akut) gefährdeten indigenen Sprachen Nordamerikas.

Der Schmetterling heißt im Kalaallisut *paluaq* [paluaq] oder *pakkaluaq* [pakkaluaq]. Ein weiterer Schmetterlingsausdruck ist *taqaleqisaq*, was speziell »Nachtfalter« bedeutet. Weitere und präzisere Angaben konnten leider nicht gefunden werden.

Quellen: vgl. https://glosbe.com/en/kl/butterfly; ferner: https://omniglot.com/writing/greenlandic.htm; http://2010.polarhusky.com/media/cms/investigate/StudyResources/EnglishKalaallisutDictionary.pdf (zuletzt eingesehen am 8.1.2021); https://ordbog.gl/1927-kal-eng/#e13134; https://www.ethnologue.com/language/kal (zuletzt eingesehen am 28.6.2022).

108. Inuktitut *(Inuktut, Inutitut, Innuinaqtun)* gehört zu den Inuit-Sprachen, die wiederum ein Teil der eskimo-aleutischen Sprachfamilie sind. Inuktitut wird ca. 36 000 Native Speakers im Norden Kanadas gesprochen, insbesondere im 1999 von den Northwest Territories abgetrennten neuen Territorium Unavut. Inuktitut wird in Nunavut mit der Kanadischen Silbenschrift geschrieben, einer speziell für Inuktitut geschaffenen Schrift, aber auch im lateinischen Alphabet.

Der Schmetterling heißt im Inuktitut ᑕᕐᕆᓕᑭᑖᖅ *tarallikitaaq/taralikitaaq* [taʁal(l)ikitaːq]. Weitere und präzisere Angaben konnten leider nicht gefunden werden.

Quellen: vgl. Dorais, The Language of the Inuit 2010: 86; https://thevore.com/eskimo-english-dictionary/; https://en.glosbe.com/en/iu/butterfly; sowie ferner auch: https://omniglot.com/writing/inuktitut.htm; https://web.archive.org/web/20080116004202/http://www.explorenorth.com/articles/inukdict2.htm (zuletzt eingesehen am 9.1.2021); sowie schließlich auch: https://www.ethnologue.com/language/ike; https://www.ethnologue.com/language/ikt (zuletzt eingesehen am 28.6.2022).

II.15.2 Na-Dené-Sprachen

II.15.2.1 Athabaskische Sprachen (Dené-Sprachen)

II.15.2.1.1 Nordathabaskische Sprachen

109. Carrier *(Dakelh, Porteur)* gehört zu den nordathabaskischen Sprachen, die ein Teil der athabaskischen Sprachfamilie sind, die neuerdings Dené-Sprachen genannt werden. Die athabaskischen Sprachen wiederum gehören zur Familie der Na Dené-Sprachen. Carrier wird von ca. 680

Native Speakers im Inneren von British Columbia in Kanada gesprochen, dazu von ca. 1400 Sprecher*innen, die Carrier teilweise beherrschen. Carrier hat ein einfaches Tonsystem, das hier vernachlässigt wird. Carrier ist eine stark gefährdete Sprache.

Carrier zerfällt in verschiedene Dialekte, von denen zunächst die Schmetterlingsausdrücke in zwei Varianten von Southern Carrier angeführt werden: Im Lheidli-Dialekt heißt der Schmetterling ᗅ'ᐅᐪᗡʰ *tsagwelht'ah* [tsagʷeɬt'ah] oder *tsagwulhdeh* [tsagʷʌɬdeh]; im Saik'uz-Dialekt *tsagwulht'ah* [tsagʷʌɬt'ah]. Es gibt ferner auch die Varianten *tsangwełt'ah* (Stuart Lake), *tsagʌłt'ah* (Saik'uz: Stoney Creek), *tsangwʌłt'ai* (Ulkatcho) und *tsagwʌlht'ai* (Cheslatta und Stellako).

Diese letztgenannten Varianten bedeuten alle »Er (= der Schmetterling) flattert über Scheiße«, wobei dieser wenig schmeichelhafte Name biologisch leicht zu erklären ist. Wie ich oben im zoologischen Einleitungskapitel festgestellt habe, lieben Schmetterlinge auch nährstoffreiche, aber aus menschlicher Sicht unappetitliche Materialien wie Schweiß oder Kot. Die Motte heißt in beiden Dialekten *musdzoonyaz* [mʌs̨d̨z̨unjaz]. Dieses Wort bedeutet »kleine Eule«.

Quellen: vgl. http://www.billposer.org/LheidliCarrierDictionary/dicttop.html; sowie ferner auch: http://www.billposer.org/SaikuzCarrierDictionary/dicttop.html; allgemein zu Carrier-Dialekten vgl. https://www.billposer.org/LanguageResources.html; vgl. darüber h inaus auch: https://glosbe.com/en/crx/butterfly; https://omniglot.com/writing/carrier.htm (zuletzt eingesehen am 10.1.2021); schließlich auch: https://www.ethnologue.com/language/crx (zuletzt eingesehen am 28.6.2022).

110. South Slavey *(Slave, Dene Tha', Dene Zhatıé)* gehört zu den nordathabaskischen Sprachen, die ein Teil der athabaskischen Sprachfamilie und damit der Na-Dené-Sprachen sind. Slavey tritt in den Varianten North Slavey und South Slavey mit weiteren Unterdialekten auf. Insgesamt wird Slavey von ca. 2000 Native Speakers in den Northwest Territories im Nordwesten Kanadas gesprochen. Slavey ist eine stark gefährdete Sprache.

Der Schmetterling heißt im South Slavey *goménıa* [g̊omɛnıa], die Motte *zhu yáe déa*. South Slavey ist eine Tonsprache (mit zwei Tönen: hoch, tief). Der Hochton wird mit dem Akut-Akzent bezeichnet, der Tiefton bleibt unbezeichnet. Weitere und präzisere Angaben konnten leider nicht gefunden werden.

Quellen: vgl. South Slavey Topical Dictionary. Kátł'odehche Dialect 2009: 139, 140; https://www.ethnologue.com/language/xsl; https://omniglot.com/writing/southslavey.htm (zuletzt eingesehen am 11.1.2021).

II.15.2.1.2 Südathabaskische Sprachen

111. Navajo *(Diné Bizaad, Navaho)* ist eine südathabaskische Sprache, die zu den athabaskischen Sprachen und damit zu den Na-Dené-Sprachen gehört. Sie ist die größte indigene Sprache Nordamerikas, die 2011 noch von ca. 170 000 Native Speakers in Arizona, New Mexico, Utah und Colorado gesprochen wurde. Navajo wird aber zunehmend nicht mehr an die junge Generation weitergegeben und ist damit trotz der relativen Größe als bedrohte Sprache anzusehen. Navaho wird im lateinischen Alphabet geschrieben.

Der Ausdruck für »Schmetterling« im Navajo ist *k'aalógii* [k'ɑːlógiː]. Navajo ist eine Tonsprache mit vier Tönen (hoch, tief fallend, steigend), der Hochton wird mit Akut-Akzent markiert, d. h. »ó« steht für Hochton. Ein anderer Ausdruck für Schmetterling scheint *ho'oneno* zu sein. Die Motte wird *iich'ą́hii* genannt.

Quellen: vgl. Wall/Morgan, Navajo-English Dictionary 1958: 39; The Franciscan Fathers, Ethnological Dictionary of Navaho 1910: 167; sowie ferner: https://aulex.org/es-nav/?-busca=mariposa&idioma=en; vgl. schließlich auch: https://www.ethnologue.com/language/nav; https://omniglot.com/writing/navajo.htm (zuletzt eingesehen am 12.1.2020).

112. Das eng mit Navaho verwandte Western Apache [əˈpætʃi] gehört zu den südlichen athabaskischen Sprachen, somit zu den athabaskischen Sprachen und den Na-Dené-Sprachen. Western Apache wird von ca. 14 000 Native Speakers in der San Carlos Reservation und der Fort Apache Reservation östlich des Zentrums von Arizona gesprochen. Western Apache wird mit dem lateinischen Alphabet geschrieben und ist als gefährdete Sprache anzusehen.

Der Schmetterling heißt im Western Apache *doolé* [toːlé]. Western Apache ist eine Tonsprache (zwei Töne: Hochton, Tiefton). Der Hochton wird mit dem Akut-Akzent markiert, der Tiefton bleibt unmarkiert.

Der Schmetterling spielt in den Schöpfungsmythen der Apachen eine wichtige Rolle: Ein riesiger strahlend bunter Schmetterling soll der Welt die Farben gestohlen haben, opfert sich aber aus Mitleid wegen der bitteren Klagen der Apachen über die Farblosigkeit der Welt, stirbt und macht so die Welt wieder bunt. Der Schöpfer bringt schließlich wegen der Klage der Apachen über den Tod des Riesenfalters Hunderte kleiner Schmetterlinge hervor.

Quellen: vgl. https://www.wusd.us/page/apache.dictionary#Butterfly; https://omniglot.com/writing/apache.htm; https://en.wiktionary.org/wiki/dool%C3%A9; https://www.butterflyinsight.com/butterfly-stories-the-immortal-butterfly-native-american-apache-story.html (zuletzt eingesehen am 17.1.2021); schließlich auch: https://www.ethnologue.com/language/apw (zuletzt eingesehen am 28.6.2022).

II.15.3 Siouanische Sprachen

II.15.3.1 Lakota

113. Lakota *(Lakȟótiyapi, Lakhótiya, Lakhota)* gehört mit dem Westlichen Dakota und dem Östlichen Dakota zum Dakota-Zweig der Mississippi-siouanischen Sprachen, die wiederum zu den westlichen siouanischen Sprachen zu zählen sind, die den überwiegenden Großteil der siouanischen Sprachfamilie ausmachen. Lakota wird von den Teton-Sioux (dt. [zi:ʊks], engl. [su:]) vor allem in North Dakota und South Dakota sowie in den angrenzenden US-Bundesstaaten gesprochen. Lakota ist eine bedrohte Sprache mit nur noch ca. 2100 Native Speakers. Es gibt aber sehr aktive Bestrebungen, die Sprache zu erhalten. Lakota wird mit dem lateinischen Alphabet geschrieben.

Der Schmetterling heißt im Lakota *kimímela* [kɪˈmɪmela], wobei auch die Variante *kimímila* [kɪˈmɪmɪla] existiert. Ein Ausdruck für »Motte« im Lakota ist *kimímila ská* [kɪˈmɪmɪla ska], wörtlich: »weißer Schmetterling«. Mit dieser Bezeichnung werden wohl alle eher weiß-grau-braun-schwarz getönten Schmetterlinge von den bunten Tagfaltern abgegrenzt. Das zweite Wort ist *wanáği tȟakímimila* [wanáʤɪ txakímɪmɪla], wörtlich »Geist-sein-Schmetterling«, d. h. etwa »Seelenschmetterling«. Das letztere Wort zeigt wieder den häufigen Zusammenhang zwischen (einzelnen Arten von) Schmetterlingen und religiösen Vorstellungen.

Quellen: vgl. New Lakota Dictionary 2011: 875; 1009; https://www.lakotadictionary.org/phpBB3/nld04.php; Williamson, An English-Dakota Dictionary 1992 [1902]: 26; https://omniglot.com/writing/lakota.htm; zuletzt eingesehen am 19.1.2021); https://www.ethnologue.com/language/lkt (zuletzt eingesehen am 28.6.2022).

II.15.3.2 Östliches Dakota

113. Östliches Dakota *(Dakhótiyapi, Dakhóta)* gehört mit dem Westlichen Dakota und Lakota zum Dakota-Zweig der Mississippi-siouanischen Sprachen, die wiederum zu den Westlichen siouanischen Sprachen zu zählen sind, die den überwiegenden Großteil der siouanischen Sprachfamilie ausmachen. Östliches Dakota ist eine sterbende Sprache, die nur noch von knapp 300 Native Speakers der Santee-Sisseton hauptsächlich in North Dakota und South Dakota, in Minnesota und den angrenzenden kanadischen Bundesstaaten gesprochen wird. Dakota wird in verschiedenen Versionen des lateinischen Alphabets geschrieben.

Ausdrücke für »Schmetterling« im Dakota sind *kimama* [kimama] und *kimamana*, auch *kimimi* wird angegeben. Ein Dakota-Wort für Motte ist *wamdudaŋkiŋyaŋ*.

Quellen: vgl. https://filemaker.cla.umn.edu/dakota/recordlist.php; Williamson, An English-Dakota Dictionary 1992 [1902]: 26, 110; https://glosbe.com/en/dak/butterfly; https://omniglot.com/writing/sioux.htm (zuletzt eingesehen am 19.1.2021); https://www.ethnologue.com/language/dak (zuetzt eingesehen am 30.6.2022).

II.15.4 Uto-aztekische Sprachen

II.15.4.1 Nördliche Gruppe

114. Shoshoni *(Shoshone, Sosoni' ta̲ikwappe)* gehört zum numischen Zweig der nördlichen Gruppe der uto-aztekischen Sprachen. Shoshoni wird von ca. 1000 Native Speakers in Utah, Nevada, Idaho und Wyoming gesprochen und ist eine stark bedrohte Sprache. Shoshoni wird mit dem lateinischen Alphabet geschrieben.

In verschiedenen Dialekten des Shoshoni (westliches, östliches und nördliches Shoshoni) scheint es eine Reihe von unterschiedlichen Ausdrücken für »Schmetterling« zu geben, die sich zu Gruppen phonetisch ähnlicher Ausdrücke ordnen lassen, z. B. *wayapputunkih* [wajapputunkih], *wayapputankih* [wajapputankih], *a'ipputunkih* [aʔipputunkih], *a'ipputoonkih*, *a'yapodoongi*; oder *ah'sewe-run'*, *ăă'perrum*, *ayaporeng*. Ein weiterer Ausdruck wird für »Schmetterling« und »Motte« gebraucht: *aasiputungkwi(ttsi)*.

Quellen: vgl. Shoshoni Language Project: Shoshoni dictionary: https://shoshoniproject.utah.edu/language-materials/shoshoni-dictionary/dictionary.php?sho_search=&english_search=butterfly&search=Search; Shaul, Eastern Shoshone Working Dictionary 2012:13; https://glosbe.com/en/shh/butterfly; http://huntergatherer.la.utexas.edu/languages/language/46; https://omniglot.com/writing/shoshone.htm (zuletzt eingesehen am 19.1.2021); https://www.ethnologue.com/language/shh (zuletzt eingesehen am 30.6.2022).

115. Hopi *(Hopílavayi)* gehört zu der nördlichen Gruppe der uto-aztekischen Sprachen. Hopi wird von ca. 5.000 Native Speakers auf der Hopi-Reservation im Nordosten von Arizona gesprochen. Hopi ist eine bedrohte Sprache. Hopi wird mit dem lateinischen Alphabet geschrieben.

Der Schmetterling heißt im Hopi *povolhoya* [poβolhojɑ]. Ausdrücke für »Motte« sind *masivi* und *puvuwi*. Der Schmetterling ist in der Hopi-Kultur insofern tief verankert, als zu den Kachinas (Hopi: Katsina [kaˈtsʲina]) auch *Polìikatsina* zählt, eine Schmetterlings-Katsina-Gestalt. Katsinas sind geistige Wesenheiten in der Hopi-Religion, die sich in Naturgegenständen wie Pflanzen, Tieren und Sternen manifestieren und speziell für Regen in der sehr trockenen Wüstenkultur der Hopi sorgen. Der Schmetterling spielt auch in religiösen Zeremonien der Hopi eine wichtige Rolle. Es gibt einen Schmetterlingstanz *(Polìitikive)*: Die rituellen Schmetterlingstänzer heißen *Polìit*, die Schmetterlingstänzerinnen *Polimanant*.

Ferner hat die traditionelle Frisur von unverheirateten jungen Hopi-Frauen die Symbolik von Reinheit durch die Ähnlichkeit mit Kürbisblüten und wird daher »squash blossom whorl« (»Kürbisblütenhaarknoten«) genannt. Diese Form erinnert aber auch an Schmetterlingsflügel und wird daher im Hopi *poli'ini* genannt (im Englischen *butterfly hairdo*, *butterfly whorl*, d. h. »Schmetterlingshaarknoten«):

Hopi-Kultur: Schmetterlings-Katsina und Schmetterlingshaarknoten

Quellen: vgl. Hill et al., Hopi Dictionary 1998: 234; 421; 432; Sekaquaptewa et al. 2015: 366; Malotki The Dragonfly 1997: 59; http://archives.conlang.info/shau/vuequa/qhajhaul-poen.html; ferner auch: https://www.wordsense.eu/lepke/; https://en.glosbe.com/en/hop/butterfly; https://omniglot.com/writing/hopi.htm (zuletzt eingesehen am 20.1.2021); https://www.ethnologue.com/language/hop (zuletzt eingesehen am 30.6.2022).

II.15.4.2 Südliche Gruppe

II.15.4.2.1 Epimanische Sprachen

116. Tohono O'odham (*O'odham*; *O'odham ñiok*; früher: *Papago*) gehört zum tepimanischen Zweig der südlichen Gruppe der uto-aztekischen Sprachen. Tohono O'odham wird von ca. 14 000 Native Speakers im Süden Arizonas (USA) und im Norden des Bundesstaates Sonora (Mexiko) gesprochen. Tohono O'odham wird an Schulen unterrichtet, ist aber aufgrund des Drucks des Englischen insbesondere auf den Sprachgebrauch der Jugend als gefährdete Sprache anzusehen. Tohono O'odham wird mit dem lateinischen Alphabet geschrieben.

Der Schmetterling heißt im Tohono O'odham *hohogimal* [hohogimal]; eine lexikalische Variante ist *hohokimal*. Er erscheint in einer Serie von knappen poetischen Porträts von Wüstentieren der bedeutenden Linguistin und Schriftstellerin Ofelia Zepeda, die an der University of Arizona in Tucson lehrt und forscht und Gedichte in ihrer Muttersprache Tohono O'odham verfasst hat.

Quellen: vgl. Saxton et al., Tohono O'odham/Pima to English – English to Tohono O'odham/Pima Dictionary 1998: 74; Zepeda Jewed̥ 'I-Hoi/Earth Movements 1997: 30; https://glosbe.com/en/ood/butterfly; https://omniglot.com/writing/oodham.htm (zuletzt eingesehen am 20.1.2021); schließlich auch: https://www.ethnologue.com/language/ood (zuletzt eingesehen am 30.6.2022).

II.15.4.2.2 Coracol-Sprachen

117. Huichol *(Wixárika, Vixaritari Vaniuqui)* gehört zum Corachol-Zweig der südlichen Gruppe der uto-aztekischen Sprachen. Huichol [wiʧoːl] wird von ca. 60 000 Native Speakers vor allem im Bundesstaat Jalisco im nordwestlichen Zentralmexico, aber auch in den angrenzenden Bundesstaaten Nayarit, Zacatecas, San Luis Potosi und Durango gesprochen. Huichol wird im lateinischen Alphabet geschrieben.

Der Schmetterling heißt im Huichol *cïpíi* [kʰɨˈpiː]. Er ist ein beliebtes Motiv im traditionellen und modernen Kunsthandwerk der Huichol, das auch kommerziell erfolgreich ist. Dabei werden Glasperlen (früher: Samen, Muscheln, Korallen) auf Formen aus Holz oder Garn mit einer Wachsschicht gepresst.

Schmetterlingsmotiv im Huichol-Kunsthandwerk

Quellen: vgl. McIntosh/Grimes, Vocabulario Huichol-castellano. Castellano-huichol 1954: 5; ferner: https://pueblosoriginarios.com/lenguas/huichol.php; sowie auch: https://es.qaz.wiki/wiki/Huichol_language; https://omniglot.com/writing/huichol.htm (zuletzt eingesehen am 20.1.2021); schließlich auch: https://www.ethnologue.com/language/hch (zuletzt eingesehen am 30.6.2022).

II.15.4.2.3 Nahua-Sprachen

118. Nahuatl ([ˈnaːwatɬ]; Mexicano; Aztec; Náhuatl de la Huasteca Occidental; Náhuatl de la Huasteca Oriental; Western/Eastern Huasteca Aztec) gehört zum aztekischen (Nahua) Zweig der südlichen Gruppe der uto-aztekischen Sprachen. Nahuatl wird von ca. 1,6 Millionen Native Speakers vor allem in südöstlichen Bundesstaaten von Mexiko wie Puebla, Veracruz und Hidalgo gesprochen. Trotz der großen Sprecherzahl steht Nahuatl unter starkem Druck des Spanischen, von dem es in Wortschatz und Grammatik beeinflusst worden ist. Der größte Dialekt des Nahuatl ist Huasteca Nahuatl.

Nahuatl wurde zur Zeit des Klassischen Aztekisch (15. und 16. Jh. n. Chr.) mit einer Schrift geschrieben, die eine Mischung aus Bilderschrift, Silbenschrift und phonetischen Zeichen ist. Das klassische Aztekisch, die Sprache des Aztekenimperiums, hat eine reiche Literatur hervorgebracht, von deren Texten viele durch die spanische Kolonialherrschaft vernichtet wurden. Überliefert ist u. a. die Lyrik des Dichters und Königs Nezahualcóyotl (1402–1572). Heute wird Nahuatl mit dem lateinischen Alphabet geschrieben.

Der Schmetterling heißt im Nahuatl *pāpālōtl* [paːˈpaːloːt͡ɬ]. Das Wort für Motte ist auch das Wort für Nachtfalter: *chahuapāpālōtl*. Für Motte wird aber auch *teixkuapāpālōtl* gesagt. Die wichtige Stellung des Schmetterlings in der aztekischen Mythologie (wie übrigens in ganz Mittelamerika) zeigt die Göttin *Ītzpāpālōtl*, die in der traditionellen Götterwelt der Azteken mit Schmetterlingsflügeln auftritt. Sie kann als furchterregende Kriegsgöttin mit Totenkopf und Klauen an den Händen und Füßen, aber auch als verführerische Schönheit erscheinen.

Quellen: vgl. Online Nahuatl Dictionary, https://nahuatl.uoregon.edu/content/ pāpālōtl-o; https://aulex.org/nah-es/?busca=mariposa; ferner auch: https://glosbe.com/en/nhn/

butterfly; http://www.mexica.net/dictionary/; https://nawatl.com/glosarios/palabras-en-nahuatl/; schließlich: https://omniglot.com/writing/nahuatl.htm; https://en.wikipedia.org/wiki/ Ītzpāpālōtl (zuletzt eingesehen am 21.1.2021); schließlich auch: https://www.ethnologue.com/language/nhw; https://www.ethnologue.com/language/nhe (zuletzt eingesehen am 30.6.2022).

Die Aztekengöttin *Ītzpāpālōtl*

II.15.5 Irokesische Sprachen

119. Cherokee *(Tsalagi; Tsalagi Gawonihisdi)* gehört zum südlichen Zweig der irokesischen Sprachfamilie. Cherokee ist eine ernsthaft bedrohte Sprache, die von ca. 2000 zumeist älteren Native Speakers in Oklahoma und North Carolina gesprochen wird. Damit ist Cherokee eine sterbende Sprache, trotz Verankerung im Bildungssystem und schriftlicher Verwendung: Cherokee wird seit ca. 1820 in einer Silbenschrift geschrieben, die vom Cherokee Sequoyah (ca. 1770–1843) eigenständig (!) entwickelt worden ist und die rasch zu einer weitgehenden Alphabetisierung der Cherokee Nation führte. Cherokee wird auch im lateinischen Alphabet geschrieben.

Trotz dieser und vieler anderer hochstehender technischer und kultureller Leistungen wurden die Cherokee wie auch die anderen vier *Civilized Nations* (1. Creek (= Muskogee), 2. Choctaw, 3. Chickasaw, 4. Seminolen) 1838 von US-Präsident Andrew Jackson auf den *Trail of Tears* gezwungen. Dieser »Weg der Tränen« führte sie von ihrer Heimat in Georgia und North Carolina nach Oklahoma, wobei ca. 4000 Cherokee starben.

Der Schmetterling heißt im Cherokee ᏍᎹᎹ *kamama* [kɐˈmama]. Cherokee ist eine Tonsprache mit sechs Tönen, die hier vernachlässigt werden. Wörter für Motte sind *advtowa* und *wasohla*.

Interessant ist, dass *kamama* im Cherokee auch »Elefant« bedeutet, wohl wegen der metaphorischen Übertragung der Form der Schmetterlingsflügel auf die großen Ohren des Elefanten. Dies hat kreative Darstellungen angeregt, wie Kunsthandwerk und Fotocollagen:

Cherokee *kamama*: Elefant + Schmetterling

Quellen: vgl. https://www.cherokeedictionary.net/; Joyner/Whitlock, Raven Rock Cherokee-English Dictionary 2015: 43, 84; ferner auch: https://language.cherokee.org/word-list/; http://www.ctc.volant.org/cherokee/; https://glosbe.com/en/chr/butterfly; https://omniglot.com/writing/cherokee.htm (zuletzt eingesehen am 22.1.2021); https://www ethnologue.com/language/chr (zuletzt eingesehen am 30.6.2022).

120. Mohawk *(Kanien'kéha)* gehört zum nördlichen Zweig der irokesischen Sprachfamilie. Mohawk ist eine bedrohte Sprache und wird von ca. 3000 Native Speakers vor allem in den kanadischen Bundesstaaten Ontario und Quebec, aber auch im US-Bundesstaat New York gesprochen. Mohawk wird mit lateinischem Alphabet geschrieben.

Der Schmetterling heißt im Mohawk *tsiktsinón:nawen* [ʤikʤinũːnawʌ̃], Variante: *tsiktsinén:nawen* [ʤikʤinʌ̃ːnawʌ̃]. Mohakw ist eine Tonsprache mit drei Tönen: kurz-hoch, lang-steigend, lang-fallend). Der lang-steigende Ton wird mit dem Akut-Akzent »´« und Doppelpunkt markiert. Die Silben *-ón:-* [ũː] und *-én:-* [ʌ̃ː] weisen also einen langen, ansteigenden Ton auf.

In der anglophonen Alltagskultur werden Irokesenschnitte, die an Schmetterlinge erinnern, sowie vergleichbare Perücken auch *butterfly mohawk* genannt.

Quellen: vgl. https://kanienkeha.net/; ferner auch: https://www.freelang.net/online/mohawk.php?lg=gb; https://glosbe.com/en/moh/butterfly; https://omniglot.com/writing/mohawk.htm; zuletzt eingesehen am 23.1.2021); https://www.ethnologue.com/language/moh (zuletzt eingesehen am 30.6.2022).

II.15.6 Algonkin-Sprachen

II.15.6.1 Zentral-Algonkin

121. Ojibwe *(Ojibwa, Ojibway, Anishinaabemowin, Nishnaabemwin)* gehört zum zentralen Zweig der Algonkin-Sprachen. Ojibwe wird von etwa 70 000 Native Speakers vor allem in den Bundesstaaten Quebec, Ontario, Manitoba, Saskatchewan in Kanada gesprochen sowie in den Bundesstaaten Michigan, Wisconsin, Minnesota in den USA. Damit ist Ojibwe eine der wenigen relativ gesicherten, nicht unmittelbar bedrohten indigenen Sprachen Nordamerikas. Durch den Druck des Englischen ist aber Ojibwe trotz der großen Zahl von Native Speakers und verschiedener Revitalisierungsprojekte als gefährdet anzusehen.

Es gibt zahlreiche Dialekte (u. a. Westliches Ojibwe, Östliches Ojibwe, Zentrales Ojibwe, Südwestliches Ojibwe, Nordwestliches Ojibwe, Ottawa/Odawa). Dies erklärt vermutlich die unten stehenden Varianten, die für

Schmetterlingsausdrücke in Nachschlagewerken genannt werden. Ojibwe wird heute vor allem im lateinischen Alphabet geschrieben; bis Mitte des 20. Jh.s war auch eine Silbenschrift stark verbreitet.

Der Schmetterling heißt im Ojibwe u. a. *memengwaa* [meˈmeŋwaː]. Daneben sind Varianten wie *memengwaah* oder (im Östlichen Ojibwe) *memengwaanh* sowie weitere Ausdrücke wie *waapoone* vorhanden. Ein Wort for Motte ist *totowêsi.*

Quellen: vgl. Baraga, Dictionary of the Ojibway Language 1992: 38; 174; https://ojibwe.lib.umn.edu/main-entry/memengwaa-na; vgl. überdies auch: https://dictionary.nishnaabemwin.atlas-ling.ca/#/help; https://www.freelang.net/online/ojibwe.php?lg=gb; sowie schließlich: https://glosbe.com/en/oj/butterfly; https://omniglot.com/writing/ojibwe.htm (zuletzt eingesehen am 24.1.2021); zu den Varianten von Ojibwe vgl. schließlich auch: https://www.ethnologue.com/language/ojg; https://www.ethnologue.com/language/ojw; https://www.ethnologue.com/language/ojb; https://www.ethnologue.com/language/ojc (zuletzt eingesehen am 30.6.2022).

122. Cree *(Nêhiyawêwin; Montagnais, Naskapi)* gehört zum zentralen Zweig der Algonkin-Sprachen. Cree wird vor allem in den kanadischen Bundesstaaten Quebec, Ontario, Manitoba, Saskatchewan und Alberta von ca. 100 000 Native Speakers gesprochen. Cree wird in einer Silbenschrift geschrieben, die auch heute im Westen des Sprachgebiets noch stark verbreitet ist. Im Osten wird hingegen das lateinische Alphabet gebraucht.

Cree zerfällt in zahlreiche Dialekte (u. a. Plains Cree, Woods Cree, Swamp Cree, East Cree). Dies erklärt auch die Existenz von mehreren Varianten von Schmetterlingsausdrücken.

Der Schmetterling heißt im Cree u. a. ᑲᒫᒪᐠ *kamâmak* [kamaːmak]. Dieser Ausdruck bedeutet »großer Schmetterling«. Ein weiteres Schmetterlingswort ist *kamâmakos* [kamaːmakos], was »kleiner Schmetterling« bedeutet. Beide Ausdrücke können auch für »Motte« verwendet werden.

Dies gilt auch fur einen weiteren Schmetterlingsausdruck, nämlich *kwaahkwaapisiish* bzw. *kwaahkwaapisiu*, der in einer an der Hudson Bay gelegenen nordöstlichen Cree-Variante verwendet wird. Ein weiteres, an Ojibwe *memengwaa* erinnerndes Wort für »Schmetterling« ist schließlich *mimikwâs*. Ein spezieller Ausdruck für die Motte ist *môhtew.*

Quellen: vgl. LeClaire/Cardinal, Cree dictionary 2002: 37, 268, 365; https://dictionary.plainscree.atlas-ling.ca/#/results; sowie ferner auch: https://sapir.artsrn.ualberta.ca/cree-dictionary/search?q=butterfly; https://dictionary.eastcree.org/words; https://www.thecanadianencyclopedia.ca/en/article/cree-syllabics; vgl. schließlich auch: https://omniglot.com/writing/cree.htm; https://www.ethnologue.com/language/cre (zuletzt eingesehen am 1.7.2022).

II.15.6.2 Plains-Algonkin

123. Cheyenne *(Tsėhésenėstsestȯtse, Tsisinstsistots)* gehört zum Plains-Zweig der Algonkin-Sprachen. Cheyenne wird nur noch von ca. 400 Native Speakers vor allem in Montana und Oklahoma (USA) gesprochen und ist somit eine sterbende Sprache. Es gibt jedoch Revitalisierungsbemühungen. Cheyenne wird im lateinischen Alphabet geschrieben.

Der Ausdruck *hevávȧhkema* [hevavḁhkemɐ] wird für »Schmetterling« oder »Motte« verwendet. Das zweite A («*ȧ*») wird stimmlos ([ḁ]) ausgesprochen, d. h. »geflüstert«. Es gibt vier Töne im Cheyenne, die hier vernachlässigt werden. Weitere und präzisere Angaben konnten nicht gefunden werden.

Quellen: vgl. http://cdkc.edu/cheyennedictionary/lexicon/main.htm; https://glosbe.com/en/chy/butterfly; https://www.freelang.net/online/cheyenne.php?lg=gb; https://omniglot.com/writing/cheyenne.htm (zuletzt eingesehen am 26.1.2021); https://www.ethnologue.com/language/chy (zuletzt eingesehen am 1.7.2022).

II.15.7 Wakashanisch

124. Kwak'wala *(Kwakiutl)* gehört zum nördlichen Zweig der wakashanischen Sprachfamilie. Kwak'wala wird von ca. 200 Native Speakers an der Queen Charlotte Strait zwischen Vancouver Island und dem Festland von British Columbia (Kanada) gesprochen. Die natürliche Sprachweitergabe zwischen den Generationen ist weitgehend unterbrochen, und Kwak'wala ist, so gesehen, als sterbende Sprache zu bezeichnen. Es gibt aber ernst zu nehmende Revitalisierungsbemühungen, sodass nun zusätzliche 500 Personen wieder einige Kenntnisse von Kwak'wala haben. Kwak'wala wird mit dem lateinischen Alphabet geschrieben.

Der Ausdruck für »großer Schmetterling« ist *hamumu* (auch: *hmumu*) [həˈmumu]. Der Ausdruck für »kleiner Schmetterling« ist *lol̓inuxw* [lol'inuχw], was auch »Geist« zu bedeuten scheint und damit wieder einmal den religiösen Bezug von Schmetterlingen zu Geistern belegt. Der Ausdruck für »Motte« ist *mastłak'wa* [məstɬʰək'wa].

Quellen: vgl. Janzen, The Lost Lexicon of George Dawson 2018: 53; Fortescue, Comparative Wakashan Dictionary 2007: 289; siehe überdies auch: https://www.firstvoices.com/explore/FV/sections/Data/Kwak'wala/; https://omniglot.com/writing/kwakwala.htm; https://www.ethnologue.com/language/kwk (zuletzt eingesehen am 26.1.2021).

II.15.8 Muskogeanisch

125. Chickasaw *(Chikashshanompa')* gehört zum westlichen Zweig der muskogeanischen Sprachfamilie. Chickasaw ist eine sterbende Sprache, die nur noch von ca. 50 Native Speakers in Oklahoma (USA) gesprochen wird. Es gibt aber ein Revitalisierungsprogramm. Chickasaw wird mit dem lateinischen Alphabet geschrieben.

Der Schmetterling heißt im Chickasaw *hatalhposhik* [hatałpoʃik]. Dieses Wort schließt auch die Motte ein. Chickasaw hat eine Kombination von Lautstärkenakzent und Tonhöhenakzent, was hier nicht berücksichtigt wird. Ein Ausdruck speziell für die Motte ist *tulhposhik*.

Quellen: vgl. Munro/Willmond, Chickasaw. An Analytical Dictionary 1994: 387, 467; https://www.achickasawdictionary.com/b; https://www.omniglot.com/writing/chickasaw.htm (zuletzt eingesehen am 27.1.2021); https://www.ethnologue.com/language/cic (zuletzt eingesehen am 1.7.2022).

II.15.9 Maya-Sprachen

II.15.9.1 Yukatekische Familie

126. Yukatekisch (span. *maya yucateco*; engl. *Yucatec Maya*; Eigenbezeichnung: *Màayah t'àan* »Maya-Rede«); *Maayáa*) gehört zum yukatekischen Zweig der Maya-Sprachen und wird von ca. 800 000 Native Speakers vor allem in den mexikanischen Bundesstaaten Yucatán, Quintana Roo, Campeche und Tabasco gesprochen, ferner im Norden von Belize.

Das klassische Maya (ca. 200–900 n. Chr.) wurde in der Maya-Schrift geschrieben, die eine Kombination von Bilderschrift und Silbenschrift war und von ca. 3. Jh. v. Chr. bis ins 16. Jh. n. Chr. Verwendung fand. Hiervon sind insbesondere religiöse, astronomische und historische Inschriften auf Stein erhalten. Wegen der Zerstörung vieler alter literarischer Maya-Texte durch Kolonialismus und Mission ist die überlieferte mythische Erzählung *Popol Vuh* von besonderer Bedeutung, die einen Schöpfungsmythos und die Wanderungsgeschichte der Quiché, eines Maya-Volkes, enthält. Heute werden die Maya-Sprachen, auch Yucatec Maya, mit dem lateinischen Alphabet geschrieben.

Der Schmetterling heißt im Yukatekischen *pepem/péepen/péepem* [ˈpɛ́ːpɛm]. Yucatec Maya ist eine Tonsprache mit zwei Tönen (Hochton, Tiefton). Der Hochton wie bei *péepem* wird durch Akut-Akzent (»´«) angezeigt. Interessant ist auch die Metapher *péepen k'áak'* (wörtlich: »Schmetterling + Feuer«, d. h. »Feuer-Schmetterling« = »Flugzeug«) im Yukatekischen. Ein spezielleres Schmetterlingswort ist *x-mahan+nah*. Es bezeichnet einen großen grauen Schmetterling, der ins Haus kommt, wenn sich Regen ankündigt.

Der Schmetterling spielt in der modernen Maya-Kultur eine Rolle als eine ökonomische Ressource in Schmetterlingszuchtfarmen. Als Motiv im Kunsthandwerk und als religiöses Wesen in der synkretistischen, christlich beeinflussten postkolonialen Maya-Tradition spielt *Hunab Ku* (»der eine Gott«) eine wichtige Rolle. *Hunab Ku* wird auch als »Galaktischer Schmetterling« (spanisch: *mariposa galáctica*) bezeichnet.

Quellen: vgl. Barrera Vásquez et al., Diccionario maya 1991; Bastarrachea et al., Diccionario básico español-maya 1992; https://www.bing.com/translator?to=yua&setlang=xh; https://www.translate.com/english-yucatec-maya; sowie schließlich auch: https://sites.google.com/a/hamline.edu/maya-society/yucatec-maya-language-resources; https://glosbe.com/en/yua/butterfly; https://omniglot.com/writing/yucatec.htm (zuletzt eingesehen am 27.1.2021); https://www.ethnologue.com/language/yua (zuletzt eingesehen am 1.7.2022).

127. Mopan *(Maya Mopán, Mopane)* gehört zum yukatekischen Zweig der Maya-Sprachen. Mopan wird von ca. 12 000 Native Speakers in Guatemala und Belize gesprochen. Mopan wird mit dem lateinischen Alphabet geschrieben.

Der Schmetterling heißt im Mopan *pempem* [pɛmpɛm]. Ein Ausdruck für »Motte« ist *mok'ok'*.

Quellen: vgl. Sosa López et al., Muuch't'an Mopan/ Vocabulario Mopan 2003: 90; 220; vgl. auch: https://es.wiktionary.org/wiki/pempem; siehe überdies auch: https://glosbe.com/

en/mop/butterfly; https://www.traductoridiomasmayas.com/traductorespanolitza/index.php?name=mariposa&submit=Traducir; https://omniglot.com/writing/mopan.htm (zuletzt eingesehen am 28.1.2021); https://www.ethnologue.com/language/mop (zuletzt eingesehen am 1.7.2022).

II.15.10 Quechuanische Sprachfamilie

128. Quechua *(Qichwa; Kichwa; Chanca; Runasimi)* ist eine Sprachfamilie mit drei Zweigen: 1. Zentrales Quechua (Quechua I, zentrales Peru), 2. Nördliches Quechua (Quechua II B: Südkolumbien, Ecuador, Nordperu) und Südliches Quechua (Quechua II C: südliches Peru, Bolivien, Argentinien) zerfällt. Innerhalb dieser drei Zweige gibt es viele Dialekte. Es ist daher nicht verwunderlich, dass sich die Schmetterlingsausdrücke z. T. deutlich unterscheiden, auch wenn hier keine Unterscheidung nach den einzelnen Quechua-Sprachen getroffen wird. Wohl aber wird, soweit möglich, auf die regionale Herkunft der einzelnen Ausdrücke hingewiesen.

Quechua wird von ca. acht Millionen Native Speakers vor allem in Ecuador, Peru, Bolivien und Argentinien gesprochen. Damit ist Quechua die bei Weitem größte indigene Sprache Südamerikas. Es steht aber trotzdem stark unter dem Druck des Spanischen, obwohl es z. B. in Peru als offizielle Sprache anerkannt ist.

Vor der Kolonialisierung war Quechua die offizielle Sprache des Inkareiches (ca. 1438–1533 n. Chr.), das sich von Ecuador bis Chile erstreckte und in dem ca. zehn Millionen Menschen lebten. Auch nach der Eroberung durch die Spanier wurden bis ins 18. Jh. zahlreiche Bücher in Quechua publiziert. Quechua wird mit dem lateinischen Alphabet geschrieben.

Der Schmetterling heißt im Cuzco-Quechua (Peru) *pillpintu* [piʎˈpintu], ganz ähnlich auch im bolivianischen Quechua: *pilpintu*. Im Norden (Imbabura Quechua, Ecuador) wird der Ausdruck *pinpillitu* verwendet. Es gibt aber auch weitere Schmetterlingswörter wie *chapul* und *kapila*. Ausdrücke für die Motte sind *puyu* und *thuta*. Schon die kolonialzeitlichen Lexika des 16. und 17. Jh.s verzeichneten die Wörter *pillpintu* (»(kleiner) Schmetterling«), *akarway/taparaku* (»großer Schmetterling«) und *thuta* (»Motte«).

Das tropische Tiefland östlich der Anden ist reich an Schmetterlingsarten. So verwundert es nicht, dass Schmetterlinge im Kunsthandwerk der Inka eine wichtige Rolle spielten, nämlich als Motiv auf den *Tupu*, das sind Gewandnadeln, mit denen Inkafrauen ihr Obergewand befestigten.

Quellen: vgl. Parker, English-Quechua Dictionary 1964: 19; 88; Lira, Diccionario kkechuwa-español 1944: 32; 753; 962; 1033; Dedenbach-Salazar Sáenz, Inka pachaq llamanpa willaynin – Uso y crianza de los camélidos en la época incaica 1990: 339 f.; http://www.philip-jacobs.de/runasimi/runaengl.htm; https://wold.clld.org/vocabulary/37; https://www.freelang.net/online/quechua_bolivian.php?lg=gb; auch: https://www.ethnologue.com/language/que; https://omniglot.com/writing/quechua.htm; ferner auch: https://www.dicts.info/dictionary.php?l1=English&l2=Quechua&word=butterfly&Search=Suchen; überdies: http://huntergatherer.la.utexas.edu/languages/language/128; vgl. schließlich: https://aulex.org/qu-es/?busca=mariposa&idioma=en (zuletzt eingesehen am 29.1.2021).

II.15.11 Tupí-Sprachfamilie

II.15.11.1 Tupí-Guaraní-Sprachfamilie

129. Guaraní *(Avañe'ẽ, Nhandeayvu, Mbyá)* gehört zum Tupí-Guaraní-Zweig der Tupí-Sprachfamilie. Guaraní wird von ca. 4,6 Millionen Native Speakers vor allem in Paraguay, wo Guaraní eine offizielle Sprache ist, sowie im südöstlichen Bolivien, im nordöstlichen Argentinien und im südwestlichen Brasilien gesprochen. Guaraní wird seit dem 17. Jh. mit dem lateinischen Alphabet geschrieben, die moderne Standardschrift wurde 1950 fixiert.

Der Schmetterling heißt im Guaraní *panambi* [panaˈᵐbi]. Für die Motte wird *yso michĩ ao uha* gesagt. Ein Dorf in der nordöstlichen argentinischen Provinz *Misiones* heißt *Panambí*.

Quellen: vgl. zum Guaraní: Britton, Guaraní – English. English – Guaraní. Concise Dictionary 2005: 88; http://www.redargentina.com/dialectosylenguas/guarani/vocabulario/p.asp; https://glosbe.com/en/gn/butterfly; https://es.wiktionary.org/wiki/panambi; https://www.ipparaguay.com.py/diccionario-guarani/#custom-tabs-two-m; https://www.iguarani.com/?palabra=mariposa; http://descubrircorrientes.com.ar/2012/index.php/diccionario-guarani/2-espanol-guarani/1457-letra-p; http://huntergatherer.la.utexas.edu/languages/language/267; ferner: https://omniglot.com/writing/guarani.htm (zuletzt eingesehen am 5.2.2021); schließlich auch: https://www.ethnologue.com/language/grn (zuletzt eingesehen am 1.7.2022).

II.15.11.2 Ramarama-Sprachfamilie

130: Karo *(Arára, Itogapúk, Uruku)* gehört zum Zweig Ramarama der Tupí-Sprachfamilie. Karo wird von ca. 130 Native Speakers im nordwestlichen Bundesstaat Rondônia in Brasilien unweit der Grenze zu Bolivien gesprochen. Die Sprache wird noch von den Kindern gelernt, ist aber angesichts der geringen Zahl von Sprecher*innen insgesamt und des Drucks des Portugiesischen doch als eine stark bedrohte Sprache anzusehen. Karo wird mit dem lateinischen Alphabet geschrieben.

Der Schmetterling im Sinne von Nachtfalter heißt im Karo *kiriwep* [kɨɾɨˈwɛp]. In einer illustrierten portugiesischen Selbstdarstellung des Arara-Karo-Volkes wird auf die kulturelle Bedeutung des Nachtfalters *kiriwep* als Ankündiger von starkem Regen hingewiesen, wenn dieser Nachtfalter in großer Zahl erscheint (»A borboleta *kiriwep*, que é noturna, anuncia as chuvas quando aparece em grande quantidade«; vgl. https://acervo.socioambiental.org). Weitere und präzisere Angaben konnten nicht gefunden werden.

Quellen: vgl. Gabas, A grammar of Karo, Tupí 1999: 32; https://pt.wikipedia.org/wiki/L%C3%ADngua_caro; https://acervo.socioambiental.org/sites/default/files/documents/1-Arara_Livro_PDFinterativo.pdf (zuletzt eingesehen am 5.2.2021); https://www.elar-archive.org/dk0206/; https://www.ethnologue.com/language/arr (zuletzt eingesehen am 1.7.2022).

II.15.12 Jivaroanische Sprachfamilie

131. Aguaruna *(Awajún, Aguajún, Awajunt)* gehört zur jivaroanischen Sprachfamilie (auch: Chicham-Sprachfamilie). Aguaruna wird im tropischen Norden von Peru und im Osten von Ecuador von ca. 53 000 Native Speakers gesprochen und ist eine ziemlich vitale Sprache. Aguaruna wird mit dem lateinischen Alphabet geschrieben.

Der Schmetterling heißt im Aguaruna *wámpishuk* [ˈwampiʃuk]. Eine Bezeichnung für »Nachtfalter« ist *wichíkap(i)*.

In der traditionellen Kultur der Aguaruna besteht der Glaube, dass die Seelen toter Krieger, die nicht ins Jenseits eingehen können, sich als Tiere manifestieren, u. a. als große blaue Schmetterlinge, die *wampag* genannt werden. Dabei handelt es sich wohl um die in Mittelamerika und im tropischen Südamerika häufig vorkommenden *Blauen Morphofalter* (*Morpho peleides*).

Quellen: vgl. Wipio Paucai, Diccionario Awajún-Castellano. 2011: 202; Asangkay Sejekam/Gomez Antuash Diccionario Awajún-Castellano. Primera parte: Awajún-Castellano 2008: 26; Wipio Deicat, Diccionario Aguaruna-Castellano. Castellano-Aguaruna 1996: 239; vgl. darüber hinaus auch: http://huntergatherer.la.utexas.edu/languages/language/114; https://ids.clld.org/valuesets/3-920-258; Riol Gala, La construcción del cenepa como lugar indígena. Una historia Awajún y Wampis de relación y defensa del territorio 2015: 100 (zuletzt eingesehen am 7.2.2021); https://www.ethnologue.com/language/agr (zuletzt eingesehen am 2.7.2022).

132. Yanomámi *(Yanomamö, Yanomámɨ, Yanomame, Yanomam, Waicá, Guaica)* ist eine Sprache der kleinen Yanomam-Sprachfamilie. Die Einordnung in größere Familien ist umstritten.

Yanomámi wird von ca. 20 000 Native Speakers im Süden von Venezuela und im Norden von Brasilien gesprochen. Obwohl Yanomámi heute noch von allen Kindern gelernt wird, ist durch illegalen Bergbau, die dadurch erfolgende Verbreitung von Krankheiten sowie durch den Druck des Portugiesischen und Spanischen Yanomámi als gefährdet anzusehen. Yanomámi wird in verschiedenen Versionen des lateinischen Alphabets geschrieben.

Der Schmetterling heißt im Yanomámi *ũwãũwãmɨ* [ũwãũwãmɨ]. Es gibt auch den Ausdruck *hura-hura* für (blaue) »Tagfalter«. Ein Ausdruck für Nachtfalter ist *wari mahe*.

Quellen: vgl. Lizot, Diccionario enciclopédico de la lengua yãnomãmɨ 2004: 116, 447; 468; Mattei-Müller/Serowë, Lengua y cultura Yanomami: diccionario ilustrado Yanomami-Español, Español-Yanomami 2007: 110, 343, 674; Sinn, Die Verschriftung des Yanomami 2006: 139 ff.; http://huntergatherer.la.utexas.edu/languages/language/162; https://ids.clld.org/valuesets/3-920-253 (zuletzt eingesehen am 8.2.2021); schließlich auch: https://www.ethnologue.com/language/guu; https://www.ethnologue.com/language/wca (zuletzt eingesehen am 2.7.2022).

II.15.13 Jê-Sprach-Familie

133. Xavánte ([ʃavãnte]; auch: *Chavante*, *Shavante*; *A'uwẽ*, *Akwen*, *Awen*) gehört zur Jê- ([ʒe]; auch: Gê, Ge) Sprachfamilie. Xavante wird von ca. 10 000 Native Speakers im Osten des Bundesstaates Mato Grosso in Brasilien gesprochen und mit dem lateinischen Alphabet geschrieben.

Der Schmetterling heißt im Xavante *piro* [pɪrɔ]. Weitere und präzisere Angaben konnten nicht gefunden werden.

Interessant ist, dass die Männer in der traditionellen Tracht der Xavante einen Halsschmuck tragen, der von der brasilianischen Mehrheitskultur auf Portugiesisch *gravata borboleta* (wörtlich: »Schmetterlingskrawatte«, gemeint ist: »Fliege«) oder *gravata Xavante* (»Xavante-Krawatte«) genannt wird. Sie besteht aus einer geflochtenen Schnur aus Baumwolle, die von den Männern um den Hals geknotet wird und in zwei Quasten endet, die Schmetterlingsflügeln ähneln. In der traditionellen Kultur der Xavante hat diese »Krawatte« die Funktion, verschiedene Altersstufen zu signalisieren, die auch durch den zusätzlichen Schmuck mit einer jeweils verschiedenen Vogelfeder angezeigt werden.

Quellen: vgl. Hall/McLeod/Mitchell, Pequeno dicionário Xavante-Português. Português-Xavante 2004: 144; siehe ferner auch https://www.gazetadigital.com.br/editorias/opiniao/a-gravata-xavante/418920; https://omniglot.com/writing/shavante.php (zuletzt eingesehen am 8.2.2021); schließlich auch: https://www.ethnologue.com/language/xav (zuletzt eingesehen am 2.7.2022).

II.15.14 Arawak-(Maipurisch-)Sprachfamilie

134. Kurripako *(Curripaco, Curipaco, Karu, Baniwa de Içana)* gehört zur Karu-Gruppe des östlichen Nawiki-Zweigs der im nördlichen Amazonien befindlichen Arawak-Sprachen. Die Arawak-Sprachen erstrecken sich über einen riesigen Raum von der Karibik über den Norden Südamerikas bis in den Süden Brasiliens. Kurripako wird von ca. 12 000 Native Speakers am oberen Rio Negro, einem Nebenfluss des Amazonas, im Grenzbereich von Kolumbien, Venezuela und Brasilien gesprochen. Kurripako wird mit dem lateinischen Alphabet geschrieben. Die Sprachsituation von Kurripako ist ziemlich stabil.

Der Schmetterling heißt im Kurripako *makaru* [makaɾu], wobei auch die dialektale Variante *makalo* [makaɺo] existiert. Der Nachtfalter heißt *thaara* (Variante *thaarra*).

Quellen: vgl. Petiza et al., Etnoentomología Baniwa 2013: 337; ferner auch z.B.: http://huntergatherer.la.utexas.edu/languages/language/52; Chernela, Translating Ideologies: Tangible Meaning and Spatial Politics in the Northwest Amazon of Brazil 2008: 142;

Granadillo, An Ethnographic Account of Language Documentation Among the Kurripako of Venezuela 2006: 86; https://glosbe.com/es/kpc/mariposa; https://omniglot.com/writing/curripaco.htm (zuletzt eingesehen am 10.2.2021); schließlich auch: https://www.ethnologue.com/language/kpc (zuletzt eingesehen am 2.7.2022).

II.15.15 Araukanische Sprachfamilie

135. Mapuche *(Mapudungun, Mapudungu, Araucana)* gehört zur Familie der araukanischen Sprachen. Mapuche wird vor allem im Süden von Chile von ca. 250 000 Native Speakers und weiteren ca. 8000 Native Speakers im westlichen Argentinien gesprochen. Mapuche ist trotz seiner relativen Größe eine gefährdete Sprache, da der Druck des Spanischen groß ist und die Kinder ihre Muttersprache nur teilweise erwerben. Mapuche wird in verschiedenen Varianten des lateinischen Alphabets geschrieben.

Der Schmetterling heißt im Mapuche *llamkellamke* [ʎamkeʎamke], wobei auch die Varianten *llangkellangke, llampedken* und *llampuzken* sowie *nampe* existieren. Für »Nachtfalter« wird *tonton* gesagt.

In der Religion der Mapuche stehen die Schmetterlinge ähnlich wie auch in anderen Kulturen für die Toten, hier speziell für die Seelen verstorbener Verwandter.

Quellen: vgl. Villagran et al., Etnozoología Mapuche: un estudio preliminar 1999: 605; https://www.mapuche.nl/espanol/idioma/index_idioma.htm; https://argentour.com/diccionario-mapuche/#10; https://es.freelang.net/enlinea/mapuche.php?lg=es; https://ids.clld.org/contributions/309; ferner auch: https://wold.clld.org/vocabulary/41; ferner: https://huntergatherer.la.utexas.edu/languages/language/265; https://glosbe.com/en/arn/butterfly; https://omniglot.com/writing/mapuche.htm (zuletzt eingesehen am 11.2.2021); https://www.ethnologue.com/language/arn (zuletzt eingesehen am 2.7.2022).

II.16 Austronesische Sprachen

II.16.1 Malayo-polynesische Sprachen

II.16.1.1 West-malayo-polynesische Sprachen

136. Bahasa-Indonesisch *(Bahasa Indonesia)* gehört zum westlichen Zweig der malayo-polynesischen Sprachen, die wiederum Teil der großen austronesischen Sprachfamilie sind. Bahasa-Indonesisch wird von 43 Millionen Native Speakers in Indonesien gesprochen und ist dort die Zweitsprache von ca. 156 Millionen Menschen. Bahasa-Indonesisch geht auf das klassische Malaiisch zurück, das eine lange Tradition als Literatursprache hat. Bahasa-Indonesisch wird mit dem lateinischen Alphabet geschrieben.

Der Schmetterling heißt im Bahasa-Indonesischen *kupu-kupu* [kupuˈkupu]. Für »Motte« steht *ngengat*, wobei dieser Ausdruck im weiteren Sinn auch Nachtfalter umfasst. Daneben wird für »Motte« auch *rama-rama* gesagt.

Der Schmetterling spielt im traditionellen Kunsthandwerk Indonesiens eine wichtige Rolle. Vom großen Musiker und Choreografen I Wayan Beratha (1926–2014) wurde um 1960 der *Kupu-kupu Tarum* geschaffen, ein Friede und Schönheit symbolisierender, von fünf Frauen vorgeführter Schmetterlingstanz. Er steht für die Tanztradition von Bali.

Quellen: vgl. Krause, Lehrbuch der Indonesischen Sprache 1993: 288; https://www.wordhippo.com/what-is/the/indonesian-word-for-ba856797a6ed7651c7e6965efeead66cb632f0a5.html; vgl. ferner auch: https://dictionary.cambridge.org/dictionary/english-indonesian/butterfly; https://en.bab.la/dictionary/english-indonesian/butterfly; https://www.kamus.net/english/butterfly; sowie: https://www.dict.com/indonesian-english/butterfly; schließlich auch: https://lexirumah.model-ling.eu/parameters/butterfly#6/-6.113/122.266; https://omniglot.com/writing/indonesian.htm (zuletzt eingesehen am 12.2.2021); schließlich auch: https://www.ethnologue.com/language/ind (zuletzt eingesehen am 2.7.2022).

137. Malaiisch *(Bahasa Malaysia, Bahasa melayu, Malay, Melayu)* gehört zum westlichen Zweig der malayo-polynesischen Sprachen, die wiederum Teil der großen austronesischen Sprachfamilie sind. Malaiisch und Bahasa Indonesisch sind einander sehr ähnlich und könnten als eine Sprache behandelt werden, aufgrund ihres Status als offizielle Sprachen in verschiedenen Staaten werden sie hier jedoch als zwei Sprachen eingeordnet.

Malaiisch wird von ca. zwölf Millionen Native Speakers und Zweitsprachsprecher*innen vor allem in Malaysia und Singapur, aber auch im Sultanat Brunei, in Indonesien und im südlichen Thailand gesprochen. Malaiisch ist seit dem 7. Jh. n. Chr. schriftlich belegt. Es wurde anfangs in einer indischen Schrift geschrieben, ab dem 14. Jh. wurde eine Variante der arabischen Schrift *(Jawi)* verwendet. Ab dem 17. Jh. wurde das lateinische Alphabet verbreitet, das heute das meistverwendete für den schriftlichen Gebrauch von Malaiisch ist. *Jawi* wird in Malaysia vorwiegend in religiösen Kontexten eingesetzt, ist in Brunei jedoch nach wie vor eine offizielle Schrift.

Für »Schmetterling« gibt es dieselben Wörter wie im Bahasa-Indonesischen: *kupu kupu* [kupuˈkupu] und *rama rama* [ramaˈrama]. Die beiden Ausdrücke werden aber auch für »Motte« verwendet. Ein spezielles Wort für Motte bzw. Nachtfalter ist *ngengat* oder *gegat.*

Quellen: vgl. https://en.glosbe.com/en/ms/butterfly; https://www.english-malay.net/?q=moth; https://dictionary.cambridge.org/dictionary/english-malaysian/butterfly; https://www.wordhippo.com/what-is/the/malay-word-for-c9d24a5ff5e1b5688f83c1ae7735d4e534a59d2b.html; ferner: http://malaycube.com/; https://kamus.lamanmini.com/main/eng/moth; schließlich: https://www.google.com/search?client=firefox-b-d&q=Maly+omniglot (zuletzt eingesehen am 14.2.2021); https://www.ethnologue.com/language/zsm (zuletzt eingesehen am 2.7.2022).

138. Tagalog *(Filipino)* gehört zum westlichen Zweig der malayo-polynesischen Sprachen, die wiederum Teil der großen austronesischen Sprachfamilie sind. Tagalog wird im Norden der Philippinen von ca. 22 Millionen Native Speakers und darüber hinaus von ca. 55 Millionen Menschen als Zweitsprache gesprochen. Tagalog wird mit dem lateinischen Alphabet geschrieben.

Vor der Kolonialisierung durch die Spanier wurde im 15. Jh. die Schrift *Baybayin* verwendet. *Baybayin* geht auf indische Schriften zurück. *Baybayin* wurde graduell vom lateinischen Alphabet verdrängt, ist aber für dekorative Zwecke bis heute im Gebrauch.

Das Wort für »Schmetterling« im Tagalog ist *parúparó* [parupaˈroː]; daneben auch die Varianten *alibangbáng* (speziell für Schmetterlinge mit gelben Flügeln) und *paparo* »Schmetterling«, auch: »Motte«. Darüber hinaus wird auch das spanische Lehnwort *mariposa* verwendet. Wörter für Motte sind *gamugamo* und das spanische Lehnwort *polilya* (< span. *polilla* »Motte«).

Auch in der traditionellen Filipino-Kultur steht der Schmetterling, wie auch in vielen anderen indigenen Kulturen, für die Seelen der Toten.

Quellen: vgl. Blust, Historical Morphology and the Spirit World: the *qali/kali-Prefixes in Austronesian Languages 2001: 17; 20; Yap, Comparative Study of Philippine Lexicons 1977: 286; sowie ferner auch: https://www.tagalog.com/dictionary/#butterfly; https://www.tagalog-dictionary.com/search?word=butterfly; weiters auch: https://tagalog.pinoydictionary.com/search?q=butterfly; https://glosbe.com/en/tl/butterfly; https://omniglot.

com/writing/tagalog.htm (zuletzt eingesehen am 14.2.2021); schließlich auch: https://www.ethnologue.com/language/tgl (zuletzt eingesehen am 2.7.2022).

139. Cebuano *(Binisaya; Sebuano; Bisaya; Visayan)* gehört zum westlichen Zweig der malayo-polynesischen Sprachen, die wiederum Teil der großen austronesischen Sprachfamilie sind. Cebuano wird in einem sehr großen Sprachraum vom Norden bis in den Süden der Philippinen von ca. 16 Millionen Menschen gesprochen. Cebuano wird mit dem lateinischen Alphabet geschrieben.

Wörter für »Schmetterling« in Cebuano sind *alibangbáng* [alibaŋˈbaŋ] und *kabakaba* [kabaˈkaba]. Speziell für Motte wird *anunugba* gesagt.

Der Schmetterlingsausdruck *kabakaba* hat die spezifischere Bedeutung »großer oranger Schmetterling« und wird möglicherweise speziell für den Atlasspinner (engl. *Atlas moth*) verwendet, einen Nachtfalter aus der Familie der Pfauenspinner (*Saturniidae*). Der Atlasspinner gehört, wie schon oben in der Einleitung erwähnt, zu den größten Schmetterlingen der Welt und kommt u.a. im tropischen Südostasien vor. *Kabakaba* ist auch ein Wort für ein Segelboot mit schmetterlingsflügelartigen Segeln.

Atlasspinner, Atlas moth (*Attacus Atlas*)

Quellen: vgl. Wolf, Dictionary of Cebuano Visayan 1972; Vol. 1: 24; 49; 410; Blust, Historical Morphology and the Spirit World: the *qali/kali-Prefixes in Austronesian Languages 2001: 17; Yap, Comparative Study of Philippine Lexicons 1977: 286; https://glosbe.

com/tl/ceb/paruparo; https://forvo.com/word/alibangbang/; sowie ferner auch: https://cebuano.pinoydictionary.com/word/kabakaba/; http://www.binisaya.com/cebuano/kaba-kaba; https://glosbe.com/ceb/en/anunugba; vgl. schließlich auch: https://omniglot.com/writing/cebuano.htm (zuletzt eingesehen am 15.2.2021); https://www.ethnologue.com/language/ceb (zuletzt eingesehen am 2.7.2022).

140. Sundanesisch *(Basa Sunda, Basa Gumung, Sundanese)* gehört zum westlichen Zweig der malayo-polynesischen Sprachen, die wiederum Teil der großen austronesischen Sprachfamilie sind. Sundanesisch wird von ca. 32 Millionen Native Speakers im Westen von Java (Indonesien) gesprochen. Sundanesisch wurde und wird mit weiterentwickelten indischen und arabischen Schriftsystemen verschriftlicht, wird heute aber überwiegend im lateinischen Alphabet geschrieben.

Der Schmetterling heißt im Sundanesischen *kukupu* [kʊˈkʊpʊ]. Für die Motte gibt es verschiedene Ausdrücke, wie z. B. *ngengat*, *geget* oder *renget*.

Quellen: vgl. zum Sundanesischen: https://www.translate.com/dictionary/english-sundanese/butterfly-4026336; https://www.indifferentlanguages.com/words/butterfly/sundanese; https://omniglot.com/writing/sundanese.php; https://sundanese.english-dictionary.help/?q=butterfly (zuletzt eingesehen am 18.10.2020); schließlich auch: https://www.ethnologue.com/language/sun (zuletzt eingesehen am 2.7.2022).

141. Madegassisch *(Malagasy, Malgache)* gehört zum westlichen Zweig der malayo-polynesischen Sprachen, die wiederum Teil der großen austronesischen Sprachfamilie sind. Madegassisch wurde zwischen 50–500 n. Chr. von den Sunda-Inseln (im Westen von Indonesien) von Auswanderern nach Madagaskar gebracht. Madegassisch wird von ca. 25 Millionen Menschen, davon ca. 18 Millionen Native Speakers, vor allem in Madagaskar, aber auch auf den Komoren-Inseln und Réunion gesprochen. Madegassisch wurde seit dem 15. Jh. mit einer arabischen Schrift geschrieben. Heute wird es mit dem lateinischen Alphabet geschrieben.

Der gängigste Ausdruck für den »Schmetterling« im Madegassischen ist *lolo* [ˈlulu]. Daneben sind regionale und dialektale Varianten gebräuchlich wie z. B. *lele* oder *kililoke*. Das Wort *samoina* steht für Nachtfalter, speziell die Seidenspinner, die die Seidenraupen hervorbringen. Das Wort *lolo* steht in der traditionellen madegassischen Kultur wie auch viele Schmetterlingsausdrücke in anderen Sprachen für die Seelen der Toten.

Quellen: vgl. Blust, Historical Morphology and the Spirit World: the *qali/kali-Prefixes in Austronesian Languages 2001: 55; http://malagasyword.org/bins/teny2/lolo; http://mot-malgache.org/bins/teny2/papillon; https://en.glosbe.com/en/mg/butterfly; https://www.translate.com/dictionary/english-malagasy/moth-19268049; https://translate.google.com/?sl=en&tl=mg&text=butterfly&op=translate&hl=en; Paulian, Pillons communs de Madagascar 1951: 83; https://omniglot.com/writing/malagasy.htm (zuletzt eingesehen am 16.2.2021); https://www.ethnologue.com/language/mlg; https://www.ethnologue.com/language/plt (zuletzt eingesehen am 3.7.2022).

II.16.1.2 Ost-Malayo-Polynesische Sprachen

II.16.1.2.1 Ozeanische Sprachen

142. Fidschi *(Fijian, Na vosa Vakaviti)* gehört zum ozeanischen Zweig der ost-malayo-polynesischen Sprachen, die wiederum zur großen austronesischen Sprachfamilie gehören. Fidschi wird von ca. 340 000 Native Speakers und ca. 320 000 Menschen als Zweitsprache vor allem auf den Fidschi-Inseln gesprochen, aber auch in Neuseeland und Australien. Fidschi wird mit dem lateinischen Alphabet geschrieben.

Der Schmetterling heißt im Fidschi *bebe* [ˈᵐbeːᵐbeː]. Ein Ausdruck für »Motte« ist *sarasara*.

Die Fidschi-Inseln sind reich an Schmetterlingsarten. Erst im Jahr 2018 wurde eine neue Schwalbenschwanzspezies entdeckt und nach dem Fundort *Papilio natewa* benannt.

Schwalbenschwanzspezies *Papilio natewa*, 2018 auf Fidschi entdeckt

Quellen: vgl. Gatty, Fijian-English Dictionary 2009: 18; Hazlewood, A Fijian and English and an English and Fijian Dictionary 1915: 104, 189; ferner auch: ttps://www.definitions.net/translate/BUTTERFLY/fj; https://glosbe.com/en/fj/butterfly; vgl. schließlich: http://www.geocities.ws/fijidictionary/eng_fijian_dict.html; https://omniglot.com/writing/fijian.htm; https://forvo.com/word/bebe/; https://www.ethnologue.com/language/fij (zuletzt eingesehen am 17.2.2021).

143. Samoanisch *(Samoan, Gagana Sāmoa)* gehört zum ozeanischen Zweig der ost-malayo-polynesischen Sprachen, die wiederum zur großen austronesischen Sprachfamilie gehören. Samoanisch wird von ca. 450 000 Native Speakers gesprochen, von denen ca. 175 000 auf Samoa leben, andere Sprecher*innen z. B. in Amerikanisch-Samoa und in Neuseeland. Samoanisch wird mit dem lateinischen Alphabet geschrieben.

Das verbreitetste Wort für »Schmetterling« im Samoanischen ist *pepe* [ˈpepe]. Als weitere Wörter für »Schmetterling« werden *pōpōloloa* und *paū* genannt. Ein Wort für Motte ist *lelefua*.

Quellen: vgl. Milner, Samoan Dictionary. Samoan-English, English-Samoan 1966; https://www.wordhippo.com/what-is/the/samoan-word-for-ba856797a6ed7651c7e6965efeead-66cb632f0a5.html; ferner auch: https://en.glosbe.com/en/sm/butterfly; https://samoan.english-dictionary.help/?q=moth; sowie schließlich: https://omniglot.com/writing/samoan.htm; https://www.ethnologue.com/language/smo; https://www.translate.com/dictionary/english-samoan/butterfly-4026147 (zuletzt eingesehen am 17.2.2021).

144. Maori *(Māori, Te reo Māori)* gehört zur ost-polynesischen Gruppe des ozeanischen Zweigs der ost-malayo-polynesischen Sprachen, die wiederum zur großen austronesischen Sprachfamilie gehören. Maori wird von ca. 50 000 Native Speakers in Neuseeland gesprochen, wobei ca. 150 000 weitere Personen zumindest eine gewisse Kompetenz in Maori aufweisen. Nach einem starken Rückgang von Maori sind seit ca. 2015 erfolgreiche Revitalisierungsbemühungen zu vermerken. Maori wird mit dem lateinischen Alphabet geschrieben.

Der Schmetterling heißt im Maori *pepe* [ˈpepe], *pēpepe* [ˈpeːpepe] oder *pūrerehua* [ˈpʊːɾeɾeˌhua]. Alle drei Wörter werden sowohl für »Schmetterling« als auch für »Motte« verwendet. Der gängigste Ausdruck ist *pūrerehua*.

Quellen: vgl. Ryan, The Reed Pocket dictionary of Modern Maori 1999: 212; https://maoridictionary.co.nz; https://www.teaching.co.nz/ngata; ferner: http://www.temarareo.org/PAPAKUPU/dictionary-index.htm; https://en.glosbe.com/en/mi/butterfly; vgl. schließlich auch: https://omniglot.com/writing/maori.htm; https://www.ethnologue.com/language/mri (zuletzt eingesehen am 28.10.2020).

145. Tahitianisch *(Tahitien, Tahitian, Reo Tahiti, Reo Māʾohi)* gehört zur ost-polynesischen Gruppe des ozeanischen Zweigs der ost-malayo-polynesischen Sprachen, die wiederum zur großen austronesischen Sprachfamilie gehören. Tahitianisch wird von knapp 70 000 Native Speakers vorwiegend auf den Gesellschaftsinseln *(Îles de la Société)* gesprochen, die politisch zu Frankreich gehören. Tahitianisch wird mit dem lateinischen Alphabet geschrieben.

Der Schmetterling heißt im Tahitianischen *pepe* [pepe]. Der Ausdruck *pūrēhua* [puːreːhua] steht für den Nachtfalter.

Quellen: vgl. Lemaître, Lexique du Tahitien contemporain. Tahitien-français. Français-tahitien 1995: 95; 101; https://glosbe.com/en/ty/butterfly; https://omniglot.com/writing/tahitian.htm; vgl. schließlich auch: https://www.ethnologue.com/language/tah (zuletzt eingesehen am 18.2.2021).

146. Hawaiianisch *(Hawaiian, ʻŌlelo Hawaiʻi)* gehört zur ost-polynesischen Gruppe des ozeanischen Zweigs der ost-malayo-polynesischen Sprachen, die wiederum zur großen austronesischen Sprachfamilie gehören. Hawaiianisch war eine stark bedrohte Sprache. Heute hat es nach wie vor nur wenige Native Speakers im engeren Sinn (ca. 2000), wird aber heute wieder von ca. 24 000 Menschen als Zweitsprache in unterschiedlichen Graden von Beherrschung gesprochen, nachdem es Ende des 20. Jh.s bereits fast ausgestorben war.

Dieser Erfolg resultierte aus einem Revitalisierungsprogramm, das 1984 mit Immersionsgruppen im Kindergarten (d. h. Lerngruppen, in denen nur Hawaiianisch gesprochen wurde) startete. Auf Hawaiianisch lautet der Programmname *Pūnana Leo*, d. h. wörtlich: »Stimmnest«, freier: »Sprachnest«). *Pūnana Leo* war sehr erfolgreich. Hawaiianisch wird mit dem lateinischen Alphabet geschrieben.

Der Schmetterling heißt im Hawaiianischen *pulelehua* [puleleˈhua], wobei dieser Ausdruck auch für die Motte verwendet wird. Daneben gibt es auch Ausdrücke wie *lepe-lepe-o-Hina*, der aber für eine bestimmte Schmetterlingsart steht, nämlich den Monarchfalter (*Hina* ist der Name einer Göttin).

2009 wurde der Schmetterling *Vanessa tameamea* (Hawaiianischer Name: *Kamehameha*) aus der Familie der Edelfalter (*Nymphalidae*), der nur auf Hawaii vorkommt, zum offiziellen Staatsinsekt von Hawaii erklärt.

Der dem Admiral ähnliche Tagfalter *Kamehameha,* das offizielle Staatsinsekt von Hawaii

Quellen: vgl. Pukui/Elbert, Hawaiian Dictionary 1986: 353; Judd et al., Handy Hawaiian Dictionary 1995: 56; https://wehewehe.org/?l=en; https://manomano.io/; http://ulukau.org/; https://ids.clld.org/valuesets/3-920-235; https://forvo.com/word/pulelehua/; vgl. schließlich auch: https://omniglot.com/writing/hawaiian.htm; https://www.ethnologue.com/language/haw (zuletzt eingesehen am 14.11.2020).

II.17 Australsprachen

II.17.1 Pama-Nyunga-Sprachen

II.17.1.1 Ngumpin-Yapa-Zweig (auch: Ngarrka-Ngumpin-Zweig)

147. Warlpiri (*Walpiri*, *Walbiri*; von den Warlpiri [ˈwaɭbɪ̆ˌɻi] ausgesprochen) gehört zum Ngumpin-Yapa-Zweig der großen Familie der Pama-Nyunga-Sprachen, die wiederum den weitaus größten Teil der Australsprachen ausmachen. Warlpiri ist durch den Druck des Englischen eine bedrohte Sprache, aber mit ca. 2300 Native Speakers, die die Sprache intensiv gebrauchen, eine der ganz wenigen verbleibenden Australsprachen mit einer etwas größeren Anzahl von Sprecher*innen und einer gewissen Zukunftsaussicht. Warlpiri wird im Bundesstaat Northern Territory in Australien gesprochen, in der Tanami-Wüste nordwestlich der Stadt Alice Springs, die das geografische Zentrum Australiens darstellt. Warlpiri wird mit dem lateinischen Alphabet geschrieben.

Der Schmetterling heißt im Warlpiri *jinji-marlu-marlu*, etwas »phonetischer« auch geschrieben in der Form: *cinci-maɭu-maɭu* [cinci maɭu maɭu] (»c« ist ein weit vorne gesprochenes »k«, also ein palataler, am vorderen Gaumen artikulierter Verschlusslaut. »ɭ« ist ein mit zurückgebogener Zungenspitze gesprochenes »l«, also ein retroflexer Laterallaut. Ein weiterer Ausdruck für »Schmetterling« ist *yirntilyapilyapi*. Der Ausdruck *pinta pinta* wird sowohl für »Schmetterling« als auch für »Motte« gebraucht. Ein weiterer Mottenausdruck ist *jarnpa-jarnpa*.

Quellen: vgl. zum Warlpiri http://ausil.org/Dictionary/Warlpiri/index-english/index.htm; ferner auch: https://huntergatherer.la.utexas.edu/languages/language/199; sowie: https://glosbe.com/en/wbp/butterfly; https://omniglot.com/writing/warlpiri.htm (zuletzt eingesehen am 20.2.2021); schließlich auch: https://www.ethnologue.com/language/wbp (zuletzt eingesehen am 3.7.2022).

II.17.1.2 Arandic-Zweig

148. Arrernte [ˈarəɳɖa] *(Arrente, Aranda)* gehört zum Arandic-Zweig der großen Familie der Pama-Nyunga-Sprachen, die wiederum den weitaus größten Teil der Australsprachen ausmachen. Arrernte wird von ca. 2500 Native Speakers in und in der Umgebung der Stadt Alice Springs im Bundesstaat Northern Territory in Australien gesprochen. Arrernte ist durch den Druck des Englischen eine bedrohte Sprache, aber mit den ca. 2500 Native Speakers, die die Sprache intensiv gebrauchen, eine der ganz wenigen verbleibenden Australsprachen mit einer etwas größeren Anzahl von Sprecher*innen und einer gewissen Zukunftsaussicht. Arrernte wird mit dem lateinischen Alphabet geschrieben.

Das Wort für »Schmetterling« im Arrernte heißt *intelyapelyape* [intʌʎapiʎap](transkribiert nach dem Soundfile auf der Eastern and Central Arrernte Learners' List). Es wird auch für »Motte« verwendet.

Quellen: vgl. Eastern and Central Arrernte Learners' List: https://arrernte-angkentye.online/ECALL.html?v=1.3; https://www.phonetik.uni-muenchen.de/~hoole/kurse/artikul/ucla/arrernte/aer_word-list_1989_01.html; ferner: https://butterflywebsite.com/articles/saybut.cfm; schließlich auch: https://omniglot.com/writing/arrernte.htm; https://www.ethnologue.com/language/aer, https://www.ethnologue.com/language/are (zuletzt eingesehen am 21.2.2021).

II.17.1.3 Mirning-Zweig

149. Ngadjunmaya *(Ngadjumaya, Ngadju, Bardojunga)* gehört zum Mirning-Zweig der großen Familie der Pama-Nyunga-Sprachen, die wiederum den weitaus größten Teil der Australsprachen ausmachen. Ngadjumaya hatte schon im Jahre 2005 nur noch fünf Native Speakers, ist also wahrscheinlich eine sterbende oder bereits tote Sprache. Das Volk der Ngadjunmaya lebt in der Goldfields-Esperance-Region des australischen Bundesstaats Western Australia. Ngadjunmaya wird für wissenschaftliche Zwecke mit dem lateinischen Alphabet geschrieben.

Der Schmetterling heißt im Ngadjunmaya *pind'a pind'a* [pindʲa pindʲa], was auch für die »Motte« steht. Eine essbare Mottenart heißt *manbak*.

Quellen: vgl. Brandenstein, Ngadjumaja. An Aboriginal Language of South-East Western Australia 1980: 128, 141; https://wals.info/languoid/lect/wals_code_ngj; https://www.ethnologue.com/language/nju (zuletzt eingesehen am 12.3.2022).

II.17.1.4 Yalanjic-Zweig

150. Kuku-Yalanji *(Gugu Yalandyi, Gugu Yalanji, Guugu Yalandji)* gehört zum Yalanjic-Zweig der großen Familie der Pama-Nyunga-Sprachen, die wiederum den weitaus größten Teil der Australsprachen ausmachen. Kuku-Yalanji wird noch von ca. 300 Native Speakers auf der Cape York Peninsula im australischen Bundesstaat Queensland gesprochen. Obwohl eine bedrohte Sprache, ist Kuku-Yalanji fest im alltäglichen Leben der Kuku-Yalanji verankert und wird auch in Schulen unterrichtet. Kuku Yalanji wird mit dem lateinischen Alphabet geschrieben.

Der Schmetterling und auch die Motte heißen im Kuku-Yalanji *walbul-walbul* [walbulwalbul]. Eine Künstlerin der Kuku-Yalanji, Sheryl J. Burchill, trägt den indigenen Namen *Walbulwalbul.*

Quellen: vgl. https://huntergatherer.la.utexas.edu/languages/language/228; Patz, A Grammar of the Kuku Yalanji Language of North Queensland 2002: 24; https://omniglot.com/writing/guuguyalandji.htm; https://www.ethnologue.com/language/nju (zuletzt eingesehen am 23.2.2021).

II.17.1.5 Zweig mit einzelner Pama-Nyunganischer Sprache:

151. Yidiny *(Yidinji, Yidin, Idinji, Boolboora, Warryboora)* ist eine möglicherweise vereinzelte Sprache innerhalb der Pama-Nyunga-Sprachen, die wiederum den weitaus größten Teil der Australsprachen ausmachen. Yidiny wird nur noch von einer Handvoll Native Speakers in der Cairns-Region im Nordosten des australischen Bundesstaates Queensland gesprochen, ist also eine sterbende Sprache. Yidiny wird für wissenschaftliche Zwecke mit dem lateinischen Alphabet geschrieben.

Der Schmetterling bzw. die Motte werden im Yidiny nach der Größe differenziert. So heißt *guban* [guban] »großer Schmetterling/große Motte«, *gunggambur* [guŋgaːmbur] »kleiner Schmetterling/kleine Motte«. Weitere und präzisere Angaben konnten nicht gefunden werden.

Quellen: vgl. Dixon, *A Grammar of Yidiŋ* 1977: 553 f.; sowie ferner auch: http://huntergatherer.la.utexas.edu/languages/language/202; https://www.wikiwand.com/en/Yidiny_language; https://www.ethnologue.com/language/yii (zuletzt eingesehen am 25.2.2021).

II.18 Papua-Sprachen

Die Papua-Sprachen sind wie die Kaukasus-Sprachen eine geografische, nicht hingegen eine genetische Gruppierung. Sie zerfallen in ca. 60 (!) Sprachfamilien. Die Insel Neuguinea gliedert sich in eine Westhälfte, die seit 1969 von Indonesien militärisch besetzt und ausgebeutet wird, und unter den Namen Papua (früher Irian Jaya) und Westpapua zu zwei indonesischen Provinzen geworden ist. Die Osthälfte von Papua-Neuguinea ist seit 1975 als Staat Papua-Neuguinea unabhängig ist. Papua-Neuguinea ist die Region der Erde mit der größten Sprachenvielfalt, nämlich ca. 800 Papua-Sprachen, zu denen noch ca. 250 austronesische Sprachen hinzukommen, also insgesamt über 1000 Sprachen.

II.18.1 Papua-Trans-Guinea-Familie

Die Papua-Trans-Guinea-Familie ist nach der Zahl der zugehörigen Sprachen (rund 500!) nach den Niger-Kongo-Sprachen (vgl. oben II.12) und den Austronesischen Sprachen (vgl. oben II.16) eine der größten

Sprachfamilien der Welt. Die rekonstruierte Form des Ausdrucks für »Schmetterling« für alle Sprachen der Familie ist **apa [pa]ta* (vgl. Pawley/ Hammarström The Trans New Guinea Family 2018: 143).

152. Enga *(Caga, Tchaga, Tsaga)* gehört zu den Trans-New-Guinea-Sprachen und umfasst mehrere Dialekte. Enga wird von ca. 300 000 Native Speakers in der Enga-Provinz im nordöstlichen Hochland von Papua-Neuguinea gesprochen und ist damit die größte Papua-Sprache. Enga wird mit dem lateinischen Alphabet geschrieben und eine Tonsprache mit zwei Tönen (hoch vs. tief), die hier vernachlässigt werden.

Der Schmetterling und die Motte heißen im Enga *kambílyo* [kambiljo]. In der Kyaka-Varietät des Enga (Nord-Enga) heißen Schmetterling und Motte *maemae* [maemae].

Quellen: vgl. Lang, Enga Dictionary 1978: 33; Brown, Folk Zoological Life-forms and Linguistic Marking 1982: 97; siehe ferner auch: McNamee, A Desert Bestiary 1996: 25; http://insecta.pro/community/8299; https://butterflywebsite.com/articles/saybut.cfm; https://omniglot.com/writing/huli.htm (zuletzt eingesehen am 25.2.2021); https://www.ethnologue.com/language/enq (zuletzt eingesehen am 4.7.2022).

II.18.1.1 West-Trans-Guinea-Familie

II.18.1.1.1 Greater-Awyu-Familie

153. Mandobo *(Mandobo Atas, Mandobo Bawah, Dumut, Kwem, Nub, Wambon)* gehört zum Dumut-Zweig der Greater-Awyu-Familie, die wiederum ein Teil der westlichen Trans-Guinea-Sprachen ist. Mandobo wird von ca. 30 000 Native Speakers in der Region Boven Digoel Regency im Osten der indonesischen Provinz Papua gesprochen. Mandobo wird mit dem lateinischen Alphabet geschrieben.

Das Wort für »Schmetterling« ist *apap* [ɑpɑp]. Weitere und präzisere Angaben konnten leider nicht gefunden werden.

Quellen: vgl. Pawley/Hammarström, The Trans New Guinea Family 2018: 51; sowie ferner auch: https://clics.clld.org/languages/transnewguineaorg-mandobo-atas; schließlich: https://glosbe.com/nl/aax/vlinder (zuletzt eingesehen am 26.2.2021); schließlich auch: https://www.ethnologue.com/language/bwp; https://www.ethnologue.com/language/aax (zuletzt eingesehen am 4.7.2022).

154. Pisa *(West-Awyu, Miaro Awyu, Asue)* gehört zum westlichen Zweig der Greater Awyu-Familie, die wiederum ein Teil der westlichen Trans-Guinea-Sprachen sind. Pisa hat ca. 6500 Native Speakers in einer Region etwas westlich von Mandobo. Pisa ist eine gefährdete Sprache. Pisa wird mit dem lateinischen Alphabet geschrieben.

Der Schmetterling heißt im Pisa *apero* [apɛro]. Weitere und präzisere Angaben konnten leider nicht gefunden werden.

Quellen: vgl. Pawley/Hammarström, The Trans New Guinea Family 2018: 51; https://clics.clld.org/valuesets/transnewguineaorg-awyu-asue-1791; siehe darüber hinaus auch: https://en.wikipedia.org/wiki/Greater_Awyu_languages (zuletzt eingesehen am 27.2.2021); schließlich auch: https://www.ethnologue.com/language/psa (zuletzt eingesehen am 4.7.2022).

II.18.2 Lakes-Plain-Familie

155. Obokuitai *(Aliki, Ati, Obogwitai)* gehört zur Tariku-Sprachfamilie, die ein Teil der Lakes-Plain-Familie ist. Obokuitai ist eine stark bedrohte Sprache, die nur von ca. 120 Native Speakers in der Region Mamberamo Raya Regency im Nordwesten der indonesischen Provinz Papua gesprochen wird. Obokuitai wird mit dem lateinischen Alphabet geschrieben.

Der allgemeine Ausdruck für »Schmetterling« im Obokuitai ist *kohub*. Der Ausdruck *tì* (fallender Ton) steht für eine bestimmte Schmetterlingsart (eine bestimmte Spezies, wobei aus den Quellen nicht hervorgeht, welche).

Quellen: vgl. https://clics.clld.org/valuesets/transnewguineaorg-obokuitai-1791; sowie ferner auch: https://www.britannica.com/topic/Papuan-languages/Phonology; https://www.ethnologue.com/language/afz (zuletzt eingesehen am 27.2.2021); https://www.ethnologue.com/language/afz (zuletzt eingesehen am 4.7.2022).

II.18.3 Skou-Familie

156. Skou *(Sko, Səkou, Sukou, Sekol)* gehört zur gleichnamigen Sprachfamilie Skou, die westlich und östlich der Grenze zwischen der indonesischen Provinz Papua und dem Staat Papua-Neuguinea an der Nordküste von Neuguinea gesprochen wird. Skou im engeren Sinn wird von ca. 700 Native Speakers in drei Dörfern an der Nordküste der indonesischen Provinz Papua gesprochen. Trotz der geringen Sprecherzahl ist Skou vital, da es von den Native Speakers stark benutzt wird. Skou wird mit dem lateinischen Alphabet geschrieben. Skou ist eine Tonsprache mit drei Tönen (hoch, tief, fallend), die hier unberücksichtigt bleiben.

Der Schmetterling heißt im Skou *tangbéro* [tãbɛrɔ]. Interessant ist, dass eine nähere Spezifizierung von Schmetterlingen als schwarz oder weiß ihnen einen Status als schlechtes bzw. gutes Omen zuweist. So ist *tangbéro léngfi* ein schwarzer Schmetterling und ein schlechtes Omen. Dagegen ist *tangbéro tútú* ein weißer Schmetterling und ein gutes Omen.

Quellen: vgl. Donohue, A Grammar of the Skou Language of New Guinea 2004: 78; 336; https://wals.info/languoid/lect/wals_code_sko; https://www.ethnologue.com/language/mtf (zuletzt eingesehen am 28.2.2021).

II.18.4 Ramu-Lower-Sepik-Familie

157. Murik gehört zur Nor-Gruppe des Nor-Pondo-Zweiges der Familie der Ramu-Lower-Sepik-Sprachen. Murik wird von ca. 1200 Native Speakers an der Nordküste der East-Sepik Province in Papua-Neuguinea gesprochen und ist eine stark gefährdete Sprache, da es nicht mehr an die Kinder weitergegeben wird. Murik wird mit dem lateinischen Alphabet geschrieben.

Der Schmetterling heißt im Murik *pepetam* [pepetam]. Weitere und präzisere Angaben konnten leider nicht gefunden werden.

Quellen: vgl. Laycock, Sissano, Warapu, and Melanesian Pidginization 1974: 257; https://www.sil.org/system/files/reapdata/15/92/54/159254223742138472723009941810527936093/Murik.pdf; sowie schließlich auch: https://www.webonary.org/murik/browse/browse-murik/?letter=p&key=mtf; https://www.ethnologue.com/language/mtf (zuletzt eingesehen am 1.3.2021).

II.18.5 Yawa-Saweru-Familie

158. Yawa *(Mantembu, Mora, Turu, Unat)* ist eine der beiden Sprachen der Yawa-Saweru-Familie. Yawa wird von 6000 Native Speakers auf Yapen Island gesprochen. Diese Insel liegt in der Cenderawasih Bucht im Nordwesten von Neuguinea in der indonesischen Provinz Westpapua. Yawa wird mit dem lateinischen Alphabet geschrieben.

Der Schmetterling heißt im Yawa *kavambun* [kavambun]. Weitere und präzisere Angaben konnten leider nicht gefunden werden.

Quellen: vgl. Gasser, Papuan-Austronesian Language Contact on Yapen Island: A Preliminary Account 2017: 122; Foley, The Languages of New Guinea 2006: 43; https://www.ethnologue.com/language/yva (zuletzt eingesehen am 2.3.2021).

II.19 Isolierte Sprachen

Isolierte Sprachen sind solche Sprachen, bei denen (noch) keine genetische Beziehung (Verwandtschaftsbeziehung) zu irgendeiner anderen Sprache bzw. Sprachfamilie nachgewiesen werden konnte. Im Einzelfall ist umstritten, ob eine Sprache isoliert ist oder doch einer Sprachfamilie zugeordnet werden kann, da diese Frage mit der oft nur schwer möglichen Grenzziehung zwischen Sprache und Dialekt zusammenhängt. Insgesamt ist derzeit von einer Größenordnung von ca. 100 isolierten Sprachen auszugehen.

159. Baskisch *(Euskara, Euska, Euskera)* ist eine isolierte Sprache, die von ca. 560.000 Native Speakers vor allem in der spanisch-französischen Grenzregion an der Atlantikküste gesprochen wird. Daneben gibt es größere baskische Minderheiten in anderen Ländern Europas und den USA. Baskisch wird mit dem lateinischen Alphabet geschrieben. Baskisch war unter der Franco-Diktatur (1939–1975) verboten, ist aber seit 1978 als regionale Amtssprache u. a. in den spanischen Provinzen Bizkaia und Gipuzkoa offiziell anerkannt. Es gibt einen Prozess der Etablierung einer baskischen Standardsprache *(Euskara batua)*, der aber bis heute nicht abgeschlossen ist.

Der Schmetterling heißt im Baskischen *tximeleta* [tʃimeˈleta]. Dies scheint das wichtigste Standardwort für »Schmetterling« im Baskischen zu sein, und es steht auch für den Schwimmstil »Schmetterling«. In vielen Nachschlagewerken wird auch *pinpilinpauxa* [pinpilinˈpauʃa] für »Schmetterling« genannt, das nach Native-Speaker-Auskunft zusammen mit *tximeleta* zu den wichtigsten Bezeichnungen für »Schmetterling« im Baskischen gehört. Die Motte schließlich wird im Baskischen mit *sits* bezeichnet.

In dieser isolierten, dialektal stark gegliederten Sprache scheinen aber auch zahlreiche weitere (wohl dialektale/regionale) Varianten von Schmetterlingsausdrücken gebräuchlich zu sein, deutlich mehr als in anderen, weit stärker standardisierten Sprachen. So führt das Onlinelexikon *Diccionario Elhuyar* mehr als ein Dutzend Formen an, und Bähr (1928: 2) listet sogar über 30 Formen (!) von Schmetterlingsausdrücken auf.

Im *Diccionario Elhuyar* werden u.a. die folgenden Formen aufgezählt: *tximeleta*, *mitxeleta*, *txirubiru*, *txiribiri*, *tximirrika*, *mitxirrika*, *inguma*, *pinpilinpauxa*, *sorgin-oilo*, *jaink-oilo*. Wie Bähr einleuchtend zeigt, lassen sich diese vielen Ausdrücke und noch andere in Gruppen zusammenfassen, die durch Umstellung von Silben und/oder Lauten (Metathese) gegenseitig ableitbar bzw. erklärbar sind (vgl. z.B. die Paare *tximeleta* und *mitxeleta* sowie *tximirrika* und *mitxirrika*). Die Ausdrücke enthalten zahlreiche lautmalerische Elemente, z.B. Reduplikationen für den Flügelschlag oder bei den besonders vielsilbigen Wörtern eventuell auch die Nachahmung des schaukelnden, »tollpatschigen« Fluges vieler Schmetterlinge durch die komplexe, »umständliche« Silbengestalt. Die zahlreichen [i]- und [e]-Laute passen gut zu der oben festgestellten Tendenz, solche »hellen«, auch für »Kleines« stehenden Vokale für Schmetterlinge zu gebrauchen.

Einzelne Wörter lassen sich folkloristisch oder mythologisch erklären, durch die Verbindung von Schmetterlingen mit Hexen (*inguma* bedeutet »Albtraum«). Folkloristisch wird *inguma* mit üblen Geistern verbunden, die in Schmetterlingsgestalt in Häuser eindringen und sich auf Schlafenden niederlassen. Der Ausdruck *inguma* wird auch mit der menschlichen Seele assoziiert. Schließlich könnte der zweite Wortteil in *pinpilinpauxa* [pinpilinˈpauʃa], das auch in der Form *pinpilinpoxa* auftritt, nämlich die Silben *-pauxa/-poxa*, analog nach spanisch *mariposa* gebildet sein.

Vgl. hier z.B., nach Auskunft eines Native Speakers in einem Mailforum, auch noch folgende weiteren Varianten: *marisorgin* (was aber auch »Gottesanbeterin« heißen kann und vielleicht das Element *mari-* analog zu spanisch *mariposa* enthält) und *poxpolina*. Eine weitere Variante wird in *Glosbe – The Multilingual Online Dictionary* angegeben: *pinpirin* (was auch »Schönling«, »Dandy« heißen kann).

Quellen: vgl. Baer, Los nombres vascos de la abeja, mariposa, rana y otros bichos 1928: 2–4; ferner: https://www.euskadi.eus/diccionario-elhuyar/; sowie auch: http://www1.euskadi.net/morris/resultado.asp; https://en.glosbe.com/en/eu/butterfly; schließlich: https://forum.unilang.org/viewtopic.php?t=44403; https://omniglot.com/writing/basque.htm (zuletzt eingesehen am 2.3.2021); schließlich auch: https://www.ethnologue.com/language/eus (zuletzt eingesehen am 4.7.2022).

160. Burushaski *(Brushaski, Burushki, Biltum, Burushaski Hunza)* ist eine isolierte Sprache, auch wenn verschiedene kontroversielle Zuordnungen zu Sprachfamilien versucht worden sind. Burushaski wird von ca. 126 000 Native Speakers vor allem im Norden von Pakistan im Karakorum-Gebirge (Region Gilgit-Baltistan) gesprochen, aber auch von einer kleinen Minderheit in Indien (Kaschmir). Burushaski wird überwiegend mündlich gebraucht, wird aber auch im persisch-arabischen Urdu-Alphabet und im lateinischen Alphabet geschrieben.

Der Schmetterling heißt im Burushaski *hoolanas* [hoːlanas]. Weitere und präzisiere Angaben konnten leider nicht gefunden werden.

Quellen: vgl. https://www.webonary.org/burushaski-hunza/browse/browse-vernacular/?letter=h&key=bsk-Latn-x-orthogra&totalEntries=194&pagenr=7; http://burushaskilanguage.com/language-overview/word-lists/insects/; https://omniglot.com/writing/burushaski.php (zuletzt eingesehen am 4.3.2021); schließlich auch: https://www.ethnologue.com/language/bsk (zuletzt eingesehen am 4.7.2022).

161. Ainu *(Ainu itak, Aynu itak)* ist eine isolierte Sprache, die nur noch von einer Handvoll ursprünglicher Native Speakers auf der japanischen Insel Hokkaidō gesprochen wird. Allerdings gibt es seit einigen Jahren starke Revitalisierungsbemühungen hinsichtlich der Sprache und Kultur der Ainu, die seit 2019 offiziell als die indigene Bevölkerung Japans anerkannt sind. Man kann davon ausgehen, dass heute Tausende Ainu wieder über eine minimale aktive Kompetenz im Ainu verfügen, von denen ein kleiner Teil Ainu auch auf einem fortgeschrittenen Niveau spricht. Ainu wird mit der japanischen Silbenschrift Katakana und im lateinischen Alphabet geschrieben.

Das gängigste Wort für »Schmetterling« im Ainu von Hokkaidō ist マレウレウ *marewrew* [maɾeʊɾeʊ], daneben gibt es ヘポラプ *heporap* [hepoɾap]. Von diesen beiden Ausdrücken gibt es auch dialektale Varianten wie z. B. *maraurew*, *maraurep*, *arewrew* oder *tokapheporap*. Ein anderes Wort für Schmetterling ist *kamakata* mit der Variante *kamakatak*. Im Ainu von Sachalin wird *kotorew*, *kaxpo*, *kapaxpa* oder *kapahpo* gesagt.

Bemerkenswert ist auch, dass eine Gruppe von international aktiven und erfolgreichen Künstlerinnen, die traditionelle Ainu-Musik *(Upopo)* aufführen, sich *Marewrew* nennt.

Quellen: Vgl. https://db4.ninjal.ac.jp/ainutopic/dictionary/en/; Batchelor, An Ainu-English-Japanese Dictionary 1905: 5, 145; https://glosbe.com/en/ain/butterfly; http://www.northeuralex.org/parameters/170#2/51.0/-2.1; https://omniglot.com/writing/ainu.htm (zuletzt eingesehen am 24.2.2021); schließlich auch: https://www.ethnologue.com/language/ain (zuletzt eingesehen am 5.7.2022).

162. Japanisch *(Nihongo)* gehört an sich zur japanischen (bzw. Japanisch-Ryū-Kyū-)Sprachfamilie (engl.: *Japonic languages*). Angesichts der großen Nähe der Verwandtschaft der Ryū-Kyū-Sprachen, die u. a. auf Okinawa gesprochen werden, und der Tatsache, dass etwaige weitere Verwandtschaftsbeziehungen des Japanischen sehr umstritten sind (Ainu? Koreanisch? Tungusisch? Mongolisch? Turksprachen?), wird Japanisch hier jedoch unter die isolierten Sprachen eingeordnet. Japanisch wird von ca. 128 Millionen Native Speakers vor allem in Japan, daneben in den USA und Brasilien gesprochen. Japanisch wird mit einer Kombination von verschiedenen Schriftsystemen geschrieben, wozu chinesische Zeichen *(Kanji)*, die beiden japanischen Silbenschriften *Katakana* und *Hiragana* und die lateinische Umschrift *Romaji* gehören.

Japan hat eine große kulturelle und literarische Tradition, die z. B. die bedeutende mittelalterliche Lyrikerin und Romanschriftstellerin Murasaki Shikibu (ca. 973–1014 n. Chr.) hervorgebracht hat. Später wurden die heute als *Haiku* bezeichneten typisch japanischen Kurzgedichte geschaffen sowie die typisch japanische Form des Buddhismus, die in unserer Zeit als Zen-Buddhismus internationale Verbreitung erfahren hat.

Der japanische Dichter Matsuo Bashō (1694–1699) war ein Meister des Haiku. Er hat zwei Haikus verfasst, die sich poetisch mit der oben beim Mandarin-Chinesischen erwähnten Schmetterlingsgeschichte das chinesischen Philosophen Zhuāngzǐ auseinandersetzen (Hervorhebung von mir):

Du bist der *Schmetterling*,
Und ich bin Zhuangzis
Träumendes Herz.

Wach auf, wach doch auf,
Kleiner *Schmetterling*,
Und lass uns Freunde werden!

Auch in einem rätselhaften Gedicht (»Ein Märchen«) des großen modernen japanischen Lyrikers Chūya Nikahara (1907–1937) spielt der Schmetterling eine zentrale Rolle.

Der Schmetterling heißt im Japanischen, je nachdem, ob man chinesische Schriftzeichen *(Kanji)* oder die japanische Silbenschrift *Katakana* oder eine Umschrift im lateinischen Alphabet *(Romaji)* verwendet: 蝶 *(Kanji)*; チョウ *(Katakana)*; Transkription: *chō* (*Romaji*-Umschrift: *chou*), phonetisch transkribiert: [t͡ɕo̞ː]. Dieses Wort ist aus dem Mittelchinesischen entlehnt, wo sich aus dem zweiten Bestandteil des mittelchinesischen Worts für »Schmetterling«, **ɦuo dep*, also *dep*, über verschiedene Zwischenstufen *chō* entwickelte: *tepu → tefu → tewu → teu → tjo: chō.*

Eine reduplizierte Variante ist: 蝶々 *chō chō* [t͡ɕo̞ː t͡ɕo̞ː]. Ein Ausdruck für »Motte« ist 蛾 [ga]. Die Bezeichnung für den Schmetterlingschwimmstil ist aus dem Englischen entlehnt: バタフライ *batafurai* (< *butterfly*). Interessant im Bereich der Alltagskultur ist ferner, dass das deutsche Kinderlied *Hänschen klein* im Japanischen als *Chō-chō*-Lied (also Schmetterlingslied) bekannt ist.

Quellen: vgl. https://jisho.org/search/butterfly; https://bestiary.japanesewithanime.com/animals/chou; https://en.bab.la/dictionary/english-japanese/butterfly; ferner: https://en.bab.la/dictionary/english-japanese/moth; https://www.wordhippo.com/; https://en.wiktionary.org/wiki/蝶#Japanese; https://en.wiktionary.org/wiki/蛾; https://en.glosbe.com/en/ja/butterfly; https://omniglot.com/writing/japanese.htm (zuletzt eingesehen am 24.2.2021); https://www.ethnologue.com/language/jpn (zuletzt eingesehen am 5.7.2022).

163. Koreanisch (*Hangugeo* [ha(ː)ngugʌ], *Hanguk-mal*) ist eine isolierte Sprache, die in zwei Standardvarietäten erscheint, *Hangugeo* (Südkorea) und *Chosŏnmal* (Nordkorea). Angesichts großer dialektaler Varietät im

Koreanischen kann gefragt werden, ob z. B. auch die Varietät *Jeju* in der südlich von Südkorea gelegenen Jeju-Insel eine eigene Sprache und damit Koreanisch eine Sprachfamilie ist. *Jeju* ist jedoch eher als Dialekt einzustufen. Daher ist Koreanisch als isolierte Sprache einzuordnen.

Koreanisch wird von ca. 80 Millionen Native Speakers vor allem in Nord- und Südkorea gesprochen, aber auch von Minderheiten im angrenzenden China. Koreanisch wurde seit der späten Antike bis ins Mittelalter mit der chinesischen Bilderschrift geschrieben. Seit dem 15. Jh. n. Chr. wird Koreanisch im koreanischen Alphabet (Südkorea: *Hangeul/Hangul* [ˈha̠(ː)ŋɡɯl]; Nordkorea: *Chosŏn'gŭl*) geschrieben, das von König Sejong dem Großen (1397–1450) eingeführt worden war. Dieses Alphabet wird heute im öffentlichen Sprachgebrauch zu 100 Prozent verwendet. Daneben wird Koreanisch mit verschiedenen Transkriptionssystemen auch im lateinischen Alphabet geschrieben.

Der Schmetterling heißt im Koreanischen 나비 *nabi* [nabi]. Metaphorisch steht *nabi* für eine feine, liebenswürdige Person. Die mit *nabi* bezeichneten Tagfalter haben eine allgemein positive Konnotation, die z. B. auch Eleganz und Leichtigkeit beinhaltet. Sie werden im Buddhismus auch mit der Reinkarnation assoziiert. Der Ausdruck 나방 *nabang* steht für »Motte«. Die Nachtfalter *(nabang)* haben generell eine negative Konnotation von Schaden und Schädlichkeit. Daneben gibt es für »Motte« auch den Ausdruck 좀 [ʤom].

Quellen: vgl. https://krdict.korean.go.kr/m/eng/searchResult; https://en.dict.naver.com/#/search?query=butterfly; https://zkorean.com/dictionary/search_results?word=butterfly; ferner auch: https://en.bab.la/dictionary/english-korean/butterfly; https://www.omniglot.com/writing/korean.htm (zuletzt eingesehen am 4.3.2021); https://www.ethnologue.com/language/kor (zuletzt eingesehen am 5.7.2022).

164. Niwchisch *(Nivkh, Nivkhi, Nivxgu, Gilyakisch, Amurisch)* ist eine isolierte Sprache mit reicher dialektaler Binnengliederung. Niwchisch wird noch von ca. 200 Native Speakers gesprochen und ist eine stark gefährdete Sprache. Niwchisch wird am Unterlauf des ostsibirischen Flusses Amur und in Nordsachalin gesprochen. Niwchisch wird mit dem kyrillischen Alphabet geschrieben.

Der Schmetterling heißt im Niwchisch unter anderem тап *taep* [tæp]. Für das rekonstruierte Proto-Niwchisch lassen sich die Formen **guɣl* und **dap(i)* ermitteln, Letzteres liegt *taep* zugrunde. Weitere und präzisere Informationen konnten leider nicht gefunden werden.

Quellen: vgl. https://clics.clld.org/valuesets/northeuralex-niv-1791; Fortescue, Comparative Nivkh Dictionary 2016: 182–194; https://omniglot.com/writing/nivkh.htm; http://www.northeuralex.org/parameters/170#2/51.0/-2.1 (zuletzt eingesehen am 4.3.2021); https://www.ethnologue.com/language/niv (zuletzt eingesehen am 5.7.2022).

165. Haida *(X̱aat Kíl, Xaad Kil, Masset, Xaaydaa Kil)* ist eine isolierte Sprache, die früher zu den Na-Dené-Sprachen gezählt wurde, was heute jedoch mehrheitlich abgelehnt wird. Haida wird nur noch von einigen wenigen Dutzend älteren Native Speakers auf den Haida-Gwaii-Inseln vor der westlichen Küste Kanadas und im südlichen Alaska gesprochen. Haida ist somit eine stark gefährdete Sprache, es gibt aber ernst zu nehmende Revitalisierungsbemühungen. Haida wird mit dem lateinischen Alphabet geschrieben. Haida ist eine Tonsprache mit zwei Tönen (Hochton, Tiefton), was hier vernachlässigt wird.

Der Ausdruck für »Schmetterling« und »Motte« im Haida ist *stl'akam* [stɬ'aqʰam]. Weitere und präzisere Angaben konnten leider nicht gefunden werden.

Der Schmetterling spielt in der traditionellen Haida-Mythologie eine wichtige Rolle als Begleiter, Scout und Sprecher des Raben, eines bedeutenden Totemtiers. April White (indigener Name: *Sgaan Jaad*, aus dem Rabenclan der Haida), eine bekannte Haida-Künstlerin, die traditionelle Kunstformen der Haida wie Skulpturen, Masken und Schmuck mit Kunsttechniken wie Malerei und Siebdrucken verbindet, hat unter anderem auch Schmetterlingsiebdrucke geschaffen.

Quellen: vgl. Lachler, Dictionary of Alaskan Haida 2010: 355; https://omniglot.com/writing/haida.htm; https://www.sealaskaheritage.org/sites/default/files/Haida%20Unit%2015-Types%20of%20Insects.pdf (zuletzt eingesehen am 5.3.2021); https://www.ethnologue.com/language/hdn; https://www.ethnologue.com/language/hax (zuletzt eingesehen am 5.7.2022).

166. Warao *(Guarao, Guarauno, Warau, Warrau)* ist eine isolierte Sprache. Warao wird von ca. 33 000 Native Speakers im Orinoco-Delta im Nordosten von Venezuela sowie im Westen von Guayana und Suriname gesprochen. Der Sprachzustand ist stabil. Warao ist eine vorwiegend mündlich gebrauchte Sprache, wird aber bei Bedarf mit dem lateinischen Alphabet geschrieben.

Der Schmetterling heißt im Warao *warowaro* [waɾɔwaɾɔ]. In der Mythologie der Warao ist *Warowaro* der Schmetterlingsgott des Nordens. Weitere und präzisere Angaben konnten leider nicht gefunden werden.

Quellen: vgl. https://pueblosoriginarios.com/lenguas/warao.php; Cherry, Shamanism. In: American Entomologist Summer 2007: 72; https://en.wiktionary.org/wiki/Appendix:Warao_word_lists; Wilbert, Dau Yarokota. Plantas medicinales Warao 2001: 171 (zuletzt eingesehen am 5.3.2021); https://www.ethnologue.com/language/wba (zuletzt eingesehen am 5.7.2022).

III. Pidgin-Kreol-Sprachen

Pidgin-Sprachen sind mündliche Kontaktsprachen, die dann entstehen, wenn Menschen mit unterschiedlichen Muttersprachen aufeinandertreffen und sich zu verständigen versuchen. Solche Situationen sind häufig durch den europäischen Kolonialismus und Sklavenhandel entstanden. Dabei wurden von den Kolonisierten/Versklavten meist das Vokabular der Kolonialsprachen (z. B. Englisch, Französisch, Spanisch, Portugiesisch, Russisch, Deutsch und Arabisch) sowie die weitgehend vereinfachte bzw. reduzierte Grammatik ihrer Muttersprache für einfache Zwecke der Verständigung genutzt. Da Pidgin-Sprachen normalerweise mündliche Verständigungsmittel sind, die nicht alle Funktionen der menschlichen Sprache erfüllen müssen, wurden sie nicht aufgeschrieben und sind deswegen nur indirekt dokumentiert, nämlich durch ihre Weiterentwicklung zu Kreolsprachen. Diese Sprachen werden als Muttersprachen erworben, bleiben in Wortschatz und Grammatik an der Kolonialsprache orientiert, weisen aber einen relativ umfangreichen Wortschatz und eine einfache, aber ausdifferenzierte Grammatik auf, die von den jeweiligen indigenen (oft: westafrikanischen) Sprachen beeinflusst ist.

Meist, aber nicht immer bleiben Kreolsprachen vorwiegend Medien mündlicher Verständigung. Es gibt sogar Dutzende von Kreolsprachen auf der ganzen Welt, die vereinzelt offiziellen Status in den jeweiligen Ländern erhalten haben. Unabhängig von ihrer Bezeichnung sind alle im Folgenden behandelten Sprachen Kreolsprachen.

167. Tok Pisin (< englisch *talk* und *Pidgin*; auch: *Pisin*, *New Guinea Pidgin English*, *Melanesian English*) ist eine hauptsächlich auf dem Englischen, aber auch auf dem Malaiischen, Deutschen, Portugiesischen und verschiedenen austronesischen Sprachen beruhende Kreolsprache (trotz des zweiten Namens »Neuguinea-Pidgin«). Tok Pisin wird von ca. 120 000 Native Speakers und vier Millionen Menschen als Zweitsprache in Papua-Neuguinea gesprochen. Tok Pisin ist auch eine offizielle Sprache in Papua-Neuguinea, es wird mit dem lateinischen Alphabet geschrieben.

Der Schmetterling heißt im Tok Pisin *bataplai* [bataplai] (< englisch *butterfly*). Ein weiterer Schmetterlingsausdruck ist *bembe*. Weitere und präzisere Angaben konnten leider nicht gefunden werden.

Quellen: vgl. https://www.tokpisin.info/english-to-tok-pisin/b-english/page/34/; ferner auch: https://www.freelang.net/online/tok_pisin.php?lg=gb; sowie schließlich: https://glosbe.com/en/tpi/butterfly; https://omniglot.com/writing/tokpisin.htm (zuletzt eingesehen am 10.3.2021); schließlich auch: https://www.ethnologue.com/language/tpi (zuletzt eingesehen am 5.7.2022).

168. Hiri Motu (auch: *Police Motu*, *Pidgin Motu*, *Hiri*) ist eine auf der Sprache Motu beruhende Kreolsprache. Die Ausgangssprache Motu gehört zum ozeanischen Zweig der ost-malayo-polynesischen Familie der austronesischen Sprachen. Hiri Motu wird von ca. 100 000 Personen, zumeist Zweitsprachsprecher*innen, in Papua-Neuguinea gesprochen, in der Region von der Hauptstadt Port Moresby. Hiri Motu ist eine offizielle Sprache von Papua-Neuguinea, verliert aber an Boden zugunsten von Tok Pisin.

Der Schmetterling heißt in Hiri Motu *kaubebe* [kaubɛbɛ]. Weitere und präzisere Angaben konnten leider nicht gefunden werden.

Quellen: vgl. Dutton/Voorhoeve, Beginning Hiri Motu.1974: 252; Dutton (ed.), The Hiri in History. Further Aspects of Long Distance Motu Trade in Central Papua 1982: 90; https://omniglot.com/writing/hirimotu.htm (zuletzt eingesehen am 12.3.2021); https://en.wikipedia.org/wiki/Hiri_Motu; https://www.ethnologue.com/language/hmo (zuletzt eingesehen am 5.7.2022).

169. Seychelles Creole *(Seselwa Kreol/Kreol Seselwa, Seselwa, Kreol, Creole)* ist eine hauptsächlich auf Französisch beruhende Kreolsprache. Seychelles Creole wird von ca. 70 000 Native Speakers auf den Seychellen-Inseln im Indischen Ozean vor der ostafrikanischen Küste gesprochen. Seychelles Creole ist neben Englisch und Französisch Amtssprache der Republik Seychellen.

Der Schmetterling heißt im Seychelles Creole *papiyon* [papijon] (< französisch *papillon*). Weitere und präzisere Angaben konnten leider nicht gefunden werden.

Quellen: vgl. https://wold.clld.org/vocabulary/7; sowie ferner: https://clics.clld.org/parameters/1791#1/21/1; https://omniglot.com/writing/seselwa.htm (zuletzt eingesehen am 13.3.2021); schließlich auch: https://www.ethnologue.com/language/crs (zuletzt eingesehen am 5.7.2022).

170. Morisyen *(Kreol Morisien, Morisien, Maurysien, Mauritian)* ist eine hauptsächlich auf Französisch beruhende Kreolsprache. Morisyen wird von ca. einer Million Native Speakers hauptsächlich auf der Insel Mauritius und zugehörigen Nachbarinseln östlich von Madagaskar gesprochen. Morisyen ist neben Englisch und Französisch die alltäglich gebrauchte Sprache in Mauritius, auch wenn die Verfassung der Republik Mauritius *(Maurice, Moris)* keine offizielle Sprache fixiert. Morisyen wird mit dem lateinischen Alphabet geschrieben.

Der Schmetterling heißt im Morisyen *papiyon/papyon* [papijon] (< französisch *papillon*). Weitere und präzisere Angaben konnten leider nicht gefunden werden.

Quellen: vgl. https://www.lalitmauritius.org/en/dictionary.html?letter=p; https://en.wiktionary.org/wiki/papiyon; https://www.academia.edu/12787812/Mauritius_Creole_Dictionary; https://www.ethnologue.com/language/mfe; https://omniglot.com/writing/mauritiancreole.htm (zuletzt eingesehen am 13.3.2021).

171. Kapverdisches Kreol *(Kabuverdianu, Crioulo cabo-verdiano, Cape Verdean Creole, Criol, Kriol, Krioulu)* ist eine auf Portugiesisch beruhende Kreolsprache. Kapverdisches Kreol ist die älteste bekannte Kreolsprache und wird seit dem 15. Jh n. Chr. verwendet. Kapverdisches Kreol wird von ca. 870 000 Native Speakers in der Republik Cabo Verde auf zehn Inseln im Atlantischen Ozean westlich von Senegal (Afrika) gesprochen. Kapverdisches Kreol ist nicht die offizielle Sprache der Republik Cabo Verde, das ist nämlich bis heute Portugiesisch geblieben. Kapverdisches Kreol wird mit dem lateinischen Alphabet geschrieben.

Der Schmetterling heißt im Kapverdischen Kreol *borboléta* [borbolɛtɐ] (< portugiesisch *borboleta*) mit der phonetischen Variante *gorgoleta* sowie weiteren Varianten wie *barbuléta* und *burboléta*. Daneben gibt es auch den Ausdruck *balanbuta* für eine große Schmetterlingsart.

Quellen: vgl. Brüser/dos Reis Santos, Dicionário do Crioulo da Ilha de Santiago (Cabo Verde) 2002: 46, 88; https://www.livelingua.com/peace-corps/Kriolu/English-Kriolu%20 Dictionary.pdf; Rodrigues de Souza Rodrigues, Fonologia do Caboverdiano: das Variedades Insulares à Unidade Nacional 2007: 147; https://omniglot.com/writing/kriol.php (zuletzt eingesehen am 14.3.2021); schließlich auch: https://www.ethnologue.com/language/kea (zuletzt eingesehen am 6.7.2022).

172. Krio *(Sierra Leonian Creole, Creole, Patois)* ist eine auf Englisch beruhende Kreolsprache. Es geht auf ein englischbasiertes Pidgin im westafrikanischen Raum zurück und wurde mit der Gründung von Freetown 1787 zur Kontaktsprache verschiedener befreiter Sklavengruppen. Heute wird Krio von einigen 100 000 Native Speakers und von ca. vier Millionen Menschen als Zweitsprache in der Republik Sierra Leone (südlich von Guinea und westlich von Liberia) im Westen Afrikas gesprochen. Krio ist nicht die offizielle Sprache Sierra Leones (das ist Englisch), aber im ganzen Land als Lingua franca verbreitet. Krio wird mit dem lateinischen Alphabet geschrieben.

Der Schmetterling heißt im Krio *bɔtaflay* [bɔtaflaj] (< engl. *butterfly*). Weitere und präzisere Angaben konnten leider nicht gefunden werden.

Quellen: vgl. https://glosbe.com/en/kri/butterfly; https://wol.jw.org/kri/wol/d/r151/lp-kri/2020367; https://omniglot.com/writing/krio.htm (zuletzt eingesehen am 14.3.2021); schließlich auch: https://www.ethnologue.com/language/kri (zuletzt eingesehen am 6.7.2022).

173. Papiamento *(Papiamentu, Papiaments, Curassese, Curaçoleño)* ist eine Kreolsprache, die hauptsächlich auf Portugiesisch beruht, mit starken spanischen, niederländischen sowie heute auch englischen Einflüssen. Papiamento wird von ca. 250 000 Native Speakers hauptsächlich auf den niederländischen Antillen-Inseln Aruba, Bonaire und Curaçao gesprochen, die zur karibischen Inselwelt vor der venezolanischen Küste gehören. Daneben gibt es eine Minderheit in den Niederlanden, die Papiamento sprechen. Papiamento ist neben Niederländisch und Englisch eine offizielle Sprache auf diesen drei Inseln. Papiamento wird mit dem lateinischen Alphabet geschrieben. Zur sprachpolitischen Entwicklung des Papiamento in den letzten Jahrzehnten gibt Eckkrammer (2012) einen kritisch-differenzierten Überblick.

Der Schmetterling heißt im Papiamento *barbulèt* [barbuˈlɛt] oder *barbulètè* [barbuˈlɛtɛ] (< portugiesisch *borboleta*). Der letztere Ausdruck *barbulètè* ist der auf allen drei Inseln allgemein verwendete, *barbulèt* wird speziell auf Aruba und Bonaire gebraucht. Auf Aruba sind auch noch die Varianten *barbuleta* und die spanische Form *mariposa* in Verwendung.

Quellen: vgl. van Putte/van Putte de Windt, Groot Wordenboek Papiaments Nederlands 2006: 651; Jouberts, Handwoordenboek Nederlands-Papiamentu 1999: 363; ferner: https://www.majstro.com/dictionaries/English-Papiamento; https://thevore.com/english-to-papiamento/; https://www.wordsense.eu/barbulètè/; ferner auch: https://glosbe.com/de/pap/Schmetterling; https://omniglot.com/writing/papiamento.php (zuletzt eingesehen am 16.3.2021); https://www.ethnologue.com/language/pap (zuletzt eingesehen am 6.7.2022).

174. Jamaican Creole *(Jamaican Patois, Patois, Patwah, Jumiekan, Jumieka langwij, Jumiekan Kriol)* ist eine hauptsächlich auf dem Englischen sowie auf westafrikanischen Sprachen beruhende Kreolsprache. Jamaican Creole wird von über drei Millionen Native Speakers gesprochen, vor allem in Jamaika, einem demokratisch regierten Staat mit der englischen Königin als nominellem Staatsoberhaupt, aber auch von Minderheiten z. B. im U. K. und den USA. Jamaican Creole ist eine offizielle Sprache in Jamaika und wird vorwiegend mündlich eingesetzt. Es gibt aber Standardisierungsansätze. Jamaican Creole wird mit dem lateinischen Alphabet geschrieben.

Der Schmetterling heißt im Jamaican Creole *bat* [bat], was auch für »Motte« steht (< engl. *butterfly*). Auch die Varianten *but* und *but-but* kommen vor. Daneben wird anscheinend auch direkter nach dem Englischen *butterfly* [bɔtaflai] bzw. [bʌtaflai] gesagt.

Eng mit Jamaika, Dance Hall, Hip-Hop und Reggae verknüpft ist ein typisch weiblicher Tanzstil, *Butterfly*, bei dem Hüften und Knie rhythmisch einwärts und auswärts gedreht, also ähnlich wie flatternde Schmetterlingsflügel bewegt werden.

Quellen: vgl. Cassidy/Le Page, Dictionary of Jamaican English 2002: 85, 270, 316, 320, 375; sowie Meade, Acquisition of Jamaican Phonology, 2001: 258; https://jamaicanpatwah.com/translator?t=butterfly; http://emanasound.com/wp-content/uploads/2015/06/Rasta-Patois-Dictionary.pdf; vgl. darüber hinaus: https://members.tripod.com/~Livi_d/language/patois_dictionary.htm; https://ids.clld.org/valuesets/3-920-218; https://jamaicans.com/patois_b/; https://glosbe.com/en/jam/butterfly; https://omniglot.com/writing/jamaican.php (zuletzt eingesehen am 16.3.2021); schließlich auch: https://www.ethnologue.com/language/jam (zuletzt eingesehen am 6.7.2022).

175. Haitianisches Kreol *(Créole haïtien, Aysiyen, Kreyòl ayisyen, Kréyol, Haitian Creole)* ist eine Kreolsprache, die vor allem auf Französisch basiert, aber auch starke Einflüsse von westafrikanischen Sprachen aufweist. Haitianisches Kreol wird von ca. sieben Millionen Native Speakers auf Haiti gesprochen, aber auch von Minderheiten in Ländern wie den USA, Kanada und Frankreich. Damit ist das Haitianische Kreol die größte Kreolsprache der Welt. Haitianisches Kreol ist eine offizielle Sprache in der präsidialen Republik Haiti, wurde aber erst 1979 offiziell im Schulunterricht zugelassen und erlangte den Status als ko-offizielle Sprache zum Französischen sogar erst 1987.

Haitianisches Kreol wird mit dem lateinischen Alphabet geschrieben, allerdings sind ca. 40 Prozent der Bevölkerung Analphabet*innen, was mit der katastrophalen Wirtschaftslage zusammenhängt: Haiti ist das ärmste Land der westlichen Hemisphäre, was unter anderem aus den langjährigen Reparationszahlungen (1825–1883 insgesamt 60 Millionen Franc!) an die ehemalige Kolonialmacht Frankreich als Gegenleistung für deren Akzeptierung der Unabhängigkeit Haitis im Jahre 1825 resultiert.

Der Schmetterling, auch die Motte, heißt im Haitianischen Kreol *papiyon* [papijõ] (< frz. *papillon*). Speziell die Motte heißt auch *papiyon denwi*. Ein schwarzer Schmetterling ist Protagonist im Gedicht *Papiyon nwa* (= *papillon noir* = »Schwarzer Schmetterling«, aus der Gedichtsammlung *Sezon papiyon* (»Schmetterlingssaison«) 2013) des bedeutenden haitianischen Lyrikers, Novellisten und Journalisten Manno Ejèn (= Emmanuel Eugène, *1946), mit einer ungefähren Übersetzung ins Französische:

Papiyon nwa	Papillon noir
se non vanyan mwen	est mon nom courageux
depi zèl mwen franchi pa pòt	depuis que mes ailes ont volé par les portes
kè sote deja enstale	l'anxiété déjà installée
poutan vòltij mwen pi frajil	pourtant mes tensions sont plus fragiles
pase boujon lavi	que les bourgeons de la vie

Quellen: vgl. Targète/Urciolo, Haitian Creole-English Dictionary 1993: 143; Valdman/Moody/Davies, English-Haitian Creole. Bilingual Dictionary 2017; https://www.bing.com/translator/?from=fr&to=ht&text=papillon; sowie https://www.haiti-reference.com/pages/creole/diction/display.php?action=view&id=476; überdies https://translate.google.com/?sl=fr&tl=ht&text=papillon&op=translate&hl=fr; sowie schließlich auch https://kreyol.com/dictionary/Bb.html; https://omniglot.com/writing/haitiancreole.htm (zuletzt eingesehen am 17.3.2021); https://www.ethnologue.com/language/hat (zuletzt eingesehen am 6.7.2022).

IV. Gebärdensprachen

Gebärdensprachen sind vollwertige Sprachen, die ebenso wie Lautsprachen natürlich entstanden sind. Sie sind visuell-gestische Zeichensysteme, und entsprechend Lauten und Wörtern verwenden sie Gebärden, die aus manuellen und nonmanuellen Komponenten (Mimik, Handform, Körperhaltung) bestehen. Gebärdensprachen werden auf der ganzen Welt vor allem von Menschen verwendet, die eine mehr oder weniger weitgehende Gehörbehinderung aufweisen. Es gibt ca. 200 dokumentierte Gebärdensprachen (der *Ethnologue* (25th edition, 2022) listet 157 auf), viele weitere existier(t)en und sind wahrscheinlich nur nicht dokumentiert. Gebärdensprachen sind nicht gegenseitig verständlich, sofern sie nicht aus einer nah verwandten Gebärdensprachfamilie stammen. Ihren Gegenstand mehr oder weniger direkt abbildende (ikonische) Zeichen sind allerdings in den Gebärdensprachen häufiger als in den Lautsprachen. Gebärdensprachen sind keineswegs dasselbe oder auch nur ähnlich mit der nonverbalen Kommunikation (»Körpersprache«), die Lautsprache begleitet.

Für die internationale Verständigung wird die *International Sign Language* (auch: *International Sign*, *International Sign Pidgin*) verwendet, eine

Pidgin- bzw. Kontaktsprache. Die Grenzen zwischen den Gebärdensprachfamilien fallen nicht mit den Grenzen zwischen den Lautsprachfamilien zusammen. Die unten stehende Karte gibt eine ungefähre Vorstellung von der Gruppierung von Gebärdensprachen in Familien, obwohl hier viele Fragen offenbleiben.

Die Hauptquelle der folgenden Beschreibungen von Schmetterlingsausdrücken in Gebärdensprachen ist die Website *SpreadTheSign* der Non-Governmental and Non-Profit Organisation European Sign Language Centre (vgl. Hilzensauer/Krammer 2015). Nach den dort einsehbaren Videodemonstrationen, aus denen Ausschnitte (Fotos) kopiert wurden, werden die jeweiligen Gebärden für »Schmetterling« beschrieben. Auf alternative Realisierungen in anderen Videoaufzeichnungen wird aber stets hingewiesen. Einen breiten allgemeinen Überblick über die Gebärdensprachforschung bietet Brentari (2010).

176. Die Österreichische Gebärdensprache (= *ÖGS*) gehört zur großen Familie der französischen Gebärdensprachen. Das sind solche Gebärdensprachen, die von der französischen Gebärdensprache *(Langue de signe française)* abstammen oder stark geprägt sind. Die *Langue de signe française* wurde im 18. Jahrhundert aufgrund der Bemühungen von Charles-Michel de l'Épée (1712–1789), der sie zunächst von Gehörlosen erlernte, für die er dann ab 1755 kontinuierlichen Schulunterricht organisierte, standardisiert und vervollkommnet. Die Gebärdensprache war Gegenstand und Mittel des Unterrichts.

In der Nachfolge von l'Epée wurden zahlreiche weitere Schulen für Gehörlose gegründet, und die so weiterentwickelte französische Gebärdensprache wurde international verbreitet, u. a. in den USA, Brasilien, in der Schweiz und Österreich.

Laurent Clerc (1785–1869) war ein gehörloser, hochgebildeter Absolvent von l'Épées Schule und gründete zusammen mit dem amerikanischen Geistlichen Thomas Hopkins Gallaudet (1787–1851) 1816 die erste Gehörlosenschule nach der l'Épée'schen Methode in Hartford, Connecticut (USA).

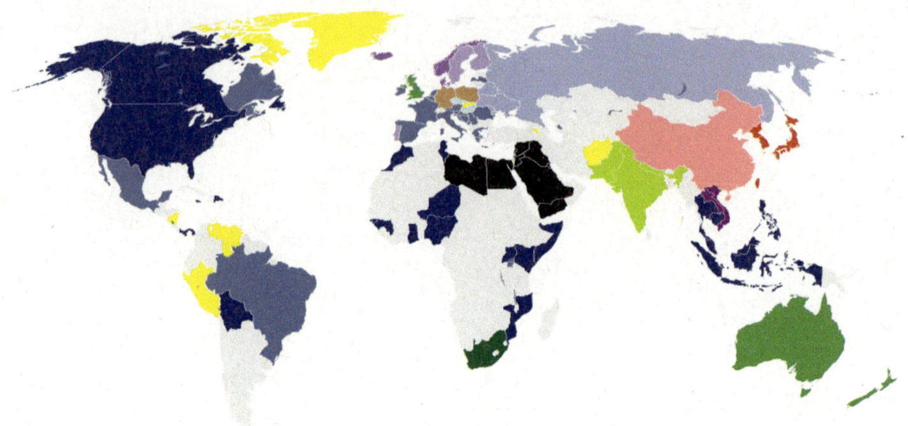

Gebärdensprachfamilien weltweit; bei den grauen Flächen fehlen noch ausreichende Daten (vgl. https://en.wikipedia.org/wiki/Sigh_language#Classification; zuletzt eingesehen am 1.8.2021; Zeshan 2013), Karte: Wikipedia

Die ÖGS hat ca. 8000–10 000 Native Speakers. Sie ist in Österreich seit 2005 als nationale Gebärdensprache in der Verfassung (Art. 8 Abs. 3) anerkannt. An verschiedenen österreichischen Universitäten gibt es akademische Abschlüsse zum Erwerb einer Übersetzungs- und Dolmetschkompetenz in der ÖGS.

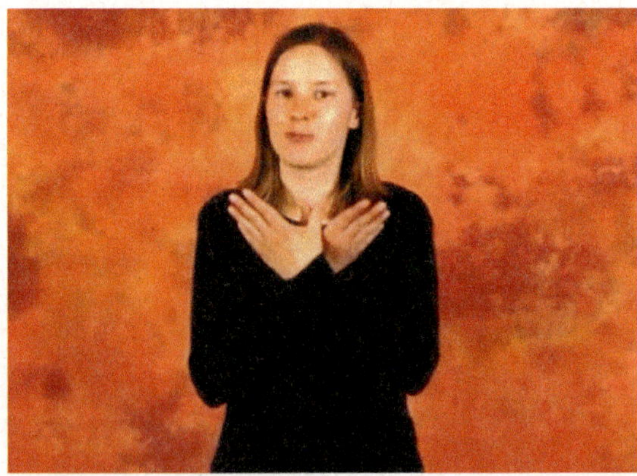

»Schmetterling« in der ÖGS, Foto: Screenshot von Manfred Kienpointner; © »Spread The Sign«; schriftliche Abdruckerlaubnis von »Spread The Sign« erhalten

»Schmetterling« wird in der ÖGS durch die beiden ineinander verschränkten Daumen und durch die wiederholte Bewegung der übrigen Finger beider Hände (»flatternde Hände«) gebärdet. Dabei sind die Unterarme abgewinkelt, sodass sich die Hände in Brusthöhe befinden. Dies geschieht ohne Aufwärtsbewegung der Unterarme. Die Darstellung des Flügelschlags durch die wiederholt bewegten Finger stellt ein visuelles Analogon zur Reduplikation von Silben bei den Schmetterlingsausdrücken der Lautsprachen dar.

Quellen: vgl. https://www.spreadthesign.com/de.at/search/; sowie ferner auch: Lexikondatenbank für Gebärdensprachen (Univ. Klagenfurt): https://ledasila.aau.at/Search/Results.aspx?SearchText=Schmetterling; https://www.ethnologue.com/language/asq/24 (zuletzt eingesehen am 19.3.2021).

177. Die Deutsche Gebärdensprache (= *DGS*) gehört zur Familie der deutschen Gebärdensprachen und wird in der BRD, Belgien und Luxemburg verwendet. Nahe verwandt scheint die polnische Gebärdensprache zu sein. Die DGS ist also NICHT näher mit der Österreichischen Gebärdensprache verwandt, die zur Familie der französischen Gebärdensprachen gehört (vgl. Wittmann 1991: 287). Die DGS wird von ca. 80 000 gehörlosen Native Speakers sowie von ca. 120 000 hörenden und schwerhörigen Personen verwendet. Das Recht auf ihre Verwendung ist in der BRD seit 2002 im Behindertengleichstellungsgesetz verankert.

»Schmetterling« in der DGS, Foto: Screenshot von Manfred Kienpointner; © »Spread The Sign«; schriftliche Abdruckerlaubnis von »Spread The Sign« erhalten

»Schmetterling« wird wie in der österreichischen Gebärdensprache gebärdet, nämlich durch die gekreuzten Daumen und die wiederholt »flatternden Finger« ohne Aufwärtsbewegung der Unterarme.

Quellen: vgl. https://www.spreadthesign.com/de.at/search/; ferner: https://signdict.org/entry/3020-schmetterling; https://www.youtube.com/watch?v=4KLJ2YWUKvo; https://www.ethnologue.com/language/gsg/24 (zuletzt eingesehen am 20.3.2021).

178. Die Französische Gebärdensprache *(Langue des signes française = LSF)* gehört zur Familie der französischen Gebärdensprachen. Die LSF wird von ca. 170 000 Native Speakers in Frankreich und der französischen Schweiz verwendet und hat auf die deutsch-schweizerische, die österreichische, die tschechische und slowakische Gebärdensprache einen prägenden Einfluss ausgeübt. Die LSF ist in Frankreich seit 2005 als Minderheitensprache anerkannt, was auch das Recht auf Schulunterricht in der LSF inkludiert.

Durch das Wirken von Charles-Michel de l'Épée im 18. Jh. in Frankreich und dessen Schüler Laurent Clerc im 19. Jh. in den USA übte die LSF auch einen starken Einfluss auf die Entwicklung der Amerikanischen Gebärdensprache *(American Sign Language)* aus und damit indirekt auf weitere Gebärdensprachen.

»Papillon« in der LFS, Foto: Screenshot von Manfred Kienpointner; © »Spread The Sign«; schriftliche Abdruckerlaubnis von »Spread The Sign« erhalten

»Schmetterling« wird ähnlich wie in den anderen hier erwähnten Gebärdensprachen gebärdet, mit ineinandergehakten Daumen, »flatternden« Fingern, überdies jedoch mit einer »fliegenden« Aufwärtsbewegung der Hände nach rechts oben aus der Sicht des Sprechers.

Quellen: vgl. https://www.spreadthesign.com/de.at/search/; https://www.youtube.com/watch?v=rql8uz99Czc; https://www.youtube.com/watch?v=fKQfyKPA398 (zuletzt eingesehen am 20.3.2021); schließlich auch: https://www.ethnologue.com/language/fsl (zuletzt eingesehen am 6.7.2022).

179. Die Amerikanische Gebärdensprache *(American Sign Language = ASL)* gehört zur Familie der französischen Gebärdensprachen. Die ASL wird von ca. 250 000–400 000 Native Speakers in den USA gebärdet, darüber hinaus werden dialektale Varianten der ASL in Kanada, in der Karibik, in Bolivien, in Westafrika und in Südostasien verwendet. ASL ist in 40 US-amerikanischen Bundesstaaten in unterschiedlichem Ausmaß als Schulsprache oder als offizielle Sprache anerkannt.

Butterfly (»Schmetterling«) in der ASL, Foto: Screenshot von Manfred Kienpointner; © »Spread The Sign«; schriftliche Abdruckerlaubnis von »Spread The Sign« erhalten

»Schmetterling« wird in der ASL ähnlich wie in den anderen hier erwähnten Gebärdensprachen gebärdet, d. h. mit ineinander verschränkten Daumen und »flatternden« Fingern, jedoch in den meisten Videodarstellungen ohne Aufwärtsbewegung der Unterarme; gelegentlich aber auch mit einer Bewegung der Unterarme nach rechts oben aus der Sicht der gebärdenden Person.

Quellen: vgl. zur ASL htmhttps://www.spreadthesign.com/de.at/search/; sowie ferner auch: https://www.handspeak.com/word/search/index.php?id=292; überdies: https://www.lifeprint.com/asl101/pages-signs/b/butterfly; vgl. darüber hinaus noch: https://www.signingsavvy.com/sign/BUTTERFLY/1067/1; https://omniglot.com/writing/signlanguages.php (zuletzt eingesehen am 20.3.2021); schließlich auch: https://www.ethnologue.com/language/ase (zuletzt eingesehen am 6.7.2022).

180. Die Brasilianische Gebärdensprache *(Língua brasileira de sinais = LIBRAS)* gehört zur Familie der französischen Gebärdensprachen. LIBRAS ist seit 2002 als eine offizielle Sprache Brasiliens anerkannt, was grundsätzlich auch das Recht auf Unterricht in LIBRAS inkludiert. Dieses Recht ist aber noch nicht flächendeckend durchgesetzt. LIBRAS hat ca. 600 000 Native Speakers, wobei es in Brasilien auch Unterricht für LIBRAS als Zweitsprache gibt.

»Schmetterling« wird in der LIBRAS ähnlich wie in den anderen hier erwähnten Gebärdensprachen gebärdet, d. h. mit ineinander verschränkten Daumen und »flatternden« Fingern, wozu im Video eine Bewegung der Unterarme nach links oben aus der Sicht der Sprecherin kommt. In anderen Videos erscheinen aber auch andere Bewegungsrichtungen.

Borboleta (»Schmetterling«) in der LIBRAS, Foto: Screenshot von Manfred Kienpointner; © »Spread The Sign«; schriftliche Abdruckerlaubnis von »Spread The Sign« erhalten

Quellen: vgl. https://www.spreadthesign.com/de.at/search/; https://culturasurda.net/2014/09/21/as-borboletas-2/; https://m.facebook.com/deboralibrasbrasil/videos/321202785653516/ (zuletzt eingesehen am 21.3.2021); https://www.ethnologue.com/language/bzs (zuletzt eingesehen am 6.7.2022).

181. Die Argentinische Gebärdensprache *(Lengua de señas argentina = LSA)* geht aufgrund der starken italienischen Einwanderung in Argentinien wesentlich auf die Italienische Gebärdensprache *(Lengua dei Segni Italiana = LIS)* zurück und gehört damit zur französischen Gebärdensprachfamilie. Zu den Native-Speaker-Zahlen gibt es stark unterschiedliche Schätzungen. Nach Manrique (2016: 3) gibt es ca. 300 000 Gehörgeschädigte in Argentinien, nach dem *Ethnologue* (25. Edition, 2022) 60 000 Native Speakers von LSA.

Mariposa (»Schmetterling«) in der LSA, Foto: Screenshot von Manfred Kienpointner; © »Spread The Sign«; schriftliche Abdruckerlaubnis von »Spread The Sign« erhalten

»Schmetterling« wird in der LSA ähnlich wie in anderen Gebärdensprachen gebildet, d. h. mit ineinander verschränkten Daumen und »flatternden« Fingern. Dies wird im obigen Video mit Aufwärtsbewegung der Unterarme nach schräg rechts oben aus der Sicht des Sprechers verbunden, in anderen Videos jedoch auch ohne Unterarmbewegung.

Quellen: vgl. https://www.spreadthesign.com/de.at/search/; Manrique, Other-initiated Repair in Argentine Sign Language 2016: 2; https://www.facebook.com/Municipio.Concordia/videos/taller-de-lengua-de-se%C3%B1as-animales/589895938589900/ (zuletzt eingesehen am 21.3.2021); https://www.ethnologue.com/language/aed (zuletzt eingesehen am 7.7.2022).

182. Die Britische Gebärdensprache *(British Sign Language = BSL)* gehört zur Familie der Britischen, Australischen und Neuseeländischen Gebärdensprachen (= *BANZSL*) (vgl. Johnston 2003; Brentari 2010: 16) und ist NICHT mit *American Sign Language* verwandt bzw. mit ASL auch nicht gegenseitig verständlich. BSL hat über 80 000 Native Speakers und wird von ca. 64 000 Personen als Zweitsprache verwendet. BSL wird in Großbritannien gebärdet.

Butterfly (»Schmetterling«) in der BSL, Foto: Screenshot von Manfred Kienpointner; © »Spread The Sign«; schriftliche Abdruckerlaubnis von »Spread The Sign« erhalten

»Schmetterling« wird in der BSL ähnlich wie in anderen Gebärdensprachen gebildet, d. h. mit ineinander verschränkten Daumen und »flatternden Fingern«. Dies wird im obigen Video mit Aufwärtsbewegung der Unterarme nach schräg links oben aus der Sicht des Sprechers verbunden (Foto gegen Ende der Aufwärtsbewegung). Auch in den meisten anderen BSL-Videos erfolgt die Aufwärtsbewegung aber auch in andere Richtungen (rechts oben, geradeaus nach oben).

Quellen: vgl. https://www.spreadthesign.com/de.at/search/; https://www.youtube.com/watch?v=bolwEVfEDyo; https://www.youtube.com/watch?v=k42urh2kNKo; https://www.british-sign.co.uk/british-sign-language/how-to-sign/butterfly/; https://www.signbsl.com/sign/butterfly; Johnston BSL, Auslan and NZSL: Three Signed Languages or One? 2003 (zuletzt eingesehen am 22.3.2021); https://www.ethnologue.com/language/bfi (zuletzt eingesehen am 7.7.2022).

183. Die Portugiesische Gebärdensprache *(Lingua Gestual Portuguesa = LGP)* gehört zur Schwedischen Gebärdensprachfamilie, zu der auch die Finnische Gebärdensprache zählt. Dies deshalb, weil der schwedische Gebärdensprachlehrer Pär Aron Borg (1776–1839) im Jahre 1823 im Auftrag des portugiesischen Königs in Portugal die erste Gebärdensprachschule errichtete. Die LGP ist seit 1997 eine offizielle Sprache in Portugal, was auch Bildungsrechte inkludiert. LGP wird von ca. 50 000 Native Speakers und ca. 70 000 Personen als Zweitsprache in Portugal verwendet.

Borboleta (»Schmetterling«) in der LGP, Foto: Screenshot von Manfred Kienpointner; © »Spread The Sign«; schriftliche Abdruckerlaubnis von »Spread The Sign« erhalten

»Schmetterling« wird in der LGP ähnlich wie in anderen Gebärdensprachen gebildet, d. h. mit ineinander verschränkten Daumen und »flatternden Fingern«. Dies ohne Aufwärtsbewegung der Unterarme, in anderen Videos aber auch mit einer Aufwärtsbewegung nach rechts oben aus der Sicht der gebärdenden Person.

Quellen: vgl. https://www.spreadthesign.com/de.at/search/; https://www.infopedia.pt/dicionarios/lingua-gestual/borboleta; https://ensina.rtp.pt/artigo/orelhas-de-borboleta/; sowie schließlich auch: https://www.ethnologue.com/language/psr; https://www.facebook.com/FnacPortugal/videos/hora-do-conto-viste-a-minha-mãe-em-língua-gestual-/806873563179746/ (zuletzt eingesehen am 22.3.2021).

184. Die Tschechische Gebärdensprache *(Český znakový jazyk = ČZJ)* gehört zur Familie der französischen Gebärdensprachen. Die ČZJ hat ca. 10 000 Native Speakers. Die ČZJ ist seit 1998 als eigenständige Sprache anerkannt. Die ČZJ steht der slowakischen Gebärdensprache aber bei Weitem nicht so nahe wie die tschechische Lautsprache der slowakischen Lautsprache.

Motýl (»Schmetterling«) in der ČZJ, Foto: Screenshot von Manfred Kienpointner; © »Spread The Sign«; schriftliche Abdruckerlaubnis von »Spread The Sign« erhalten

»Schmetterling« wird in der ČZJ ähnlich wie in anderen Gebärdensprachen gebildet, d. h. mit ineinander verschränkten Daumen und »flatternden Fingern«. Dabei erfolgt keine Aufwärtsbewegung der Unterarme.

Quellen: vgl. https://www.spreadthesign.com/de.at/search/; siehe ferner auch: https://www.dictio.info/cs/translate/czj/text/mot%C3%BDl/czj-10115 (zuletzt eingesehen am 22.3.2021); https://www.ethnologue.com/language/cse (zuletzt eingesehen am 7.7.2022).

185. Die Indisch-Pakistanische Gebärdensprache *(Indo-Pakistani Sign Language = IPSL)* ist die bedeutendste Gebärdensprache in Südasien. Die IPSL wird in Indien, Pakistan und Bangladesch verwendet. Möglicherweise besteht eine Verwandschaftsbeziehung mit der Nepalesischen Gebärdensprache. In Indien gibt es ca. sechs Millionen Native Speakers von IPSL, wozu in Pakistan weitere Hunderttausende kommen. Trotz dieser großen Zahlen ist die IPSL noch nicht als offizielle Sprache in der indischen Gesetzgebung verankert, obwohl vielfältige Bestrebungen in diese Richtung laufen. Es gibt regional auch Gebärdensprachschulen und Ausbildungen zum Übersetzen und Dolmetschen in die und aus der IPSL.

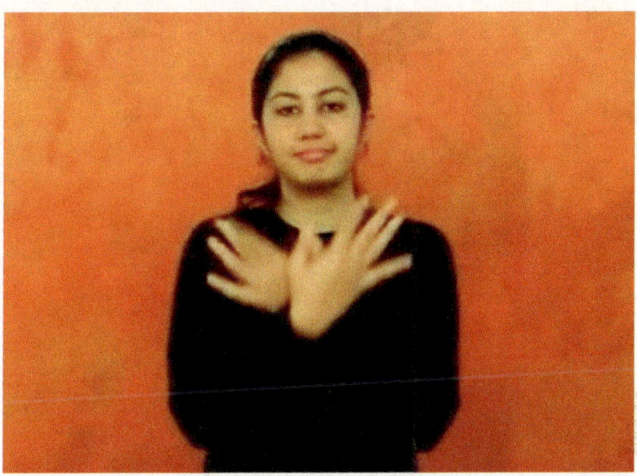

Titalī/Titli (»Schmetterling«) in der IPSL, Foto: Screenshot von Manfred Kienpointner; © »Spread The Sign«; schriftliche Abdruckerlaubnis von »Spread The Sign« erhalten

»Schmetterling« wird in der IPSL ähnlich wie in anderen Gebärdensprachen gebildet, d. h. mit ineinander verschränkten Daumen und »flatternden Fingern«. Dabei werden die Unterarme in einer vertikalen Bewegung nach oben bewegt. In manchen Videodarstellungen unterbleibt diese Bewegung aber auch.

Quellen: vgl. https://www.spreadthesign.com/de.at/search/; https://www.talkinghands.co.in/video/butterflymp4; https://indiansignlanguage.org/butterfly/; https://www.youtube.com/watch?v=Omqwp_f9jDE (zuletzt eingesehen am 23.3.2021); https://www.ethnologue.com/language/ins (zuletzt eingesehen am 7.7.2022).

186. Die Türkische Gebärdensprache *(Türk İşaret Dili = TİD)* ist deutlich verschieden von europäischen Gebärdensprachen. Die TİD ist eine isolierte Gebärdensprache, d. h., sie kann keiner der bekannten Gebärdensprachfamilien zugeordnet werden. Seit 2005 ist die TİD gesetzlich (5378 *Sayılı Engelliler Kanunu*) als eigenständige Sprache anerkannt. Die Zahl der Native Speakers von TİD beträgt ca. 250 000 Personen.

Kelebek (»Schmetterling«) in der TİD, Foto: Screenshot von Manfred Kienpointner; © »Spread The Sign«; schriftliche Abdruckerlaubnis von »Spread The Sign« erhalten

»Schmetterling« wird in der IPSL ähnlich wie in anderen Gebärdensprachen gebildet, d. h. mit ineinander verschränkten Daumen und »flatternden Fingern«. Dabei findet keine Aufwärtsbewegung der Unterarme statt. Auf manchen Videodarstellungen ist aber doch eine Aufwärtsbewegung feststellbar.

Quellen: vgl. https://www.spreadthesign.com/de.at/search/; İstanbul Büyükşehir Belediyesi, Türk İşaret Dili Eğitim Materyali 2018: 176; sowie ferner auch: https://www.youtube.com/watch?v=Wj9VfmNo_aQ; https://www.youtube.com/watch?v=fstYftD4IMs (zuletzt eingesehen am 23.3.2021); https://www.ethnologue.com/language/tsm (zuletzt eingesehen am 7.7.2022).

187. Die Japanische Gebärdensprache (*Japanese Sign Language = JSL*; 日本手話 *Nihon shuwa*) ist eine isolierte Gebärdensprache, wobei es eine Nähe zu der Koreanischen und der Taiwanesischen Gebärdensprache gibt. JSL wird von ca. 126 000 Native Speakers gebärdet. In einem Gesetz zu behinderten Personen aus dem Jahr 2011 wird JSL erstmals als Sprache anerkannt und in der regionalen Administration auch so behandelt. Ein spezifisches nationales Gesetz, das den Status von JSL als eigenständiger Sprache festschreibt, gibt es noch nicht.

Ähnlich wie in anderen Zeichensprachen beginnt das Zeichen für »Schmetterling« in der JSL mit überkreuzten Daumen und »flatternden Handflächen«, dabei werden aber auch die Unterarme vertikal aufwärtsbewegt, mit leichten Seitwärtsbewegungen nach rechts und links aus der Sicht der Sprecherin. In anderen Videos fehlen diese Unterarmbewegungen.

Chō chō (»Schmetterling«) in der JSL, Foto: Screenshot von Manfred Kienpointner; © »Spread The Sign«; schriftliche Abdruckerlaubnis von »Spread The Sign« erhalten

Quellen: vgl. https://www.spreadthesign.com/de.at/search/ (zuletzt eingesehen am 24.3.2021); ferner auch: https://www.youtube.com/watch?v=q66MyU6dSw; https://www.ethnologue.com/language/jsl (zuletzt eingesehen am 7.7.2022).

188. Chinesische Gebärdensprache (*Chinese Sign Language* = *CSL*; in Mandarin-Chinesisch: 中国手语 *Zhōngguó Shǒuyǔ* = ZGS) ist eine isolierte Gebärdensprache, d. h. keiner der umgebenden Gebärdensprachen zuordenbar. Insbesondere ist die CSL völlig verschieden von der Tibetischen Gebärdensprache und der Taiwanesischen Gebärdensprache. Die CSL ist dialektal in die nördliche CSL (Beijing-Dialekt) und die südliche CSL (Sshanghai-Dialekt) gegliedert, wobei sich die Hongkong-Gebärdensprache so weit von der südlichen CSL entfernt hat, dass sie als eigene Gebärdensprache angesehen werden kann.

Native-Speaker-Zahlen werden wie auch bei anderen Gebärdensprachen stark unterschiedlich angegeben, aber da es nach dem *Ethnologue* (25. Edition, 2022) ca. vier Millionen Native Speakers gibt, dürfte die CSL zu den größten Gebärdensprachen der Welt zählen. Es gibt seit einigen

Jahrzehnten Standardisierungsbemühungen, u.a. durch die Verfassung von CSL-Lexika sowie CSL-Unterricht in verschiedenen Schulen in der gesamten VR China.

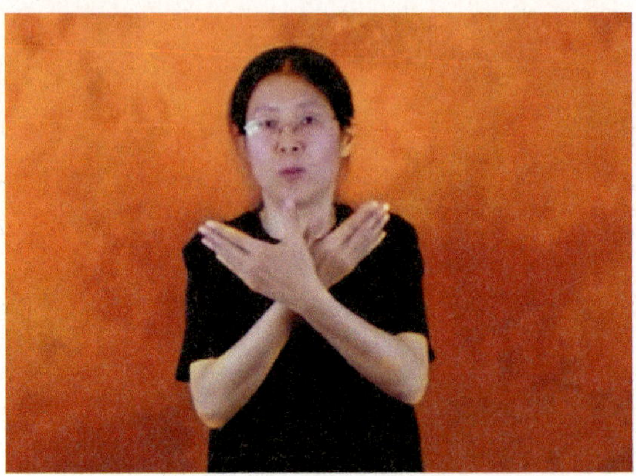

Hú dié (»Schmetterling«) in der CSL, Foto: Screenshot von Manfred Kienpointner; © »Spread The Sign«; schriftliche Abdruckerlaubnis von »Spread The Sign« erhalten

»Schmetterling« wird in der CSL ähnlich wie in anderen Gebärdensprachen gebildet, d.h. mit überkreuzten Daumen und »flatternden Fingern«. Dabei findet keine Aufwärtsbewegung der Unterarme statt.

Quellen: vgl. https://www.spreadthesign.com/de.at/search/; https://chinesesignlanguage.com/butterfly-2/; Chan/Xu, Modality Effects Revisited: Iconicity in Chinese Sign Language 2008: 344 f. (zuletzt eingesehen am 24.3.2021); https://www.ethnologue.com/language/csl (zuletzt eingesehen am 7.7.2022).

V. Kunstsprachen

Kunstsprachen sind nicht auf »natürlichem« Wege entstanden, wie die ca. 7000 »natürlichen« Einzelsprachen als Laut- oder Gebärdensprachen und auf deren Basis die als Kontaktsprachen (Pidgin- oder Kreolsprachen) hervorgebrachten Sprachen. Selbstverständlich sind auch die natürlichen Sprachen vor Zigtausenden oder Hunderttausenden von Jahren vom Menschen »geschaffen« worden, ebenso wie viel später die Pidgin- und Kreolsprachen. Aber dieser Entstehungsprozess war kein systematisch und bewusst geplantes Vorgehen und verliert sich überdies großteils im Dunkel der Urgeschichte des *Homo sapiens.*

»Kunstsprachen« sind dagegen durch bewusste und systematische Gestaltung durch historisch bekannte Einzelpersonen oder Kollektive geschaffene Sprachen. Dabei wurde entweder stark von bestehenden Sprachen ausgegangen, und es wurden auf deren Basis künstliche Sprachen geschaffen *(a posteriori)*, oder es wurden Sprachen geschaffen, die weitgehend auf Ähnlichkeiten mit bestehenden Sprachen verzichten *(a priori)*, wobei es natürlich auch verschiedene Zwischenstufen und Kompromisslösungen gibt. Kunstsprachen dienen unterschiedlichen Zwecken. Ältere Kunstsprachen sind meist aus dem Impuls entstanden, ein sehr regelmäßiges, von möglichst vielen Menschen auch lautlich leicht erlernbares Mittel der internationalen Verständigung zu erzeugen (die sogenannten Plansprachen).

Kunstsprachen mit anderen Zielsetzungen wie die in jüngerer Zeit entstandenen Programmiersprachen zur Formulierung von Rechenvorschriften (Algorithmen) für Computer (z. B. ALGOL, Fortran, Pascal, C, Java, Python) bleiben hier außer Betracht, da Schmetterlingsausdrücke in ihnen keine Rolle spielen.

In den letzten Jahren sind aber zunehmend auch »fiktionale« Sprachen geschaffen worden, die vor allem in Fantasyromanen sowie in Fantasy- und Science-Fiction-Filmen eingesetzt werden, um fremde Völker und Lebewesen realistischer darstellen zu können. Interessanterweise werden heutzutage von vielen Menschen große Anstrengungen unternommen, manche dieser fiktionalen Sprachen gegen Bezahlung zu erlernen, was angesichts des Massensterbens kleiner indigener natürlicher Sprachen, für die keinerlei vergleichbares Interesse besteht, etwas absurd wirkt. In diesen fiktionalen Sprachen kommen z. T. auch Schmetterlingsausdrücke vor, die im Folgenden dargestellt werden.

V.1 Plansprachen

Plansprachen gehen auf Ideen zur Entwicklung einer idealen universalen Sprache zurück, wie sie von Gelehrten und Philosophen wie John Wilkins (1614–1672) und Gottfried Wilhelm Leibniz (1646–1716) entwickelt worden sind. Aufbauend auf diesen Ideen, wurden Plansprachen geschaffen, die durch völlige Regelmäßigkeit in der Grammatik und einen leicht erlernbaren Wortschatz der Völkerverständigung dienen sollten. Hunderte solcher Plansprachen wurden in den letzten Jahrhunderten geschaffen. Nur ganz wenige sind über das erste Entwicklungsstadium hinausgekommen und haben auch dann zumeist nur sehr kleine Sprachgemeinschaften hervorgebracht. Die einzige in großem Maßstabe international erfolgreiche Plansprache ist Esperanto.

189. Volapük (< engl. *world* + Genitiv *-a* + *speak*) ist eine Plansprache, die 1879 von Johann Martin Schleyer (1831–1912) veröffentlicht wurde. Schleyer hatte Volapük ein für Native Speakers vieler Sprachen z. T. schwieriges Lautsystem gegeben sowie eine absolut regelmäßige Grammatik und einen stark am Englischen orientierten, allerdings lautlich verfremdeten Wortschatz (z. B. *flen* = *friend*). Volapük verbreitete sich 1880–1890 international stark. Hunderte Lehrer*innen wurden ausgebildet, und auf dem Höhepunkt seines Erfolgs hatte Volapük Hunderttausende Sprecher*innen. Schleyers Insistieren darauf, bei allen Änderungsvorschlägen das letzte Wort zu haben, interne Konflikte sowie sich abspaltende »Dialekte« (z. B. *Idiom neutral*) besiegelten aber das Schicksal der ersten international verbreiteten Plansprache. Es gibt heute zwar immer noch eine Volapük-Gemeinschaft, die aber nur einige Dutzend Sprecher*innen aufweist.

Der Schmetterling heißt im Volapük *pab* [pab]. Mittels der Präfixe *hi-* (»maskulin«) und *ji-* (»feminin«) können im Volapük Männchen *(hipab)* und Weibchen *(jipab)* differenziert werden. Mittels des u. a. junge Lebewesen, Verkleinerungsformen oder Affektivität signalisierenden Suffixes *-ül* könnten so frisch geschlüpfte Schmetterlinge oder Kleinschmetterlinge bezeichnet werden: *pabül*: »kleiner Schmetterling«. Für »Motte« wird *neitapab (neit = night = Nacht)* gesagt.

Quellen: vgl. Pflaumer, Wörterbuch des Volapük 1888: 383; De Jong, Arie Lehrbuch der Weltsprache Volapük 1933: Kap. 14 und 19; siehe ferner auch: http://www.volapük.com/; https://glosbe.com/en/vo/butterfly; https://omniglot.com/writing/volapuk.htm (zuletzt eingesehen am 26.3.2021).

190. Esperanto ist die erfolgreichste Plansprache. Ihre Grundlagen wurden 1887 von dem polnischen Augenarzt Ludvik Lejzer Zamenhof (1859–1917) unter dem Pseudonym Doktoro esperanto (»Doktor Hoffender«) veröffentlicht. Zamenhof hat Esperanto eine Schrift nach dem lateinischen Alphabet gegeben, bei der die Buchstaben 1:1 die Laute (Phoneme) abbilden, eine absolut regelmäßige Grammatik. Ferner hat er einen internationalen Wortschatz geschaffen, der vor allem (ca. 70 %) aus dem Lateinischen und den romanischen Sprachen stammt, in geringem Ausmaß auch aus dem Englischen und Deutschen sowie den slawischen Sprachen.

Esperanto verbreitete sich zunächst rasch. Die Esperanto-Bewegung wurde zwischen den beiden Weltkriegen aber von Hitler und Stalin durch Verfolgung ihrer Mitglieder stark beeinträchtigt. Heute sprechen etwa 1000 Menschen Esperanto als Muttersprache, ca. 100 000 Personen sprechen es fließend als Fremdsprache. Ferner haben ca. ein bis zwei Millionen Menschen gewisse Grundkenntnisse von Esperanto. Esperanto-Sprecher*innen, die im Esperanto-Weltbund zusammengeschlossen sind, gibt es in ca. 120 Ländern der Welt, größere Gemeinschaften gibt es u. a. in Deutschland, Polen, Ungarn, Brasilien, China und Japan. Es existieren eine reiche Literatur in Esperanto und zahlreiche Übersetzungen ins Esperanto sowie eine Esperanto-Wikipedia (*Vikipedio*: vgl. https://eo.wikipedia.org/wiki/Vikipedio; zuletzt eingesehen am 7.7.2022) mit knapp 300 000 Artikeln. Ferner stehen Lernplattformen im Internet zur Verfügung. Schließlich gibt es ein Esperanto-Museum an der Österreichischen Nationalbibliothek in Wien.

Der Schmetterling heißt im Esperanto *papilio* [papi'lio] (< lat. *papilio*). Speziell für Nachtfalter stehen die Ausdrücke *nokta papilio* bzw. *noktopapilio* zur Verfügung, für Tagfalter *taga papilio* bzw. *tagpapilio*. Ähnlich wie in einer Reihe von natürlichen Sprachen wird metaphorisch mit *papilio* Oberflächlichkeit in der Liebe verbunden, vgl. die Redewendung *papilia amo* (»flüchtige Liebe«, »kurze Liebschaft«). Die Motte heißt im Esperanto *tineo* (< lat. *tinea*).

Quellen: vgl. Krause, Großes Wörterbuch Esperanto-Deutsch 1999: 548, 794; https://lernu.net/en/vortaro; https://en.bab.la/dictionary/english-esperanto/butterfly; ferner auch: https://deeo.dict.cc/?s=Schmetterling; https://omniglot.com/writing/esperanto.htm (zuletzt eingesehen am 25.3.2021); schließlich auch: https://www.ethnologue.com/language/epo (zuletzt eingesehen am 7.7.2022).

191. Ido (< Esperanto *ido* »Kind«, »Nachkomme«) ist eine Plansprache, die 1907 von dem französischen Logiker und Mathematiker Louis Couturat (1868–1914) und dem ursprünglichen Esperantisten Louis de Beaufront (1855–1835) durch Weiterentwicklung von Esperanto geschaffen wurde. Sie sollte gewisse Schwächen des Esperanto überwinden, z. B. die Ersetzung von Sonderzeichen im Esperanto durch Verwendung des englischen Alphabets. Ido gelang es nie, die Popularität von Esperanto zu erreichen, bedingt durch die laufende Veränderung und Weiterentwicklung von Ido, aber auch aufgrund interner Zwistigkeiten der Betreiber*innen.

Das Aufkommen des Internets bewirkte in den letzten Jahren jedoch ein Comeback, das zu einer kleinen, aber nennenswerten Ido-Sprachgemeinschaft geführt hat. Schätzungen gehen heute von 2000–5000 Ido-Sprecher*innen aus. Es gibt Zeitungen und Literatur in Ido, dessen Vertreter*innen in 20 Ländern Organisationen betreiben und in der Union für die Internationale Sprache Ido *(Uniono por la Linguo Internaciona Ido)* zusammengeschlossen sind.

Der Schmetterling heißt im Ido *papiliono* [papilˈjono] (< lat. *papilio*). Für Nachtfalter wird speziell *faleno* angegeben (vgl. frz. *phalène* »Nachtfalter«). Die Motte heißt wie im Esperanto *tineo*.

Quellen: vgl. Feder, Großes Wörterbuch Deutsch-Ido 1919: 478, 573; https://en.glosbe.com/en/io/butterfly; http://idolinguo.org.uk/eniddyer.htm#B; ferner auch: http://www.romaniczo.com/ido/vortari/dictionary.html; https://omniglot.com/writing/ido.htm (zuletzt eingesehen am 26.3.2021).

192. Interlingua ist eine Plansprache, die von einem Team linguistischer Fachleute 1937–1951 von der International Auxiliary Language Association (IALA) geschaffen wurde. Dies geschah unter der maßgeblichen Beteiligung und Leitung des deutschamerikanischen Linguisten und Übersetzers Alexander Gode (1906–1970). Interlingua basiert hauptsächlich auf dem international verbreiteten Wortschatz romanischer, germanischer und slawischer Sprachen, verwendet das lateinische Alphabet ohne Zusatzzeichen und hat eine einfache und regelmäßige Grammatik. Interlingua wird hauptsächlich schriftlich verwendet und kann von Native Speakers romanischer Sprachen ohne vorheriges Studium verstanden werden. Heute wird Interlingua zwar nur von einer sehr kleinen Gruppe von Sprecher*innen in Europa und Südamerika aktiv gesprochen, aber von geschätzten ca. 1500 Personen intensiv schriftlich genutzt, in Form des Lesens und Verfassens von Artikeln für Zeitschriften, Websites, Mailinglists und Wikipedia-Artikeln in Interlingua. Benutzer*innen von Interlingua sind in der 1955 gegründeten Union Mundial pro Interlingua zusammengeschlossen, die regelmäßig Tagungen veranstaltet.

Der Schmetterling heißt im Interlingua *papilion* [papil'jon](< lat. *papilio*). Das Wort für Motte entspricht dem lateinischen Wort *tinea*.

Quellen: vgl. Gode, Interlingua-English Dictionary 1951: 274; 385; https://www.interlingua.com/an/ceid-englishb/; https://glosbe.com/en/ia/butterfly; siehe ferner auch: https://www.wordsense.eu/papilion/; https://omniglot.com/writing/interlingua.htm (zuletzt eingesehen am 27.3.2021).

193. Loglan (< *Logical Language*) ist eine Plansprache, die von dem US-amerikanischen Soziologen und Science-Fiction-Autor James Cooke Brown (1921–2000) ab 1955 entwickelt und 1960 erstmals der Öffentlichkeit vorgestellt wurde. Brown entwickelte Loglan ursprünglich, um Zusammenhänge zwischen Sprache und Denken zu untersuchen. In den bis 1988 überarbeiteten Versionen von Loglan wurde diese Plansprache aber zu einer auch für die Kommunikation nutzbaren Sprache ausgebaut. Brown gründete auch The Loglan Institute (TLI). Die Arbeit von Brown wird vom TLI weitergeführt.

Die Grammatik von Loglan beruht auf der Prädikatenlogik, stellt also ein sehr präzises und eindeutiges Instrument der Kommunikation dar, aber auch ein geeignetes Mittel der Maschinenübersetzung. Der Wortschatz baut auf den acht am häufigsten gesprochenen Sprachen der Erde auf, ist aber so verfremdet, dass Loglan als eine A-priori-Sprache bezeichnet werden kann. Auf Loglan bauen weitere logische Sprachen auf wie z. B. *Lojban*.

Der Schmetterling im Allgemeinen (als Spezies) heißt im Loglan *hitlu* [hitlu]. Die Endvokale *-o* und *-a* stehen in Loglan für männliche und weibliche Tiere, z. B.: *hitlo* »männlicher Schmetterling«, *hitla* »weiblicher Schmetterling«.

Quellen: vgl. http://www.loglan.org/#materials; https://randall-holmes.github.io/Loglan/Dictionary/E-to-L-TRH.html#B_; http://www.loglan.org/Articles/easy-loglan-introduction.html (zuletzt eingesehen am 15.10.2020).

194. Interslawische Sprache *(Interslavic Language, Medžuslovjansky, Меджусловјанскы)* ist eine Plansprache, die 2006 unter dem Namen *Slovianski* von einer Gruppe von Slawisten unter der Leitung von Jan van Steenbergen 2006 veröffentlicht wurde. Sie wird seit 2011 nach einer Fusion mit ähnlichen Projekten und einer Revision *Interslavic Language* (Medžuslovjansky, Меджусловјанскы) genannt (im Folgenden kurz: *Interslavic*).

Interslavic greift eine Reihe von früheren Projekten aus der slawischen Sprachgeschichte auf. *Interslavic* will keine Plansprache für die ganze Welt sein, sondern schließt sehr eng an die natürlichen slawischen Sprachen an. So soll *Interslavic* ein Verständigungsmittel für alle Native Speakers slawischer Sprachen und alle Sprecher*innen einer slawischen Sprache als Fremdsprache sein. Die Zahl der Personen, die *Interslavic* aktiv benutzen, wird auf einige Tausend geschätzt. Es gibt eine rege Onlineaktivität über und mittels *Interslavic*, mit Facebook-Gruppen, einem Internetforum, Wikipedia-Artikeln über *Interslavic* und Wikisource-Texten in *Interslavic*, einer wissenschaftlichen Zeitschrift und regelmäßigen internationalen Konferenzen.

Nachdem alle einzelsprachlichen slawischen Ausspracheformen für *Interslavic* als korrekt akzeptiert sind, transkribiere ich im Folgenden die Ausdrücke nach der Aussprache in einer der slawischen Sprachen, nämlich Tschechisch: Der Schmetterling heißt im *Interslavic motylik* [ˈmɔtilik] (мотылик) oder *motyľ* [ˈmɔtiːl] (мотыль). Die Motte heißt *molj* (моль).

Quellen: vgl. http://steen.free.fr/interslavic/dynamic_dictionary.html; http://steen.free.fr/interslavic/en-ms.html#B; http://steen.free.fr/interslavic/pronunciation.html; https://omniglot.com/writing/interslavic.htm (zuletzt eingesehen am 27.3.2021).

195. Toki Pona (= »gute Sprache«) ist eine Plansprache, die 2001 zuerst von der kanadischen Linguistin und Übersetzerin Sonja Lang veröffentlicht wurde und 2014 in Langs Buch *Toki Pona: The Language of Good* vollständig dargestellt wurde. Toki Pona hat einen extrem kleinen Basiswortschatz mit nur 124 inhaltlich sehr allgemeinen Wörtern, aus denen durch Kombination mit anderen Wörtern komplexe Wörter abgeleitet werden können, die inhaltlich durchaus exakt sind. Der Basiswortschatz ist aus vielen Sprachen und vielen Sprachfamilien entnommen, aber verfremdet und hinsichtlich des Silbenaufbaus sehr vereinfacht, sodass die Wörter für Native Speakers verschiedenster Sprachen sehr leicht auszusprechen sind.

Es gibt eine kleine Sprachgemeinschaft von ca. 100 Personen, die Toki Pona fließend sprechen, und einige hundert Personen mit Kenntnissen in Toki Pona. Darüber hinaus gibt es zahlreiche Social-Media-Gruppen mit Tausenden Mitgliedern, die sich mit Toki Pona beschäftigen. Toki Pona kann auch gebärdet werden, und es gibt neben dem lateinischen Alphabet auch eine Art Hieroglyphenschrift für Toki Pona.

Das Wort für Schmetterling im Toki Pona ist *pipi* [ˈpipi]: »jede Art von kleinen Insekten, darunter Spinnen, Käfer, Fliegen, Ameisen, Küchenschaben, Schmetterlinge etc.«. Wie alle Wörter in Toki pona ist also auch *pipi* semantisch sehr allgemein. Um es näher auf »Schmetterling« einzugrenzen, kann z. B. *kule* (»Farbe«, »färben«, »bunt«) hinzugefügt werden: *pipi kule*: »buntes kleines Insekt« = »Schmetterling«.

Quellen: vgl. http://tokipona.net/tp/janpije/dictionary.php; https://aiki.pbworks.com/f/toki-pona-lessons.pdf; https://en.glosbe.com/mis_tok/en/pipi; sowie ferner auch: https://omniglot.com/conscripts/tokipona.htm; https://de.wiktionary.org/wiki/Verzeichnis:-Toki_Pona/Wortschatz#p_(von_pakala_bis_pu) (zuletzt eingesehen am 29.3.2021).

196. Ygyde ist eine Plansprache, die in den Grundzügen von Andrew Nowicki und dem schwedischen Computer Consultant und Programmierer Patrick Hassel-Zein (*1966) im Jahr 2002 geschaffen und dann bis 2007 verfeinert wurde. Ygyde ist eine A-priori-Sprache, d. h., ihr Vokabular wird systematisch aus einzelnen Silben mit einer bestimmten Bedeutung durch die Anordnung der Silben in einer genau fixierten Reihenfolge aufgebaut, die nicht aus einer natürlichen Sprache stammen. Ygyde wird mit einer eigens entwickelten Alphabetschrift oder mit dem lateinischen Alphabet geschrieben.

Hier ist das Ygyde-Wort für »Schmetterling«: *ykolobo* [ɪkɔˈlɔbɔ] (eigentlich: *y* = noun + *ko* = artistic + *lo* = small + *bo* = animal: »artistic small animal«). Das Wort für Motte ist *ologybo* (eigentlich: »small light animal«).

Quellen: vgl. http://www.orenwatson.be/saved/ygyde.htm; http://www.ygyde.neostrada.pl/ygyded.htm; sowie auch: https://omniglot.com/conscripts/ygyde.htm (zuletzt eingesehen am 15.10.2020).

V.2 Fiktionale Sprachen in der belletristischen Literatur und im Film

Fiktionale Sprachen haben eine lange Tradition in verschiedenen Literaturen. In der Tat scheint es schon immer die menschliche Kreativität angeregt zu haben, fiktive Sprachen zu fiktiven Personen und Welten zu entwerfen, die die Darstellung dieser Personen und Welten bunter und anschaulicher machen.

Als relativ frühes Beispiel ist hier Dante Alighieri (1265–1391) zu nennen. Dante lässt in seinem Hauptwerk »Die Göttliche Komödie« *(La Divina Commedia)*, das in der Hölle, im Fegefeuer und in Paradies spielt, einige Dämonen der Hölle (z. B. Pluto, den gierigen König des Reichtums, und den Giganten Nimrod, den mythischen Herrscher, der für den Turmbau von Babel verantwortlich sein soll) eigens von ihm geschaffene, rau und hart klingende, nur z. T. verständliche Idiome reden (Dante 1922: 64; 2000: 29; 121; *La Divina Commedia*, *Inferno* VII, 1–2; *Inferno* XXXI, 67–69):

Pluto: ›*Pape Satàn, pape Satàn, aleppe!*‹	Pluto: »Pape Satan, Pape Satan Aleppe …«
cominciò Pluto con la voce chioccia.	Begann da Plutus mit der heisern Stimme.
Nimrod: ›*Raphel may amech zabi almi*‹,	Nimrod: »Raphèl mai amech izabì almi«,
cominciò a gridar la fiera bocca.	So schrie er plötzlich mit dem wilden Munde.

In diese Tradition gehören auch das *Nadsat* im Roman *Clockwork Orange* von Anthony Burgess (1917–1993), das auch in Stanley Kubricks berühmter Verfilmung *Clockwork Orange* (1971) als Jugendsprache eingesetzt wird.

Nadsat ist eine fiktive Mischsprache, die vor allem aus englischen Slangwörtern (z. B. *snuff it* für »sterben«), Kindersprache (z. B. *eggiweg* »Ei«), vermischt mit wenigen deutschen und vielen russischen, z. T. verballhornten Entlehnungen besteht (z. B. *droog, chelloveck, devotchka, horrorshow* (< russisch друг/*drug* »Freund«, человек/*čelovék* »Person, Mann«, де́вочка/*dévočka* »Mädchen«, хорошо́/*xorošó* »gut«).

Im Kino tritt eine fiktionale Sprache z. B. in Charlie Chaplins (1889–1977) *Tomanisch* als brillante Karikatur von Hitlers Deutsch im Film *The Great Dictator* (1940) in Erscheinung. Tomanisch besteht großteils aus phonetisch hart und grob klingenden Fantasiewörtern wie *tatschuten, schtonk* und *schtrutz*, die aber »vulgärdeutsch« klingen und auch mit deutschen Wörtern durchsetzt sind (z. B. *Sauerkraut*).

So richtig explodiert ist die Kreation fiktionaler Sprachen aber erst in der zeitgenössischen Fantasyliteratur, z. B. in John Ronald Reuel Tolkiens (1892–1973) berühmten Romanen *The Hobbit* und *The Lord of the Rings*, wo der Linguist Tolkien selbst zahlreiche Sprachen kreierte, worunter die Elbensprachen wie *Sindarin* am berühmtesten wurden. Für George R. R. Martins (*1948) ebenso erfolgreiches mehrbändiges Fantasyepos, das 1996 mit *A Song of Ice and Fire* begann und 2011–2019 in der enorm erfolgreichen HBO-Fernsehserie *Game of Thrones* verfilmt wurde, wurde z. B. die fiktionale Sprache *Dothraki* geschaffen.

Für Science-Fiction-Filme wurden weitere fiktionale Sprachen geschaffen (z. B. in George Lucas' *Star-Wars*-Serie (1977 ff.): *Huttese/Huttisch*; in Gene Roddenberrys *Star-Trek*-Serie (1966 ff.): *Klingonisch*; in David Camerons *Avatar* (2009 ff.): *Na'vi*).

Hier haben die fiktionalen Sprachen die entscheidende Funktion, der Handlung Realismus zu verleihen, und nicht die hanebüchene Annahme zu stützen, dass überall im Universum bzw. in allen möglichen Welten die eigene Muttersprache von allen Völkern gesprochen werde. Ferner eignen sich fiktionale Sprachen hervorragend dazu, einzelne Handlungsträger*innen sowie ganze Völker durch die Eigenschaften der Sprache (Laute, Konstruktionen, Wortschatz) zu charakterisieren.

Zum Zweck der Erfindung fiktionaler Sprachen werden häufig Linguist*innen eingesetzt, z. B. David A. Salo (*1965) für den Ausbau von *Sinda-*

rin für die Dialoge in den Tolkien-Verfilmungen von Peter Jackson, David J. Peterson (*1981) für *Dothraki*, Marc Okrand (*1948) für *Klingonisch* und *Vulcan* und Paul Frommer (*1944) für *Na'vi*.

V.2.1 Elbensprachen in der Welt von John R. R. Tolkien

Die Elbensprachen wurden von dem renommierten Linguisten Tolkien selbst geschaffen (vgl. die Romane Tolkiens: *The Hobbit*, *The Lord of The Rings* und *Silmarillion*).

197. Sindarin ist eine fiktionale Sprache, die vom Volk der Grauelben im fiktiven Kontinent *Arda* (»Mittelerde«) gesprochen wird. Die Elbensprachen wurden von Tolkien bewusst als »schöne« Sprachen gestaltet. »Lautliche Schönheit« kann nicht objektiv definiert werden (vgl. oben Kap. 3.2.6). Aber nach zumindest interkulturell weitverbreiteten Vorstellungen sind Sprachen schön, deren Wörter die Elbensprachen viele Vokale und vokalähnliche Konsonanten (Sonoranten wie [r, l, m, n, ŋ, w]) enthalten.

Auch die Elben selbst sind äußerlich schöne Personen, die physisch nicht altern (die Elbenfürstin Galadriel und der weise Elbe Elrond sind z. B. in der Zeit der Hobbits Bilbo und Frodo bereits mehrere Jahrtausende alt!) und auch keinen Schlaf brauchen. Elben sind zauberkundig, kunstfertig, blitzschnell und gefährlich im Kampf, auch sehr leichtfüßig (Legolas aus dem Volk der Waldelben sinkt z. B. im Neuschnee nicht ein!). Trotz ihrer potenziellen Unsterblichkeit können Elben jedoch von ihren Feinden wie den teuflischen Dämonen Morgoth und Sauron und deren üblen Untertanen (Balrogs, Drachen, Orks) getötet werden.

Bei der Kreation von Sindarin war Tolkien natürlich von seinen linguistischen Vorlieben beinflusst und nahm das Finnische und Altgriechische als ästhetische Ideale, das Walisische und die germanischen Sprachen für manche grammatikalischen Phänomene als Vorbild. Sindarin wird in der ebenfalls von Tolkien geschaffenen alphabetischen Schrift *Tengwar* geschrieben, kann aber auch im lateinischen Alphabet geschrieben werden.

Der Schmetterling heißt im Sindarin *gwilwileth* [ˈgwilwilɛθ]. Ein Wort für »Nachtfalter« oder »Motte« im Sindarin scheint Tolkien nicht geprägt zu haben.

Quellen: vgl. Pesch, Das große Elbisch-Buch 2013: 516; Carpenter, Sindarin-English & English-Sindarin Dictionary 2019: 43; https://www.jrrvf.com/hisweloke/sindar/online/sindar/dict-sd-en.html; ferner auch: http://www.okbanlon.com/amanda/images/SindarinDictionary.pdf; sowie: http://www.sindarin.de/suche.php; https://omniglot.com/conscripts/sindarin.htm (zuletzt eingesehen am 31.3.2021).

198. Quenya ist eine fiktionale Sprache, die vom Elbenvolk der Noldor in den fiktiven Kontinenten Valinor und Arda (Mittelerde) gesprochen wird. Historisch gehen sowohl Sindarin als auch Quenya auf ein in Mittelerde gesprochenes Urelbisch (Quendisch) zurück. Während die Grauelben in Mittelerde blieben und ihre Sprache zu Sindarin weiterentwickelten, folgten Elbenvölker wie die Vanya, Teleri und Noldor dem Ruf der Götter (Valar) und wanderten westwärts nach Valinor, dem paradiesischen Land der Valar.

Dort entwickelte sich das Urelbische der Noldor zu Quenya weiter und gelangte später mit der Rückkehr des Großteils der Noldor wieder nach Mittelerde. Quenya hat zum Unterschied von Sindarin viele Vokale auch am Ende von Wörtern (vgl. typisch die Namen der Valar: Manwe, Varda, Ulmo, Aule, Námo, Irmo, Este, Nienna …) und sehr viele Kasusendungen, wie das Finnische, das Tolkien hier auch grammatikalisch als Vorbild nahm.

Nach dem Untergang der Noldor durch die maßlose Verblendung ihres Führers Feanor und ihre fruchtlosen Kämpfe gegen Morgoth im Ersten Zeitalter ist im Dritten Zeitalter, in dem die Abenteuer Gandalfs, Aragorns, Bilbos und Frodos spielen, Quenya eine tote Sprache geworden. Sie wird in dieser Zeit wie heutzutage Latein und Sanskrit nur noch schriftlich, in Urkunden und zu rituellen Zwecken verwendet. Quenya wird wie Sindarin mit der Alphabetschrift Tengwar geschrieben, kann aber auch im lateinischen Alphabet geschrieben werden.

Der Schmetterling heißt im Quenya *wilwarin* [ˈwilwarin] oder *vilwarin* [ˈvilwarin]. Etymologisch kommt *wilwarin/vilwarin* von *wilwa/vilwa* »flatternd«, also ist der Schmetterling im Quenya »der Flatternde«. Die Motte heißt im Quenya *malo*.

Quellen: vgl. Pesch, Das große Elbisch-Buch 2013: 434; https://www.elfdict.com/w/butterfly?include_old=1; http://www.scath.narod.ru/Quenya/Quenya_Taryn.pdf; sowie: http://www.lowchensaustralia.com/names/english-quenya-dictionary.htm#B; schließlich auch: https://ambar-eldaron.com/telechargements/quenya-engl-A4.pdf; https://omniglot.com/conscripts/tengwar.htm (zuletzt eingesehen am 31.3.2021).

V.2.2 Vulcan im *Star-Trek*-Universum

Aufbauend auf den in mehreren Science-Fiction-TV-Serien und 13 Kinofilmen der *Star-Trek*-Serie porträtierten Völkern und Kulturen in unserer Galaxis, der Milchstraße, wurden z. B. für die Völker der Klingonen (detailliert) und Vulkanier (nur ansatzweise) vom Linguisten Marc Ocrand Sprachen geschaffen. Die TV-Serien und Filme basierten auf Ideen von Gene Roddenberry (1921–1991). Zu ihnen gehören u. a. *Star Trek* (1966–1969), dt. *Raumschiff Enterprise*, die Originalserie; ferner *Star Trek: The Next Generation* (1987–1994), dt. *Raumschiff Enterprise: Das nächste Jahrhundert*; *Star Trek: Deep Space Nine* (1993–1999) sowie *Star Trek: Voyager* (1995–2001).

199. Vulcan (Vulkanische Sprache) ist eine fiktionale Sprache, die vom humanoiden Volk der Vulkanier*innen auf dem fiktiven Planeten Vulcan gesprochen wird. Für ihre Kultur ist typisch, dass ihr Handeln unter weitgehender Kontrolle bzw. Zurückdrängung aller Emotionen primär von Logik bestimmt wird. Der berühmteste Repräsentant der vulkanischen Kultur in der Originalserie *Star Trek* und in vielen Kinofilmen ist *Mr. Spock* (gespielt von Leonard Nimoy (1931–2015)). In *Star Trek: Voyager* spielt ein weiterer Vulkanier, *Tuvok* (gespielt von Tim Russ (*1956)), eine tragende Rolle.

Vulcan wurde von Marc Ocrand nur minimal in die Serie eingebracht und zuerst von der Linguistin und Science-Fiction-Autorin Dorothy J. Heydt zu einer kompletten Sprache ausgebaut. Später hat Mark R. Gardner im Rahmen des Vulcan Language Institute eine vollständige Grammatik und ein umfangreiches Wörterbuch des *Golic Vulcan* geschaffen. Darüber hinaus existieren noch weitere, von Fans der *Star-Trek*-Serie geschaffene Vulcan-Versionen.

Vulcan wird in verschiedenen Alphabetschriften, einer kalligrafischen Schrift, einer Standardschrift und einer Schreibschrift vertikal von oben nach unten geschrieben. Vulcan kann aber auch im lateinischen Alphabet geschrieben werden.

Der Schmetterling heißt im Vulcan *mathra* [maθɾa]. Es scheint kein Wort für »Motte« geprägt worden zu sein.

Quellen: vgl. https://www.starbase-10.de/vld/; ferner auch: https://omniglot.com/conscripts/vulcan.htm; https://kirshara.wordpress.com/vulcan-language/ (zuletzt eingesehen am 3.4.2021).

V.2.3 Dothraki in der Welt von *Game of Thrones*

Aufbauend auf einzelnen Wörtern und Phrasen, die George R. R. Martin (*1948) in seiner Romanserie *A Song of Ice and Fire* dem Reitervolk der Dothraki in den Mund legte, wurde Dothraki als Sprache vom Linguisten David J. Peterson für die HBO-TV-Serie *Game of Thrones* (2011–2019) geschaffen. Peterson nahm hierbei u. a. Einflüsse des Arabischen, Russischen und Türkischen als phonetische Basis für die Kreation von Dothraki.

200. Dothraki ist eine fiktionale Sprache, die vom gleichnamigen kriegerischen Reitervolk im nordöstlichen Inland des fiktiven Kontinents Essos gesprochen wird. Die Region der Dothraki ist eine riesige baumlose Graslandschaft, das Dothrakische Meer, die einer Reiterkultur wie den Dothraki entgegenkommt. Interessant ist, dass die Dothraki im fiktiven Essos keine Schrift haben, aber *Game-of-Thrones*-Fans inzwischen verschiedene Schriften für Dothraki entwickelt haben, was Peterson durchaus wohlwollend zur Kenntnis genommen hat. Dothraki kann aber auch im lateinischen Alphabet geschrieben werden (allerdings nicht in Essos …).

Der Schmetterling heißt im Dothraki *zhalia* [ˈʒalia]. Es scheint kein Wort für »Motte« geprägt worden zu sein.

Quellen: vgl. https://wiki.dothraki.org/Vocabulary#Z; https://dictzone.com/english-dothraki-dictionary/butterfly; http://dl.icdst.org/pdfs/files2/3b86b110cf0744a64cb79d0e3ee76308.pdf; http://dothraki.com/2011/09/dothraki-writing-system/; https://omniglot.com/conscripts/dothraki.htm (zuletzt eingesehen am 4.4.2021).

5 Fazit

Die Vielfalt der oben dargestellten ca. 200 Schmetterlingsausdrücke ist enorm, was die lautlichen Eigenschaften, die inhaltlichen Besonderheiten und die zahlreichen kulturellen, literarischen und religiösen Bezüge der Wörter für diese bezaubernden Lebewesen betrifft. Trotz einiger weniger deutlicher Ausnahmen kann aber die Verallgemeinerung gemacht werden, dass Schmetterlingen im Allgemeinen häufig phonetisch »schöne« Ausdrücke zugeordnet werden.

»Schönheit« im lautlichen Sinn kann zwar nicht objektiv bestimmt werden, die hohe Konzentration von (vorderen) Vokalen, stimmhaften Konsonanten und vokalnahen Sonoranten (vor allem: [l, r, m, n]) sowie von einfachen Silbenstrukturen mit offenen Silben entspricht jedoch sprachübergreifend sehr weitverbreiteten Vorstellungen von sprachlich-lautlicher Schönheit.

Weiters hat sich gezeigt, dass das Flattern der Schmetterlinge sehr oft, und zwar ebenfalls sprach- und kulturübergreifend, durch lautmalerische Mittel nachgeahmt wird. In den Lautsprachen (auch in den Pidgin- und Kreolsprachen sowie in den Plansprachen und fiktionalen Sprachen) wird dies oft durch Silbenverdoppelung (Reduplikation) erreicht. In den Gebärdensprachen wird derselbe Effekt durch wiederholte »Flatterbewegungen« der beiden Hände/ihrer Finger erzielt. Auch die fiktionalen Sprachen stellen diesbezüglich keine Ausnahme dar.

Auf der inhaltlichen Ebene sind die Schmetterlinge in sehr vielen Kulturen durch ihre beeindruckenden biologischen Metamorphosen (von der Larve über die Raupe und die Puppe bis zur Imago, dem voll ausgewachsenen Schmetterling) Symbole für die Entstehung des Lebens, aber auch für den Tod bzw. für die nachtodliche Existenz von Seelen. In manchen Kulturen werden Schmetterlinge auch als Göttinnen oder Götter angesehen.

Es finden sich aber auch viele weitere metaphorische Bedeutungen von Schmetterlingsausdrücken. Mit positiver Konnotation werden sie als gutes Vorzeichen, als Symbol für Liebe und Zartheit und Liebenswürdigkeit angesehen, mit negativer Konnotation als schlechtes Vorzeichen gedeutet und als Symbol für oberflächliche, »flatterhafte« Persönlichkeiten benutzt. Auch Sexarbeiterinnen und sexuelle Minderheiten werden abwertend in verschiedenen Sprachen als »Schmetterlinge« bezeichnet. Dies sind patriarchale (bzw. androzentrische: aus der Sicht von Männern formulierte) oder heteronormative (Zweigeschlechtlichkeit als Norm setzende) Klischees.

In den Literaturen der Sprachen der Erde wurden und werden Schmetterlinge sehr oft poetisch aufgegriffen und in faszinierender und oft rätselhafter Weise in Gedichten porträtiert. Last, but not least spielen die Schmetterlinge auch in der bildenden Kunst (Malerei, Plastik, Kunsthandwerk) und in der populären und klassischen Musik eine sehr wichtige Rolle.

Da sehr viele Spezies der Schmetterlinge bedroht oder bereits ausgestorben sind und sehr viele kleine indigene Sprachen dasselbe Schicksal teilen, sind die biologische Faszination, die von den Schmetterlingen ausgeht, und die kulturell-sprachliche Kreativität, die sich diesen charmanten Geschöpfen widmet, zugleich ein energischer Appell, die biologische Artenvielfalt und die linguistische Diversität auf der Erde möglichst zu erhalten und zu fördern.

Literatur

Asangkay Sejekam, Nexar/Gomez Antuash, Edwardo (2008): Diccionario Awajún-Castellano. Primera parte: Awajún-Castellano. Segunda parte: Castellano-Awajún. [https://www.lengamer.org/publicaciones/diccionarios/Dic_Prelim_Awajun.pdf].

Awde, Nicholas/Wambu, Onyekachi (2006): Igbo-English/English-Igbo. Dictionary and Phrasebook, Hippocrene Books.

Bähr, Gerhard (1928): Los nombres vascos de la abeja, mariposa, rana y otros bichos, in: Revista internacional de los studios vascos 19 (1), S. 1–7.

Curwin, David (2015): Balashon. Hebrew Language Detective. [http://www.balashon.com/2015/01/fanfare-and-parpar.html].

Baraga, Frederic (1992 [1878]): A Dictionary of the Ojibway Language, Minnesota Historical Society Press.

Barrera Vásquez, Alfredo et al. (1991): Diccionario maya. Maya-español, español-maya, Ed. Porrúa.

Bastarrachea, Juan Ramón, Yah Pech, Ermilo, Briceño Chel, Fidencio (1992): Diccionario básico español-maya, Maldonado.

Batchelor, John (1905): An Ainu-English-Japanese Dictionary, Methodist Publishing house.

Battaglia, Salvatore (1968): Grande Dizionario della Lingua Italiana. Vol. 5, UTET.

Beeman, William O. (2001): The Illusive Butterfly, in: Iconicity in Language. [https://www.academia.edu/6868937/The_Elusive_Butterfly].

Ben Sedira, Belkassem (2001): Dictionnaire Français-Arabe, Editions Slatkine.

Bertrays, Yves (1979): Dictionnaire Hmong-Français, Sangwan Surasarang.

Blecua, José Manuel et al. (eds.) (2014): Diccionario de la lengua española. 23ª edición, Real Academía Española (RAE). [https://dle.rae.es/mariposa].

Blust, Robert (2001): Historical Morphology and the Spirit World: the *qali/kali-Prefixes in Austronesian Languages, in: Bradshaw, Joel/Rehg, Kenneth L. (eds): Issues in Austronesian Morphology: a Focusschrift for Byron W. Bender, Pacific Linguistics, S. 15–73.

Brandenstein, Carl Georg von (1980): Ngadjumaja. An Aboriginal Language of South-East Western Australia, Innsbrucker Beiträge zur Kulturwissenschaft.

Brentari, Diane (2010): Sign Languages, Cambridge University Press.

Britton, A. Scott (2005): Guaraní – English. English – Guaraní. Concise Dictionary, Hippokrene.

Brown, Cecil H. (1982): Folk Zoological Life-forms and Linguistic Marking, in: Journal of Ethnobiology 2(1), S. 95–112.

Brüser, Martina/Reis Santos, André dos (2002): Dicionário do Crioulo da Ilha de Santiago (Cabo Verde), Narr.

Butterfly. Etymology [https://www.en.wikipedia.org/wiki/Butterfly#Etymology].

Bely, Lev (2012): »Butterfly« in 300 World Languages and Dialects. [https://insecta.pro/community/8299].

Carpenter, J. M. (2019): Sindarin-English & English-Sindarin Dictionary. [https://sindarinlessons.weebly.com/uploads/8/0/1/0/8010213/sindarin-english_dictionary_-_4th_edition.pdf].

Cassidy, Frederic Gomes/Le Page, Robert Brock (2002): Dictionary of Jamaican English, University of the West Indies Press.

Chan, Marjorie K.M./Xu, Wang (2008): Modality Effects Revisited: Iconicity in Chinese Sign Language, in: Chan, Marjorie K.M./Kang, Hana (eds.): Proceedings of the 20th North American Conference on Chinese Linguistics (NACCL-20). Vol. 1, The Ohio State University, S. 343–360.

Chernela, Janet (2008): Translating Ideologies: Tangible Meaning and Spatial Politics in the Northwest Amazon of Brazil, in: Stark, Miriam/Bowser, Brenda/Horne, Lee (eds.): Cultural Transmission and Material Culture: Breaking Down Boundaries, University of Arizona Press, S. 130–149.

Cherry, Ron (2007): Shamanism, in: American Entomologist, 53(2), S. 70–72.

Chitja, Madiela (2010): Patlamantsoe ya Sesotho ya machaba. International Sesotho Dictionary, Nalane.

Clarity, Beverly E. et al. (2003): A Dictionary of Iraqi Arabic. Arabic-English. English-Arabic, Georgetown Univ. Press.

Clauson, Gerard (1972): An Etymological Dictionary of Pre-Thirteenth-Century Turkish, Clarendon Press.

Cockburn, Jessica J./Khumalo-Seegelken, Ben/ Villet, Martin H. (2014): IziNambuzane: IsiZulu names for insects, in: South African Journal of Science 110(9/10), S. 1–13.

Collins Dictionary. The Official Collins English-Hindi Dictionary Online. [https://www.collinsdictionary.com/dictionary/english-hindi].

Cool Butterflies. Art and Photography of Flowers with Wings. List of Butterfly Words. [https://coolbutterflies.com/butterfly-around-the-world/].

Coteanu, Ion (1996): Dicționarul explicativ al limbii române DEX, Univers Enciclopedic.

Dante, Alighieri (1922): La Divina Commedia. Annot. da G.L. Passerini, Sansoni.

Dante, Alighieri (2000): Die Göttliche Komödie. Übers. v. H. Gmelin. Anm. v. R. Baehr, Reclam.

Daum, Edmund/Schenk, Werner (1962): Wörterbuch Deutsch-Russisch, VEB Enzyklopädie.

Dedenbach-Salazar-Sáenz, Sabine (1990): Inka pachaq llamanpa willaynin – Uso y crianza de los camélidos en la época incaica. Estudio lingüístico y etnohistórico basado en las fuentes lexicográficas y textuales del primer siglo después de la conquista, Seminar für Völkerkunde/Universität Bonn.

De Jong, Arie (1933): Lehrbuch der Weltsprache Volapük. [http://www.hephi.de/volapuk/].

Dellert, Johannes et al. (2019): NorthEuraLex: A Wide-coverage Lexical Database of Northern Eurasia. Language Resources & Evaluation. [https://doi.org/10.1007/s10579-019-09480-6].

Dixon, Robert M.W. (1977): A Grammer of Yidiɲ, Cambridge University Press.

Donohue, Mark (2004): A Grammar of the Skou Language of New Guinea, Singapore University. [https://pure.mpg.de/pubman/faces/ViewItemFullPage.jsp?itemId=item_402710_4].

Dorais, Louis-Jacques (2010): The Language of the Inuit, McGill-Queen's University Press.

Duden. Das Herkunftswörterbuch. Etymologie der deutschen Sprache (1989). Hg. v. Günther Drosdowski et al., Duden-Verlag.

Duden. Deutsches Universalwörterbuch (1989): Hg. v. Günther Drosdowski et al., Duden-Verlag.

Durrell, Gerald (1983): Der große Naturführer für die Familie, Christian Verlag.

Dutton, Thomas E. (ed.) (1982): The Hiri in History. Further Aspects of Long Distance Motu Trade in Central Papua, The Australian National University.

Dutton, Thomas E./Voorhoeve, C. L. (1974): Beginning Hiri Motu, The Australian National University.

Easterday, Shelece (2017): Highly Complex Syllable Structure: A Typological Study of its Phonological Characteristics and Diachronic Development, University of New Mexico. [https://digitalrepository.unm.edu/ling_etds/51].

Eckkrammer, Eva M. (2012): Divide et impera oder eine sprachpolitische Chance? Überlegungen zum Sprachausbau des Papiamentu/o nach der Auflösung der Niederländischen Antillen, in: Dahmen, Wolfgang et al. (Hg.): America Romana, Narr, S. 237–255.

Elihai, Yohanan (2004): The Olive Tree Dictionary: A Transliterated Dictionary of Conversational Eastern Arabic (Palestinian), Minerva Instruction & Consultation.

Erickson, John A. et al.: Uzbek-English Dictionary (o. J.), Indiana University, Bloomington [https://ctild.sitehost.iu.edu/Main/Uzbek-EnglishDictionary; zuletzt eingesehen am 5.9.2020].

Ethnologue (2022): 25th edition. [https://www.ethnologue.com/].

Etymologien europäischer Schmetterlingsausdrücke. [https://i.redd.it/5d818ywtrtf51.jpg].

Feder, Kurt (1919): Großes Wörterbuch Deutsch-Ido, Ido-Weltsprache-Verlag.

Feito Caldas, Thomas/Schleicher, Clemens (1999): Wörterbuch Irisch-Deutsch, Buske.

Figueiredo, Cándido de (1996): Grande Dicionário de Língua Portuguesa. Volume I., Bertrand Editora.

Foley, William A. (2006): The Languages of New Guinea, University of Sydney.

Fortescue, Michael (2007): Comparative Wakashan Dictionary, Lincom.

Fortescue, Michael (2016): Comparative Nivkh Dictionary, Lincom. [https://en.wiktionary.org/wiki/Appendix:List_of_Proto-Nivkh_reconstructions].

Fraenckel, Ernst (1965): Litauisches etymologisches Wörterbuch. Bd. 2, Winter.

Gabas, Nilson (1999): A Grammar of Karo, Tupí. Dissertation, University of California: Santa Barbara.

Gabrielli, Aldo (2015): Grande Dizionario Hoepli Italiano. Terza edizione con versione digitale scaricabile on line. [https://www.grandidizionari.it/Dizionario_Italiano/].

Gasser, Emily (2017): Papuan-Austronesian Language Contact on Yapen Island: A Preliminary Account, in: Schapper, Antoinette (ed.): Contact and Substrate in the Languages of Wallacea Part 1. NUSA 62, S. 101–155. [repository.tufs.ac.jp/bitstream/10108/89845/2/1_Gasser_NUSA62_24012018_1.pdf].

Gatty, Ronald (2009): Fijian-English Dictionary, Cornell University.

Gemoll, Wilhelm (1965): Griechisch-Deutsches Schul- und Handwörterbuch, Freytag/Hölder-Pichler-Tempsky.

Glosbe – Das mehrsprachige Online-Wörterbuch. [https://glosbe.com/].

Gode, Alexander (ed.) (1951): Interlingua-English Dictionary. Prepared by the Research Staff of the International Auxiliary Language Association (IALA), Storm Publishers.

Goldstein, Melvyn C./Narkyid, Ngawangthondup (1999): English-Tibetan Dictionary of Modern Tibetan, Library of Tibetan Works & Archives.

González Campos, Guillermo/Obando Martínez, Freddy (2020): Diccionario escolar del cabécar de Chirripó, Universidad de Costa Rica.

Gorenflo, Larry et al. (2012): Co-occurrence of Linguistic and Biological Diversity in Biodiversity Hotspots and High Biodiversity Wilderness Areas, in: Proceedings of the National Academy of Sciences 109(21), S. 8032–8037.

Granadillo, Tania (2006): An Ethnographic Account of Language Documentation Among the Kurripako of Venezuela. Dissertation. University of Arizona.

Gran Diccionari de la llengua catalana (1998). [http://www.diccionari.cat/].

Gwich'in Topical Dictionary (2009): Gwichyah Gwich'in & Teetł'it Gwich'in Dialects, Gwich'in Social and Cultural Institute. [https://gwichin.ca/sites/default/files/gsci_gsci_2009_gwichin_topical_dictionary.pdf].

Handwörterbuch Deutsch-Chinesisch. Chinesisch-Deutsch (1994), The Commercial Press/Langenscheidt.

Heimbach, Ernest E. (1979): White Hmong-English Dictionary, Cornell University.

Haacke, Wilfrid H. G. (2015): Lexical Borrowing by Khoekhoegowab from Cape Dutch and Afrikaans, in: Stellenbosch Papers in Linguistics Plus 47, S. 59–74.

Haacke, Wilfrid H. G./Eiseb, Eliphas (2002): A Khoekhoegowab Dictionary, Gamsberg Macmillan.

Hall, Joan/McLeod, Ruth A./Mitchell, Valerie (2004): Pequeno dicionário Xavante-Português. Português-Xavante, Sociedade Internacional da Lingüística.

Hauenschild, Ingeborg (2008): Lexikon jakutischer Tierbezeichnungen, Harassowitz.

Hazlewood, David (1915): A Fijian and English and an English and Fijian Dictionary, Sampson Low Marston.

Heard, Kate (2017): Maria Sibylla Merians Schmetterlinge, Merian.

Hill, Kenneth C./Sekaquaptewa, Emory/Black, Mary E. (1998): Hopi Dictionary/Hopìikwa Lavàytutuveni. A Hopi-English Dictionary of the Third Mesa Dialect, University of Arizona Press.

Hilzensauer, Marlene/Krammer, Klaudia (2015): A Multilingual Dictionary for Sign Languages: »Spreadthesign«, in: International Organising Committee (Hg.): ICERI 2015 Proceedings, International Association of Technology, Education and Development (IATED), S. 1–8.

Honken, Henry (2013): Vocabulary matchings in !Xóõ and Ju|'hoan, in: Journal of Language Relationship 10, S. 43–62.

Isinay Community Dictionary (2022), University of the Philippines Baguio.

İstanbul Büyükşehir Belediyesi (2018): Türk İşaret Dili Eğitim Materyali, İstanbul Büyükşehir Belediyesi.

Jakobson, Roman (1965): The Quest for the Essence of Language, in: Diogenes 13(51), S. 21–37.

Jakobson, Roman (1972): Kindersprache, Aphasie und allgemeine Lautgesetze, Suhrkamp.

Janzen, Jonathan (2018): The Lost Lexicon of George Dawson. In: Huijsmans, Marianne et al. (eds.): Papers for ICSNL 53-The Fifty-Third International Conference on Salish and Neighbouring Languages, University of British Columbia, S. 41–60.

Jelden, Michael (2001): Wörterbuch Deutsch-Georgisch/Georgisch-Deutsch, Buske.

Johnston, Trevor (2003): BSL, Auslan and NZSL: Three Signed Languages or One?, in: Baker, Ann/Bogaerde, Beppie van den/Crasborn, Onno (eds.): Cross-Linguistic Perspectives in Sign Language, Signum, S. 47–69.

Joswig, Andreas (2019): The Majang Language, LOT Publications.

Jouberts, Sidney M. (1999): Handwoordenboek Nederlands-Papiamentu, Fundashon di Leksikigrafia.

Joyner, Michael/Whitlock, TommyLee (2015): Raven Rock Cherokee-English Dictionary, Lulu.com.

Judd, Henry P./Pukui, Mary Kawena/Stokes, John F.G. (1995): Handy Hawaiian Dictionary, Mutual Publishing.

Karo (2019): Nós, Arara Karo. Nossa Terra e as mudanças climáticas (Kollektiv erstellte Broschüre zu Kultur und Sprache der Arara Karo Rap, ein indigenes Volk in Brasilien). [https://acervo.socioambiental.org/sites/default/files/documents/Arara_Livro_PDFinterativo.pdf].

Key, Mary Ritchie/Comrie, Bernard (eds.)(2015): The Intercontinental Dictionary Series. Leipzig: Max Planck Institute for Evolutionary Anthropology. (Available online at http://ids.clld.org; zuletzt eingesehen 14.11.2020).

Kluge, Friedrich (1989): Etymologisches Wörterbuch der deutschen Sprache. 22. Aufl. bearb. v. E. Seebold. Berlin: de Gruyter.

König, Werner (1978): dtv-Atlas zur deutschen Sprache. München: dtv.

Kogan, Vita V./Reiterer, Susanne M. (2021): Eros, Beauty, and Phon-Aesthetic Judgements of Language Sound. We Like It Flat and Fast, but Not Melodious. Comparing Phonetic and Acoustic Features of 16 European Languages. In: Frontiers in Human Neuroscience 15: 578594. 1–22.

Kokwaro, John O./Johns, Timothy (1998): Luo Biological Dictionary. Nairobi: East African Educational Publishers.

Krack, Rainer (1997): Kauderwelsch Band 17: Hindi. Wort für Wort. Bielefeld: Rump.

Krause, Erich-Dieter (1993): Lehrbuch der indonesischen Sprache. Leipzig/Berlin: Langenscheidt/Verlag Enzyklopädie.

Krause, Erich-Dieter (1999): Großes Wörterbuch Esperanto-Deutsch. Hamburg: Buske.

Križinauskas, Juozas/Smagurauskas, Stasys (1992): Vokiečių-lietuvių kalbų žodynas/Deutsch-Litauisches Wörterbuch. Vilnius: Mokslas.

Kubbealtı Lugatı. Kubbealtı Akademisi. Kültür ve Sanat Vakfı. (Website eines türkischen Kultur-, Kunst- und Sprachzentrums). [http://lugatim.com/s/KELEBEK].

Kurdadze, Ramas et al. (2015): Georgian-Megrelian-Laz-Svan-English Dictionary, Swiss Cooperation Office, South Caucasus.

Lachler, Jordan (2010): Dictionary of Alaskan Haida, Sealaska Heritage Institute.

Laman, Karl Edvard (1936): Dictionnaire Kikongo-Français, Mémoire Institut Colonial Royal Belge.

Lang, Adrianne (1978): Enga Dictionary, The Australian National University.

Langenscheidt Großwörterbuch Deutsch-Chinesisch (2008), Langenscheidt.

Langenscheidts Handwörterbuch Lateinisch-Deutsch (1971), Langenscheidt.

Langenscheidt. Handwörterbuch Spanisch. Spanisch-Deutsch. Deutsch-Spanisch (2006), Langenscheidt.

Langenscheidt. Taschenwörterbuch Arabisch. Arabisch-Deutsch. Deutsch-Arabisch (2016), Langenscheidt.

Langenscheidts Taschenwörterbuch Niederländisch. Niederländisch: Deutsch. Deutsch-Niederländisch (1989), Langenscheidt.

Langenscheidts Taschenwörterbuch Russisch. Russisch-Deutsch. Deutsch-Russisch (1960), Langenscheidt.

Langenscheidt Taschenwörterbuch Tschechisch. Tschechisch-Deutsch. Deutsch-Tschechisch (2007), Langenscheidt.

Langenscheidts Universalwörterbuch Neugriechisch (1990), Langenscheidt.

Language Hat. Discussion Forum. Contributions on October 25, 2003: Butterfly [http://languagehat.com/butterfly/].

Languages of Hunter-gatherers and their Neighbors: Yanomami. Flora. Fauna. Vocabulary. [https://huntergatherer.la.utexas.edu/languages/language/162#flora].

Larousse. Dictionnaire français. [https://www.larousse.fr/dictionnaires/francais].

Lauro, Giancarlo (2007): Dizionario Italiano/Kreolo, Edizione Il Galleggiante.

Laycock, Don (1974): Sissano, Warapu, and Melanesian Pidginization, in: Oceanic Linguistics 12(1/2), S.245–277.

LeClaire, Nancy/Cardinal, George (2002): Alberta Elders: Cree dictionary/alperta ohci kehtehayak nehiyaw otwestamâkewasinahikan, University of Alberta Press.

Le Grand Robert de la langue française (2001). Deuxième edition. Ed. par Alain Rey, Dictionnaires Le Robert.

Lemaître, Yves (1995): Lexique du Tahitien contemporain. Tahitien-français. Français-tahitien, Éditions de l'Orstom.

Leslau, Wolf (1991): A comparative dictionary of Geʿez (Classical Ethiopic), Harrassowitz.

Lexikondatenbank Gebärdensprachen (Ledasila). Universität Klagenfurt [https://ledasila.aau.at/Search/Results.aspx?SearchText=Schmetterling].

Liddell/Scott/Jones (1996). The Liddell/Scott/Jones Online Greek-English Lexicon. [http://stephanus.tlg.uci.edu/lsj/].

Lira, Jorge A. (1944): Diccionario kkechuwa-español, Universidad Nacional de Tucumán.

Lizot, Jacques (2004): Diccionario enciclopédico de la lengua yãnomãmɨ. Con la colaboración de Hepëwë, Nõhõkuwë y Tiyetirawë, Vicariato Apostólico.

Maamouri, Mohamed (2013): The Georgetown Dictionary of Iraqi Arabic: Arabic-English, English-Arabic, Georgetown University Press.

Maddieson, Ian (2006): Correlating Phonological Complexity: Data and Validation, in: Linguistic Typology 10, S. 108–125.

Maddieson, Ian (2013a): Consonant-Vowel Ratio, in: Dryer, Matthew S./Haspelmath, Martin (eds.): The World Atlas of Language Structures Online, Max Planck Institute for Evolutionary Anthropology. [http://wals.info/chapter/3].

Maddieson, Ian (2013b): Syllable Structure. In: Dryer, Matthew S. & Haspelmath, Martin (eds.) The World Atlas of Language Structures Online, Max Planck Institute for Evolutionary Anthropology. [http://wals.info/chapter/12].

Madouni, Jihane (2003): Dictionnaire Arabe Algérien-Français. Algérie de l'ouest, Langues & Mondes.

Maffi, Luisa/Woodley, Ellen (2010): Biocultural Diversity Conservation, Earthscan.

Malotki, Ekkehard (1997): The Dragonfly. A Shamanistic Motif in the Archaic Rock Art of the Palavayu Region in Northeastern Arizona, in: Freers, Steven M. (ed.): American Indian Rock Art. Volume 23, American Rock Art Research Association, S. 57–72.

Manrique, Elizabeth (2016): Other-initiated Repair in Argentine Sign Language. In: *Open Linguistics* 2. 1–34.

Mauro, Tullio de (1999): Grande Dizionario Italiano dell'Uso, UTET.

Mattei-Müller, Marie-Claude/Serowë, Jacinto (2007): Lengua y cultura Yanomami: diccionario ilustrado Yanomami-Español, Español-Yanomami, Consejo Nacional de la Cultura.

McIntosh, John B./Grimes, Joseph E. (1954): *NIUQUI 'IQUISICAYARI. Vocabulario Huichol-Castellano. Castellano-Huichol*, Instituto Lingüístico de Verano.

McNamee, Gregory (1996): A Desert Bestiary, Johnson Books.

Meade, Rocky M. (2001): Acquisition of Jamaican Phonology, Foris.

Michaelis. Dicionário Brasileiro da Língua Portuguesa (2023), Editora Melhoramentos. [https://michaelis.uol.com.br/moderno-portugues/busca/portugues-brasileiro/borboleta/].

Milner, George B. (1966): Samoan Dictionary: Samoan-English, English-Samoan, Oxford University Press.

Mithun, Marianne (2001): The Languages of Native North America, Cambridge University Press.

Mkize, Nolwazi/Villet, Martin H./Robertson, Mark P. (2003): IsiXhosa Insect Names from the Eastern Cape, South Africa, in: African Entomology 11(2), S. 261–276.

Moreno Cabrera, Juan Carlos (2020): Iconicity in Language. An Encyclopaedic Dictionary, Cambridge Scholars Publishing.

Mattei Müller, Marie-Claude/Serowë, Jacinto (2007): Lengua y cultura Yanomami: diccionario ilustrado Yanomami-Español, Español-Yanomami, Gobierno Bolivariano de Venezuela.

Munro, Pamela/Willmond, Catherine (1994): Chickasaw. An Analytical Dictionary, University of Oklahoma Press.

Nettle, Daniel/Romaine, Suzanne (2000): Vanishing Voices. The Extinction of the World's Languages, Oxford University Press.

New Lakota Dictionary: Lakhótyapi-English/English-Lakhótyapi & Incorporating the Dakota Dialects of Yankton-Yanktonai & Santee-Sisseton (2011), Lakota Language Consortium.

Ngalasso-Mwatha, Musanji (ed.) (2013): Dictionnaire Français-Lingala-Sango, Organisation Internationale de la Francophonie/Elan/Présence africaine.

Oehl, Wilhelm (1922): Elementare Wortschöpfung: papilio – fifaltra – farfalle, in: Biblioteca dell'Archivum Romanicum 3, S. 75–115.

Omar, Feryad Fazil (2016): Deutsch-Kurdisches Wörterbuch (Zentralkurdisch/Soranî), Institut für Kurdische Studien.

Omniglot. The Online Encyclopedia of Writing Systems & Languages [https://omniglot.com/].

Osada, Toshiki (2008): Mundari, in: Anderson, Gregory D.S. (ed.): The Munda Languages, Routledge, S. 99–164.

Osada, Toshiki et al. (2015): A Course in Mundari. [https://www.academia.edu/27150763/A_Course_in_Mundari].

Oxford Arabic Dictionary (2014): Arabic-English. English-Arabic, Oxford University Press.

Proffitt, Michael et al. (2023): Oxford English Dictionary, Oxford University Press. [https://www.oed.com].

Parker, Gary (1964): English-Quechua Dictionary: Cuzco Ayacucho Cochabamba. Cornell University. [https://files.eric.ed.gov/fulltext/ED012031.pdf].

Patz, Elisabeth (2002): A Grammar of the Kuku Yalanji Language of North Queensland, The Australian National University.

Paulian, Renaud (1951): Papillons communs de Madagascar, L'Institut de Recherche Scientifique.

Pawley, Andrew/Hammarström, Harald (2018): The Trans New Guinea Family, in: Palmer, Bill (ed.): The Languages and Linguistics of the Papua New Guinea Area, Mouton de Gruyter, S. 21–195.

Pesch, Helmut W. (2013): Das große Elbisch-Buch, Bastei Lübbe.

Petiza, Sunny et al. (2013): Etnoentomología Baniwa, in: Boletín de la Sociedad Entomológica Aragonesa 52, S. 323–343.

Pfeifer, Wolfgang et al. (1989): Etymologisches Wörterbuch des Deutschen. 3 Bde., Akademie-Verlag.

Pflaumer, Wilhelm (1888): Wörterbuch des Volapük, Verlag der Buchhandlung des Waisenhauses.

Piamenta, Moshe (1991): Dictionary of Post-Classical Yemeni Arabic. Volume 2, Brill.

Prémare, Alfred-Louis de (1993): Dictionnaire Arabe-Français: Langue et Culture Marocaines. Vol. 1–12, L'Harmattan.

Proffitt, Michael et al. (2023): Oxford English Dictionary, Oxford University Press. [https://www.oed.com].

Pukui, Mary Kawena/Elbert, Samuel H. (1986): Hawaiian Dictionary. Hawaiian-English. English-Hawaiian, University of Hawaii Press.

Putte, Florimon C.M. van/Putte-de Windt, Igma van (2006): Groot Wordenboek Nederlands-Papiaments/Dikshonario Hulandes-Papiamentu, Walburg Pers.

Ratliff, Martha (2014): White Hmong Reduplicative Expressives, in: J. Williams (ed.): Aesthetics of Grammar, Cambridge University Press, S. 179–188.

Rechenbach, Charles W. (1967): Swahili-English Dictionary, The Catholic University of America Press.

Reichholf, Josef H. (2018): Schmetterlinge. Warum sie verschwinden und was das für uns bedeutet, Hanser.

Rejzek, Jiři (2012): Český Etymologický Slovník, Leda.

Rennison, John (1997): Koromfe (Descriptive Grammars), Routledge.

Rennison, John (2018): Dictionnaire Lorom Koromfe – anglais / français / allemand. [https://www.univie.ac.at/linguistics/personal/john/dict_A4.pdf].

Richmond, Charles (2016): Maasai Dictionary, Humboldt State University Press.

Riol Gala, Raúl (2015): La construcción del cenepa como lugar indígena. Una historia Awajún y Wampis de relación y defensa del territorio. Tesis doctoral, Universidad Autónoma de Madrid.

Rodrigues de Souza Rodrigues, Ulisdete (2007): Fonologia do Caboverdiano: das Variedades Insulares à Unidade Nacional, Universidade de Brasília.

Ryan, P.M. (1999): The Reed Pocket dictionary of Modern Maori, Reed.

Rzymski, Christoph/Tresoldi, Tiago et al. (2019): The Database of Cross-Linguistic Colexifications, Reproducible Analysis of Cross- linguistic Polysemies. [https://clics.clld.org/].

Sánchez-Pérez, Aquilino (1996): Diccionario de uso. Grand diccionario de la lengua Española (1996): Madrid: Sociedad General Española de Libreria.

Sanscrit Lexicon Universität Köln: Monier-Williams (1851). English-Sanscrit Dictionary. [https://www.sanskrit-lexicon.uni-koeln.de/].

Sapir, Edward (1929): A Study in Phonetic Symbolism, in: Journal of Experimental Psychology 12(3), S. 225–239.

Saussure, Ferdinand de (1973 [Original: 1916]: Cours de linguistique générale. Publié par Ch. Bally/A. Sechehaye. Édition critique préparée par Tullio de Mauro, Payot.

Saxton, Dean/Saxton, Lucille/Enos, Susie (1998): Tohono O'odham/Pima to English – English to Tohono O'odham/Pima Dictionary, University of Arizona Press.

Schembri, Tamara (2012): The Broken Plural in Maltese: A Description, Brockmeyer.

Schmetterlinge. [https://de.wikipedia.org/wiki/Schmetterlinge].

Sekaquaptewa, Emory/Hill, Kenneth C./Washburn, Dorothy K. (2015): Hopi Katsina Songs, University of Nebraska Press.

Singer, Hans-Rudolf (1984): Grammatik der arabischen Mundart der Medina von Tunis, de Gruyter.

Sinn, Adele (2006): Die Verschriftung des Yanomami. Ein bilinguales und interkulturelles Schulmodell, Institut für Sprachen und Literaturen der Universität Innsbruck.

Skok, Petar (1971/1972): Dictionnaire etymologique de la langue croate ou serbe/Etimologijski rječnik hrvatskoga ili srpskoga jezika. Tome premier A-J. Tome deuxième K-poni', Jugoslavenska Akademija Znanosti i umetnosti.

Snyman, Jannie Winston (1970): An Introduction to the !Xũ (!Kung) Language, Balkema.

Sosa López, Domingo Esteban et al. (2003): Muuch't'an Mopan/Vocabulario Mopan, Academia de Lenguas Mayas de Guatemala.

South Slavey: Dene Yatié K'ę́ę́ Ahsíi Yats'uuzi Gha Edįhtł'éh Kátł'odehche / South Slavey Topical Dictionary. Kátł'odehche Dialect (2009), South Slave Divisional Education Council.

Spread The Sign (2018). A Multilingual Dictionary for Sign Languages. [https://www.spreadthesign.com/us/].

Spread The Sign (2018). Vorschläge für Zeichen aus verschiedenen Gebärdensprachen auf der ganzen Welt. [https://www.spreadthesign.com/de.at/search/].

Steingass, Francis J. (1892): A Comprehensive Persian-English Dictionary, Routledge & K. Paul.

Steuerwald, Karl (1988): Türkisch-Deutsches Wörterbuch, Harassowitz.

Straughn, Christopher A. (2006): Sakha-English Dictionary/Сахалыы-Англиялыы Тылдьыта. [https://www.yumpu.com/en/document/view/11772907/sakha-english-dictionary-].

Taifi, Miloud (1992): Dictionnaire Tamazight-français: Parlers Du Maroc Central, Harmattan-Awal.

Targète, Jean/Urciolo, Raphael G. (1993): Haitian Creole-English Dictionary, Dunwoody Press.

The Franciscan Fathers (1910): Ethnological Dictionary of Navaho, The Franciscan Fathers. [https://archive.org/details/ethologicnavahoooeditrich].

The Tower of Babel. An Etymological Database Project. [https://starling.rinet.ru].

Thoj, Lontawm/Xaivkaub, Xeeb (2000): Dictionary English-Hmong, Windsor Associates.

Turkmen-English/English Turkmen Dictionary (o. J.). Written, edited and published by Peace Corps Turkmenistan [https://www.yumpu.com/en/document/read/11809288/turkmen-english-english-turkmen-dictionary-photo-gallery].

Valdman, Albert/Moody, Marvin E./Davies, Thomas E. (2017): English-Haitian Creole. Bilingual Dictionary, iUniverse.

Villagran, Carolina et al. (1999): Etnozoología Mapuche: un estudio preliminar, in: Revista Chilena de Historia Natural 72, S. 595–627.

Vladović, Vojislav et al. (2008): Wörterbuch/Rečnik NSSN. Nemačko-Srpski/Srpsko-Nemački, Institut za Strane Jezike.

Webster's New Encyclopedic Dictionary (1993), Black Dog & Leventhal.

Wall, Leon C./Morgan, William (1958): Navajo-English Dictionary, U.S. Dept. of the Interior, Branch of Education, Bureau of Indian Affairs.

Weiss, Sonja (2020): Ihr Summen verstummt, in: ACT. Das Magazin von Greenpeace Österreich 2, S. 7–9.

Wilbert, Werner (2001): Dau Yarokota. Plantas medicinales Warao, Fundación La Salle Ciencias Naturales.

Williamson, John P. (1992 [1902]): An English-Dakota Dictionary, Minnesota Historical Society Press.

Williamson, Kay/Blench, Roger (2006): Dictionary of Ọ̀nịchà Igbo, Ethiope Press.

Wipio Deicat, Gerardo (1996): Diccionario Aguaruna-Castellano. Castellano-Aguaruna, Ministerio de Educación.

Wipio Paucai, Hugo (2011): Diccionario Awajún-Castellano, Programa de Formación de Maestros Bilingües de la Amazonía Peruana.

Wittmann, Henri (1991): Classification linguistique des langues signees non vocalement, in: Revue québécoise de linguistique T&A 10(1), S. 215–288.

Woidich, Manfred (2020): Wörterbuch Deutsch-Ägyptisch Arabisch, Reichert.

Wolf, Siegmund (1993): Großes Wörterbuch der Zigeunersprache, Buske.

Wolff, John U. (1972): A Dictionary of Cebuano Visayan. 2 Volumes, Cornell University.

Xiong, Yuepheng L. (2006): English-Hmong/Hmong-English Dictionary, Hmongland Publishing.

Yap, Fe Aldave (1977): Comparative Study of Philippine Lexicons, Institute of National Language.

Zepeda, Ofelia (1997): Jewed 'I-hoi. Earth Movements, Kore Press.

Zorc, David R./Osman, Madina M. (1993): Somali-English Dictionary, Dunwoody Press.

Zeshan, Ulrike (2013): Sign Languages, in: Dryer, Matthew S. & Haspelmath, Martin (eds.): The World Atlas of Language Structures Online, Max Planck Institute for Evolutionary Anthropology. [https://wals.info/chapter/s9].

Anhang: Weltkarte

Schmetterlinge in den Sprachen der Erde

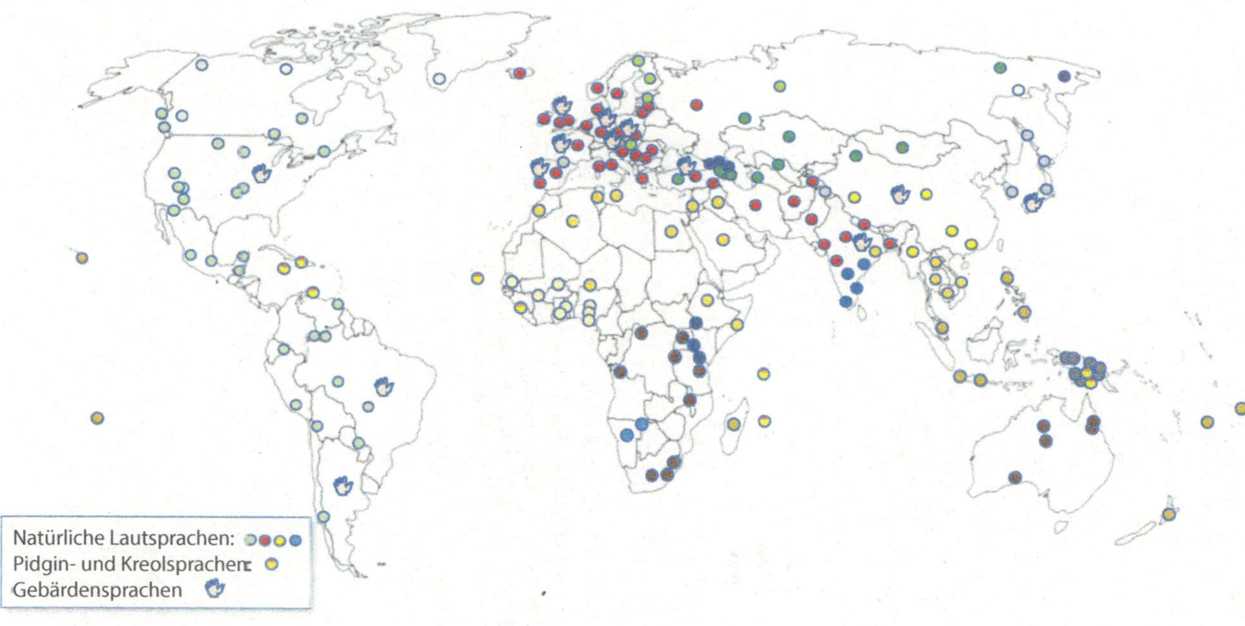

Schmetterlinge in den Sprachen der Erde, Foto: Grafik erstellt von Manfred Kienpointner